架空输电线路

风险状态辨识及防控技术

国网河北省电力有限公司超高压分公司 著

图书在版编目(CIP)数据

架空输电线路风险状态辨识及防控技术 / 国网河北省电力有限公司超高压分公司著. — 西安 : 西安交通大学出版社,2023.5
ISBN 978-7-5693-3156-1

Ⅰ. ①架… Ⅱ. ①国… Ⅲ. ①架空线路-输电线路-风险管理 Ⅳ. ①TM726.3

中国国家版本馆 CIP 数据核字(2023)第 054291 号

书　　名　架空输电线路风险状态辨识及防控技术
著　　者　国网河北省电力有限公司超高压分公司
责任编辑　郭鹏飞
责任校对　王　娜

出版发行　西安交通大学出版社
　　　　　(西安市兴庆南路 1 号　邮政编码 710048)
网　　址　http://www.xjtupress.com
电　　话　(029)82668357　82667874(市场营销中心)
　　　　　(029)82668315(总编办)
传　　真　(029)82668280
印　　刷　西安日报社印务中心

开　　本　787 mm×1092 mm　1/16　印张 23.625　字数 501 千字
版次印次　2023 年 5 月第 1 版　2023 年 5 月第 1 次印刷
书　　号　ISBN 978-7-5693-3156-1
定　　价　79.00 元

如发现印装质量问题,请与本社市场营销中心联系。
订购热线:(029)82665248　(029)82667874
投稿热线:(029)82669097
读者信箱:21645470@qq.com

《架空输电线路风险状态辨识及防控技术》编委会

前　言

为适应国家电网有限公司现代设备管理体系建设新形势，加快输电线路运维检修模式转型，提高全业务核心班组建设能力水平，本书全面归纳总结架空输电线路本体缺陷和通道隐患等各类风险及定性，梳理能够智能辨识风险的各类立体化智能巡检技术，明确处置不同风险的方法、标准化作业和应急处置流程，分析各类风险防控技术，旨在为构建“立体巡检＋集中监控”新运维模式培养专业的运检人员。

本教材不同于以往的输电线路巡检技术研究类教材，其是在当前全面建设现代设备管理体系、开展无人机和可视化“两个替代”、加快输电运检模式转型环境下，编制的适用于输电线路专业高级工及以上技能等级人员，帮助其尽快掌握新运维模式下所需技能知识的教材。

本教材包括如下内容：架空输电线路绝缘子损坏、地线断股、锁紧销缺失等本体典型缺陷分类及定性，通道大型机械施工、异物源、苗圃基地移栽等各类隐患分类及定性；针对各类风险的图像监拍、分布式故障诊断装置、覆冰舞动监测装置、微风振动监测装置、地质灾害预警监测装置等在线智能感知装置原理和技术应用，针对各类风险实施的防雷击、防风偏、防覆冰舞动等防控技术应用及无人机自主巡检、X光探伤、电网远程清除异物装置等新装备、新技术应用，恶劣天气防掉串、基础冲刷、倒塔断线等应急处置。

作　者

2022年12月

目录

第一章　架空输电线路风险介绍

第一节　架空输电线路风险分类分级

随着社会的发展和科学技术的进步，输电线路供电的可靠性显得日益突出和重要。如何安全、高效地维护好输电线路，使之安全稳定运行，这就需要输电线路的运行、检修人员掌握线路的风险，及时发现缺陷、确认缺陷、消除缺陷。

一、风险分类

（一）按部件分类

线路缺陷分为本体缺陷和外部隐患两类。

1. 本体缺陷

本体缺陷指组成线路的全部构件、附件及零部件的缺陷，包括基础、杆塔、导线、地线（OPGW）、绝缘子、金具、接地装置、拉线等发生的缺陷。

2. 外部隐患

外部隐患指外部环境发生变化对线路的安全运行已构成某种潜在性威胁的情况，如在线路保护区内违章建房、种植树竹、堆物、取土及各种施工作业等。

（二）按责任原因分类

1. 人为原因

由于人为因素造成，检修人员疏忽、责任心不强、忘记安装有关部件或其他原因遗留的缺陷；运行人员经验不足忽视造成的缺陷；人祸引起的缺陷，如盗窃等。具体可分为①设计原因；②施工遗留；③检修质量；④运行管理；⑤人为破坏，如盗窃、非法施工和种植。

2. 产品本身原因

线路某一部件厂家产品存在材料性能不好，在运行一段时间后或遭遇恶劣天气时产生缺陷。具体可分为①产品材质；②产品设计；③产品加工；④产品老化。

3.自然环境原因

线路部件长期遭受大自然的物理、化学侵蚀，丧失原有机能，线路处在特殊的地理环境中造成缺陷。具体可分为①风力；②洪水冲刷；③污染；④地址变化；⑤温度变化；⑥腐蚀；⑦天气原因(风、雨、雷、雪)；⑧鸟巢；⑨植物等。

4.物理特性原因

线路各部件之间接触受力造成磨损、松动、振动产生的缺陷。具体可分为①自爆；②磨损；③振动部件；④跑位；⑤松动；⑥过热；⑦断裂；⑧张力变化；⑨运动；⑩空气距离；⑪弯曲变形。

二、缺陷分级

线路的各类缺陷按其严重程度分为危急、严重、一般缺陷。

(一)危急缺陷

危急缺陷指缺陷情况已危及线路安全运行，随时可能导致线路发生事故，既危险又紧急的缺陷。危急缺陷消除时间不应超过 24 h，或临时采取确保线路安全的技术措施进行处理，随后消除。

(二)严重缺陷

严重缺陷指缺陷情况对线路安全运行已构成严重威胁，短期内线路尚可维持安全运行，情况虽危险，但紧急程度较危急缺陷次之的一类缺陷。此类缺陷的处理一般不超过 1 周，最多不超过 1 个月，消除前须加强监视。

(三)一般缺陷

一般缺陷指缺陷情况对线路的安全运行威胁较小，在一定期间内不影响线路安全运行的缺陷，此类缺陷一般应在一个检修周期内予以消除，需要停电时列入年度、月度停电检修计划。

三、外部通道隐患定义和分级

(一)外部通道隐患定义

外部通道隐患指外部环境变化对线路的安全运行已构成某种潜在性威胁的情况，主要有毁坏线路设备、蓄意制造事故、盗窃线路器材、工作疏忽大意或不清楚电力知识引起的故障，如在线路保护区内违章建房、种植树竹、堆物、取土及各种施工作业、发生山火、车辆冲撞、放风筝、钓鱼等。

架空电力线路保护区是指导线边线向外侧水平延伸并垂直于地面所形成的两平行面内

的区域为架空电力线路保护区，如图 1－1－1 所示。在一般地区各级电压导线的边线延伸距离如表 1－1－1 所示。

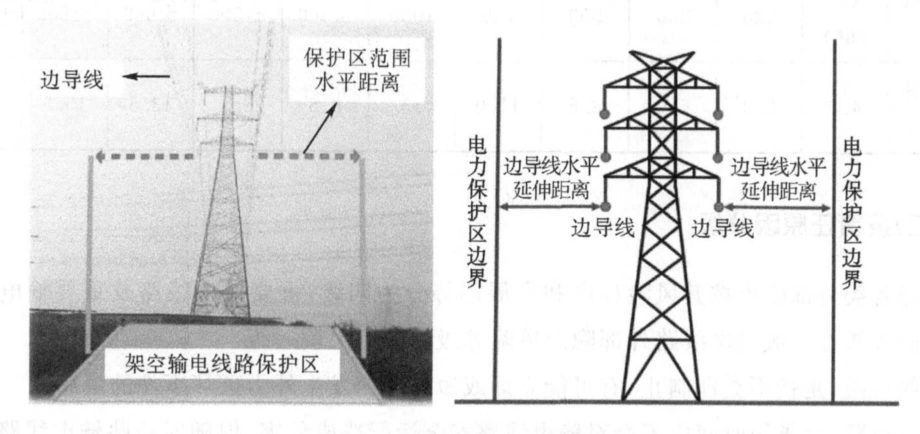

图 1－1－1　架空电力线路保护区

表 1－1－1　一般地区各级电压导线的边线延伸距离

电压等级/kV	110(66)	220～330	500	750	1000	±400	±500	±660	±800	±1100
边线延伸距离/m	10	15	20	25	30	20	20	25	30	40

①注：引用《架空输电线路运行规程 DL/T741—2019》

在厂矿、城镇等人口密集地区，架空电力线路保护区的区域应满足设计要求。但各级电压导线边线延伸的距离，不应小于导线边线在最大计算弧垂及最大计算风偏后的水平距离和风偏后距建筑物的安全距离之和，如图 1－1－2 所示。最大风偏情况下边导线与建筑物的安全距离如表 1－1－2 所示。

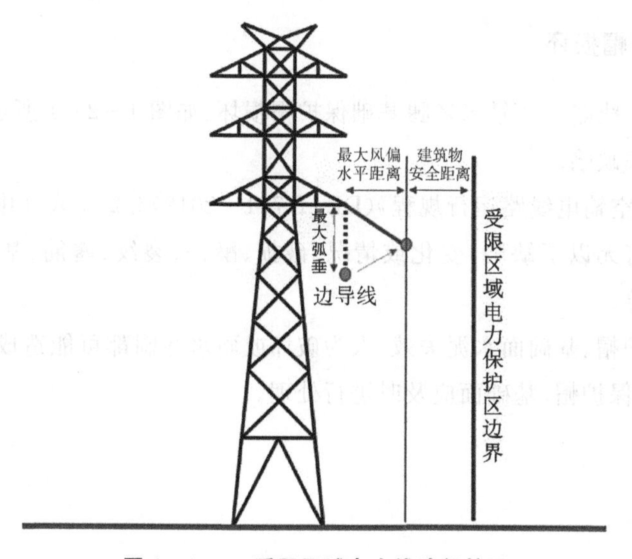

图 1－1－2　受限区域电力线路保护区

表 1-1-2　最大风偏情况下边导线与建筑物的安全距离

电压等级/kV	110(66)	220	330	500	750	1000	±400	±500	±660	±800	±1100
边线延伸距离/m	4.0	5.0	6.0	8.5	11.0	15	8.5	8.5	13.5	15.5	21

(二)按责任原因分级

通道各类外部隐患按其风险程度和发展趋势分为四级,重要输电线路及重要输电通道隐患风险等级在一般输电线路外部隐患风险等级标准上上调一级。

Ⅰ级风险:是指不立即制止,有可能立即或短时间内发生外力破坏事件的隐患。

Ⅱ级风险:是指短时间内不会对输电线路安全运行造成危害,但随时威胁输电线路安全运行的隐患。

Ⅲ级风险:是指在短时间内不影响输电安全运行,但随着事件的发展可能威胁输电线路安全运行的隐患。

潜在风险:是指现场还无任何危险源特征,暂时不影响电网安全运行,但已有规划或有可能发展成为Ⅲ级及以上的隐患风险。

第二节　架空输电线路本体典型缺陷

一、基础类缺陷

(一)基础保护帽损坏

缺陷描述:××线路××号××腿基础保护帽损坏,如图 1-2-1 所示。

缺陷性质:一般缺陷。

规程标准:《架空输电线路运行规程》(DL/T 741—2019)6.2.3 表 9 中规定,巡视对象为杆塔基础时,检查有无以下缺陷、变化或情况:破损、酥松、裂纹、露筋、基础下沉、保护帽破损、边坡保护不够等。

原因分析:保护帽、基础面水泥失效,人为破坏或雨水冲刷都可能造成保护帽、基础面松动。对严重损坏的保护帽、基础面应及时进行处理。

图 1-2-1　基础保护帽损坏

(二)基础护套锈蚀

缺陷描述：××线路××号××腿基础护套锈蚀，如图 1-2-2 所示。

图 1-2-2　基础护套锈蚀

缺陷性质：一般缺陷。

规程标准:《架空输电线路运行规程》(DL/T 741—2019)6.2.3 表 9 中规定,巡视对象为杆塔基础时,检查有无以下缺陷、变化或情况:破损、酥松、裂纹、露筋、基础下沉、保护帽破损、边坡保护不够等。

原因分析:线路处于沿海地区,多为盐碱地,受土地性质影响易造成基础护套锈蚀。

(三)基础保护帽被埋

缺陷描述:××线路××号××腿保护帽被埋,如图 1-2-3 所示。

图 1-2-3　基础保护帽被土埋(左)与基础保护帽被秸秆埋(右)

缺陷性质:一般缺陷。(易燃易爆物时为严重缺陷)

规程标准:《架空输电线路运行规程》(DL/T 741—2019)6.2.3 表 9 中规定,巡视对象为杆塔基础时,检查有无以下缺陷、变化或情况:破损、酥松、裂纹、露筋、基础下沉、保护帽破损、边坡保护不够等。

原因分析:农民耕作时将多余土堆积到基础保护帽上,造成保护帽被埋。

(四)基础回填土下沉

缺陷描述:××线路××号××腿基础回填土下沉,如图 1-2-4 所示。

缺陷性质:一般缺陷。(严重不足时为严重缺陷)

规程标准:《架空输电线路运行规程》(DL/T 741—2019)6.2.3 表 9 中规定,巡视对象为杆塔基础时,检查有无以下缺陷、变化或情况:破损、酥松、裂纹、露筋、基础下沉、保护帽破损、边坡保护不够等。

原因分析:基础回填土如果没有夯实回填,经过雨水湿润,会发生下沉,特别是失陷性黏土回填土后更容易发生。

图 1-2-4　基础回填土下沉

(五)基础灌注桩回填土流失或受河流冲刷

缺陷描述:××线路××号××腿基础灌注桩回填土流失,如图 1-2-5 所示。

基础灌注桩回填土流失　　　　基础灌注桩受河流冲刷

图 1-2-5　基础灌注桩回填土流失或受河流冲刷

缺陷性质:由基础稳固受影响程度决定。

规程标准:《架空输电线路运行规程》(DL/T 741—2019)6.2.3 表 9 中规定,巡视对象为杆塔基础时，检查有无以下缺陷、变化或情况：破损、酥松、裂纹、露筋、基础下沉、保护帽破损、边坡保护不够等。

原因分析：杆塔处于河道当中，逢雨季时受到河水猛烈冲刷，河道内沙土流失严重，基础灌注桩严重外露。

（六）基础保护区修路

缺陷描述：××线路××号××面基础保护区修路，如图 1－2－6 所示。

图 1－2－6　基础保护区修路

缺陷性质：一般缺陷。

规程标准：《架空输电线路运行规程》(DL/T 741—2019)6.2.3 表 9 中规定，巡视对象为杆塔基础时，检查有无以下缺陷、变化或情况：破损、酥松、裂纹、露筋、基础下沉、保护帽破损、边坡保护不够等。

原因分析：沿线居民及单位护电意识不强，护电工作不到位，未能及时制止线路保护区内施工。

（七）基础立柱淹没

缺陷描述：××线路××号基础立柱被淹没，如图 1－2－7 所示。

缺陷性质：一般缺陷。

规程标准：《架空输电线路运行规程》(DL/T 741—2019)6.2.3 表 9 中规定，巡视对象为杆塔基础时，检查有无以下缺陷、变化或情况：破损、酥松、裂纹、露筋、基础下沉、保护帽破损、边坡保护不够等。

原因分析：此缺陷多出现在汛期低洼处或者泄洪区，由于雨季雨水过大无法排出，造成基础附近严重积水。

图 1-2-7　基础立柱淹没

(八)基础未打保护帽

缺陷描述:××线路××号××腿基础未打保护帽,如图 1-2-8 所示。

图 1-2-8　基础未打保护帽

缺陷性质:一般缺陷。

规程标准:《架空输电线路运行规程》(DL/T 741—2019)6.2.3 表 9 中规定,巡视对象为杆塔基础时,检查有无以下缺陷、变化或情况:破损、酥松、裂纹、露筋、基础下沉、保护帽破损、边坡保护不够等。

原因分析:施工遗留。

二、杆塔类缺陷

(一)塔材弯曲或变形

缺陷描述:××线路××号××号塔材受力弯曲,如图 1-2-9 所示。

图 1-2-9　塔材弯曲或变形

缺陷性质:一般缺陷。

规程标准:《架空输电线路运行规程》(DL/T 741—2019)6.2.3 表 9 中规定,巡视对象为杆塔时,检查有无以下缺陷、变化或情况:杆塔倾斜,主材弯曲,地线支架变形,塔材、螺栓丢失,严重锈蚀,脚钉缺失,爬梯变形,土埋塔脚等;混凝土杆未封杆顶、破损、裂纹等。

原因分析:塔材被回填土填埋,且处于水坑,回填土产生不均匀下沉,造成塔材弯曲。

(二)塔材被盗或缺失

缺陷描述:××线路××号第××段××号塔材被盗,如图 1-2-10 所示。

缺陷性质:一般缺陷。(缺少较多辅材或个别节点板为严重缺陷,缺大量辅材时为危急缺陷)

规程标准:《架空输电线路运行规程》(DL/T 741—2019)6.2.3 表 9 中规定,巡视对象为杆塔时,检查有无以下缺陷、变化或情况:杆塔倾斜,主材弯曲,地线支架变形,塔材、螺栓丢失,严重锈蚀,脚钉缺失,爬梯变形,土埋塔脚等;混凝土杆未封杆顶、破损、裂纹等。

原因分析:此缺陷为人为破坏造成,对损坏塔材需要及时进行更换处理,并采取防盗措施。

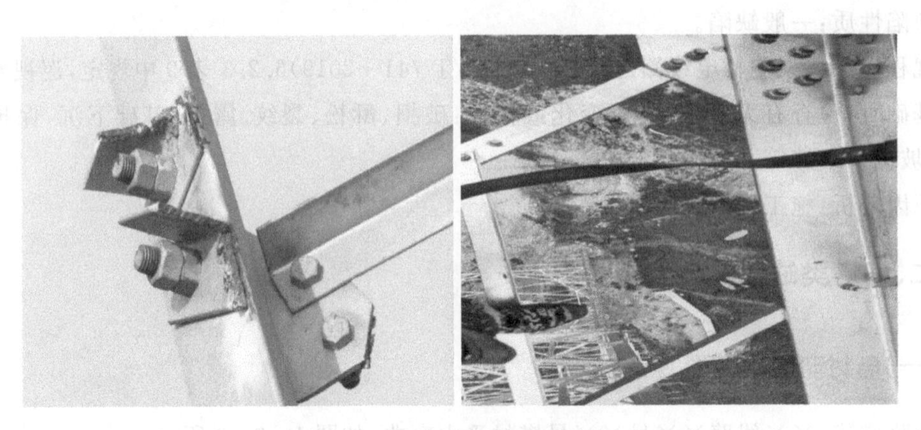

图 1-2-10　塔材被盗或缺失

(三)杆塔螺栓被盗

缺陷描述:××线路××号第××段×面杆塔螺栓被盗,如图 1-2-11 所示。

图 1-2-11　杆塔螺栓被盗

缺陷性质:一般缺陷。(缺少较多螺栓为严重缺陷,缺大量螺栓为危急缺陷)

规程标准:《架空输电线路运行规程》(DL/T 741—2019)6.2.3 表 9 中规定,巡视对象为杆塔时,检查有无以下缺陷、变化或情况:杆塔倾斜,主材弯曲,地线支架变形,塔材、螺栓丢失,严重锈蚀,脚钉缺失,爬梯变形,土埋塔脚等;混凝土杆未封杆顶、破损、裂纹等。

原因分析:沿线居民及单位护电意识不强,护电工作不到位。

(四)塔材脱锌锈蚀

缺陷描述:××线路××号××部位塔材脱锌锈蚀,如图 1-2-12 所示。

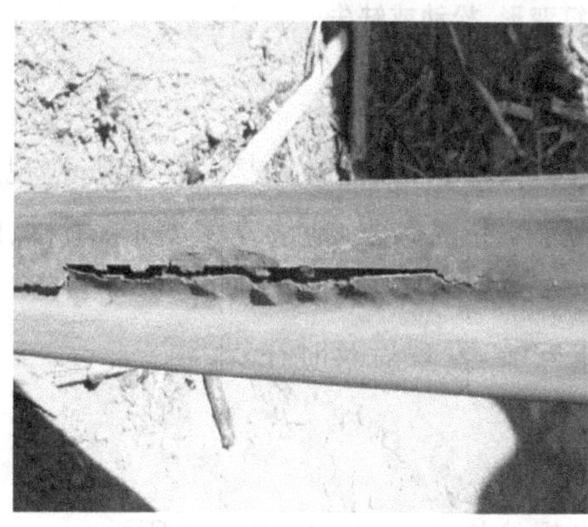
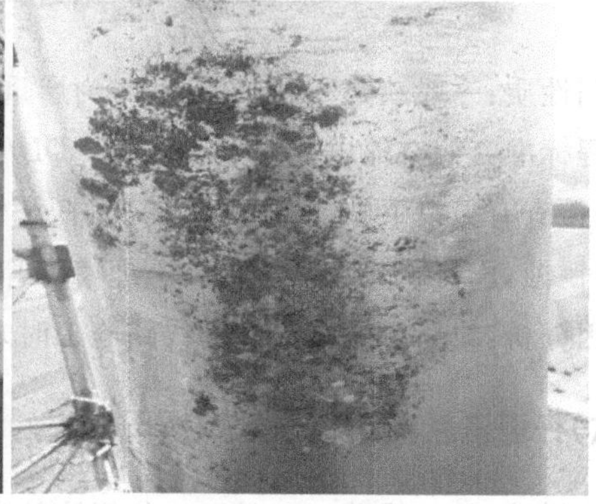

图 1-2-12　塔材脱锌锈蚀

缺陷性质:一般缺陷。(内外均有锈蚀,出现坑洼、鼓包现象为严重缺陷)

规程标准:《架空输电线路运行规程》(DL/T 741—2019)6.2.3 表 9 中规定,巡视对象为杆塔时,检查有无以下缺陷、变化或情况:杆塔倾斜,主材弯曲,地线支架变形,塔材、螺栓丢失，严重锈蚀，脚钉缺失，爬梯变形，土埋塔脚等；混凝土杆未封杆顶、破损、裂纹等。

原因分析：线路运行时间过长，或附近环境污染严重，污秽物对铁塔造成腐蚀。

（五）杆塔脚钉变形、松动或缺失

缺陷描述：××线路××号××位置脚钉变形、松动或缺失，如图 1－2－13 所示。

图 1－2－13　杆塔脚钉变形、松动或缺失

缺陷性质：一般缺陷。（脚钉松动时为严重缺陷）

规程标准：《架空输电线路运行规程》（DL/T 741—2019）6.2.3 表 9 中规定，巡视对象为杆塔时，检查有无以下缺陷、变化或情况：杆塔倾斜，主材弯曲，地线支架变形；塔材、螺栓丢失，严重锈蚀，脚钉缺失，爬梯变形，土埋塔脚等；混凝土杆未封杆顶、破损、裂纹等。

原因分析：线路脚钉缺失多为线路施工时未安装，发现后及时补装。

（六）杆塔法兰盘螺栓松动或螺母缺失

缺陷描述：××线路××号××位置法兰盘螺栓松动，如图 1－2－14 所示。

缺陷性质：一般缺陷。（法兰盘个别连接螺栓丢失为严重缺陷）

规程标准：《架空输电线路运行规程》（DL/T 741—2019）6.2.3 表 9 中规定，巡视对象为杆塔时，检查有无以下缺陷、变化或情况：杆塔倾斜，主材弯曲，地线支架变形，塔材、螺栓丢失，严重锈蚀，脚钉缺失，爬梯变形，土埋塔脚等；混凝土杆未封杆顶、破损、裂纹等。

图 1-2-14　杆塔法兰盘螺栓松动或螺母缺失

原因分析：出现该类缺陷一是由于防坠落轨道厂家出厂前未做好设计连接，导致现场连接不到位，需重新返厂加工零部件；二是施工单位在安装过程中未调整到位，需要再次细致调整安装。

（七）杆塔防坠落轨道未紧固到位

缺陷描述：××线路××号××位置防坠落轨道未紧固到位，如图 1-2-15 所示。

图 1-2-15　杆塔防坠落轨道未紧固到位

缺陷性质：一般缺陷。（防坠落轨道失灵时为严重缺陷）

规程标准：《1000 kV 架空输电线路施工及验收规范》（Q GDW1153—2012）7.2.1 中规

定，铁塔各构件的组装应牢固，交叉处有空隙者，应装设相应厚度的垫圈或垫板。

原因分析：出现该类缺陷一是由于防坠落轨道厂家出厂前未做好设计连接，导致现场连接不到位，需重新返厂加工零部件；二是施工单位在安装过程中未调整到位，需要再次细致调整安装。

(八)杆塔塔材缝隙大

缺陷描述：××线路××号××位置塔材缝隙大，如图1-2-16所示。

图1-2-16 杆塔塔材缝隙大

缺陷性质：一般缺陷。

规程标准：《110～750 kV架空输电线路施工及验收规范》(GB 50233—2014)7.1.11中规定，角钢铁塔塔材的弯曲度，应按现行国家标准《输电线路铁塔制造技术条件》GB 2694的规定验收。对运至桩位的个别角钢，当弯曲度超过长度的2‰，但未超过表7.1.11(见表1-2-1)的变形限度时，可采用冷矫正法进行矫正，但矫正的角钢不得出现裂纹和锌层剥落。

原因分析：由施工单位进行矫正，确保塔材缝隙满足要求如表1-2-1所示。

表1-2-1 采用冷矫正法的角钢变形限度

角钢宽度/mm	变形限度/‰	角钢宽度/mm	变形限度/‰
40	35	90	15
45	31	100	14
50	28	110	12.7
56	25	125	11
63	22	140	10
70	20	160	9
75	19	180	8
80	17	200	7

三、导地线类缺陷

(一)导线断股

缺陷描述:××线路××号××相大/小号侧××米导线断××股,如图 1-2-17 所示。

图 1-2-17　导线断股

缺陷性质:导线损伤截面不超过铝股或者合金股总面积的 7%为一般,7%～25%为严重,25%以上为危急。

规程标准:《架空输电线路运行规程》(DL/T 741—2019)6.2.3 表 9 中规定,巡视对象为导线、地线、引流线、屏蔽线、OPGW 时,检查有无以下缺陷、变化或情况:散股、断股、损伤、断线、放电烧伤、导线接头部位过热、悬挂漂浮物、弧垂过大或过小、严重锈蚀、有电晕现象、导线缠绕(混线)、覆冰、舞动、风偏过大、对交叉跨越距离不够等。

原因分析:由于石场飞石,或导线施工时受伤,经过长时间运行疲劳,或导线遗留异物磨损造成断股。

(二)导线损伤

缺陷描述:××线路××号××相大/小号侧××米导线损伤××股,如图 1-2-18 所示。

图 1-2-18　导线损伤

缺陷性质：单股损伤小于直径的 1/2、导线损伤截面不超过铝股或者合金股总面积的 5%为一般，7%～25%为严重，25%以上为危急。

规程标准：《架空输电线路运行规程》(DL/T 741—2019)6.2.3 表 9 中规定，巡视对象为导线、地线、引流线、屏蔽线、OPGW 时，检查有无以下缺陷、变化或情况：散股、断股、损伤、断线、放电烧伤、导线接头部位过热、悬挂漂浮物、弧垂过大或过小、严重锈蚀、有电晕现象、导线缠绕(混线)、覆冰、舞动、风偏过大、对交叉跨越距离不够等。

原因分析：由于石场飞石，或导线施工时受伤，经过长时间运行疲劳，或导线遗留异物磨损造成断股。

(三)导线或引流线松股、散股

缺陷描述：××线路××号××相大/小号侧××米导线或引流线松股、散股，如图 1-2-19 所示。

图 1-2-19　导线或引流线松股、散股

缺陷性质：一般缺陷。

规程标准：《架空输电线路运行规程》(DL/T 741—2019)6.2.3 表 9 中规定，巡视对象为导线、地线、引流线、屏蔽线、OPGW 时，检查有无以下缺陷、变化或情况：散股、断股、损伤、断线、放电烧伤、导线接头部位过热、悬挂漂浮物、弧垂过大或过小、严重锈蚀、有电晕现象、导线缠绕(混线)、覆冰、舞动、风偏过大、对交叉跨越距离不够等。

原因分析：多为施工放线时造成。

(四)地线断股

缺陷描述：××线路××号××侧大/小号侧××米地线断××股，如图 1-2-20 所示。

缺陷性质：根据规程要求判定。

规程标准：《架空输电线路运行规程》(DL/T 741—2019)6.2.3 表 9 中规定，巡视对象为导线、地线、引流线、屏蔽线、OPGW 时，检查有无以下缺陷、变化或情况：散股、断股、损伤、断线、放电烧伤、导线接头部位过热、悬挂漂浮物、弧垂过大或过小、严重锈蚀、有电晕现象、导线缠绕(混线)、覆冰、舞动、风偏过大、对交叉跨越距离不够等。

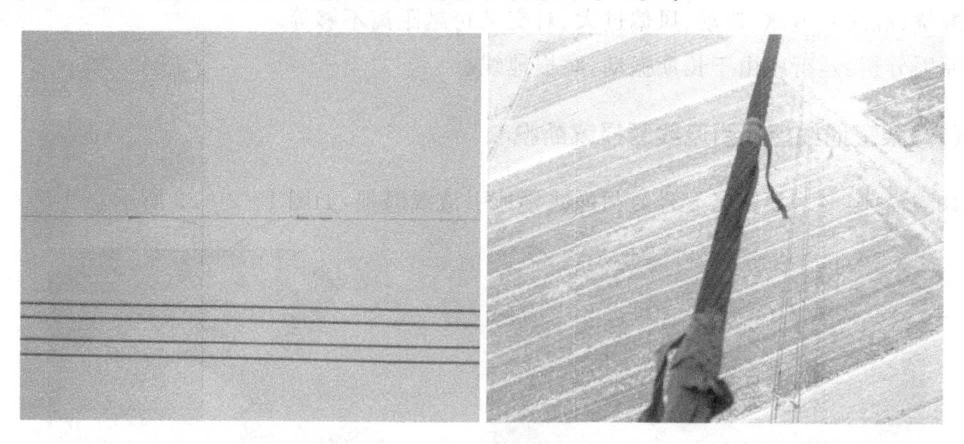

图 1-2-20　地线断股

原因分析：由于石场飞石或导线施工时受伤，经过长时间运行疲劳，或导线遗留异物磨损造成断股。按损伤程度，根据规程规定进行处理。线路附近有石场或放炮施工作业后，在大风雪、舞动天气沿线路外侧进行巡视检查，容易发生此缺陷。

(五)架空地线磨损

缺陷描述：××线路××号××侧大/小号侧××米地线断××股，如图 1-2-21 所示。

图 1-2-21　架空地线磨损

缺陷性质:根据规程要求判定。

规程标准:《架空输电线路运行规程》(DL/T 741—2019)6.2.3 表 9 中规定,巡视对象为导线、地线、引流线、屏蔽线、OPGW 时,检查有无以下缺陷、变化或情况:散股、断股、损伤、断线、放电烧伤、导线接头部位过热、悬挂漂浮物、弧垂过大或过小、严重锈蚀、有电晕现象、导线缠绕(混线)、覆冰、舞动、风偏过大、对交叉跨越距离不够等。

原因分析:运行中由于长期振动,磨损地线。

(六)架空地线接地引流线磨损或断股

缺陷描述:××线路××号×相地线接地引流线磨损,如图 1-2-22 所示。

图 1-2-22　架空地线接地引流线磨损或断股

缺陷性质:一般缺陷。

规程标准:《架空输电线路运行规程》(DL/T 741—2019)6.2.3 表 9 中规定,巡视对象为导线、地线、引流线、屏蔽线、OPGW 时,检查有无以下缺陷、变化或情况:散股、断股、损伤、断线、放电烧伤、导线接头部位过热、悬挂漂浮物、弧垂过大或过小、严重锈蚀、有电晕现象、导线缠绕(混线)、覆冰、舞动、风偏过大、对交叉跨越距离不够等。

原因分析：运行中由于长期振动，磨损地线引流线。

（七）地线引下线断开

缺陷描述：××线路××号×相地线引下线断开，如图1-2-23所示。

图1-2-23　地线引下线断开

缺陷性质：严重缺陷。

规程标准：《架空输电线路运行规程》（DL/T 741—2019）6.2.3表9中规定，巡视对象为导线、地线、引流线、屏蔽线、OPGW时，检查有无以下缺陷、变化或情况：散股、断股、损伤、断线、放电烧伤、导线接头部位过热、悬挂漂浮物、弧垂过大或过小、严重锈蚀、有电晕现象、导线缠绕（混线）、覆冰、舞动、风偏过大、对交叉跨越距离不够等。

原因分析：运行中由于长期微风振动，地线引流线安装不规范。巡视过程中未能及时发现断股情况，最终导致断裂。

（八）光缆余缆脱落

缺陷描述：××线路××号架空光缆余缆自光缆夹具内脱出，如图1-2-24所示。

图1-2-24　光缆余缆脱落

缺陷性质：一般缺陷。

规程标准：《架空输电线路运行规程》(DL/T 741—2019)6.2.3 表 9 中规定，巡视对象为导线、地线、引流线、屏蔽线、OPGW 时，检查有无以下缺陷、变化或情况：散股、断股、损伤、断线、放电烧伤、导线接头部位过热、悬挂漂浮物、弧垂过大或过小、严重锈蚀、有电晕现象、导线缠绕(混线)、覆冰、舞动、风偏过大、对交叉跨越距离不够等。

原因分析：光缆卡子安装不牢固。补装光缆卡子，适当缩短光缆卡子的安装距离。

(九)地线断裂

缺陷描述：××线路××号架空地线断裂，如图 1-2-25 所示。

图 1-2-25　地线断裂

缺陷性质：严重缺陷。

规程标准：《架空输电线路运行规程》(DL/T 741—2019)6.2.3 表 9 中规定，巡视对象为导线、地线、引流线、屏蔽线、OPGW 时，检查有无以下缺陷、变化或情况：散股、断股、损伤、断线、放电烧伤、导线接头部位过热、悬挂漂浮物、弧垂过大或过小、严重锈蚀、有电晕现象、导线缠绕(混线)、覆冰、舞动、风偏过大、对交叉跨越距离不够等。

原因分析：该塔塔型转角为 47°19′，由于塔型特点和转角度数，该塔的地线正好处于中相跳线横担正上方。通过电力设计院计算，该塔地线与中相导线跳串横担的净空距离为

0.33 m。跳线挂点上方安装有鸟刺，鸟刺高度 450 mm，理论上鸟刺有与地线接触的可能。查阅巡视照片发现，跳线横担上鸟刺位置已让开了地线位置，但由于鸟刺属于蓬松状态，个别针刺与地线有轻微接触。该线路为“分段绝缘、中间一点”接地设计，此耐张段内为单塔接地，其他铁塔地线挂点为放电间隙方式，理论上地线的悬浮电位应通过接地塔接地点泄流，但鸟刺与地线接触后同时形成接地点，由于该处接触是虚接，泄流时会产生火花放电。按照电力设计院分析，该耐张段为耐－直－直－耐，耐张段长度为 1099 m，地线运行方式为两端绝缘一点接地，接地塔悬垂串为接地型，放电点距接地点的距离约为 800 m，经计算地线感应电压为 100～200 V。在此电压下，当外部存在线性金属丝搭接、有液体冲刷腐蚀物时，会发生火花放电，使地线受损。

四、绝缘子类缺陷

（一）绝缘子污秽

缺陷描述：××线路××号××相大/小号侧铁塔端/导线端第××片绝缘子严重污秽，如图 1－2－26 所示。

图 1－2－26　绝缘子污秽

缺陷性质：一般缺陷。

规程标准：《架空输电线路运行规程》（DL/T 741—2019）6.2.3 表 9 中规定，巡视对象为导线、地线、引流线、屏蔽线、OPGW 时，检查有无以下缺陷、变化或情况：伞裙破损、严重污秽、有放电痕迹；弹簧销缺损；钢帽裂纹、断裂；钢脚严重锈蚀或蚀损；防污闪涂料涂层厚度不满足规定值，涂层龟裂、起皮和脱落，憎水性丧失等；绝缘子串顺线路方向的偏斜角或最大偏移值超出规定值；直流线路绝缘子锌套腐蚀等。

原因分析：线路运行时间过长，或附近环境污染严重，污秽物在绝缘子表面形成大量附着。

(二)绝缘子钢帽锈蚀

缺陷描述:××线路××号××相大/小号侧铁塔端/导线端第××片绝缘子钢帽锈蚀,如图 1-2-27 所示。

图 1-2-27　绝缘子钢帽锈蚀

缺陷性质:一般缺陷。(严重锈蚀出现沉淀物、颈部直径明显减小为严重缺陷)

规程标准:《架空输电线路运行规程》(DL/T 741—2019)6.2.3 表 9 中规定,巡视对象为导线、地线、引流线、屏蔽线、OPGW 时,检查有无以下缺陷、变化或情况:伞裙破损、严重污秽、有放电痕迹;弹簧销缺损;钢帽裂纹、断裂;钢脚严重锈蚀或蚀损;防污闪涂料涂层厚度不满足规定值,涂层龟裂、起皮和脱落,憎水性丧失等;绝缘子串顺线路方向的偏斜角或最大偏移值超出规定值;直流线路绝缘子锌套腐蚀等。

原因分析:由于线路长期运行,钢帽受雨水或酸性物质的侵蚀影响,钢帽的表面涂层会出现锈蚀脱落。

(三)绝缘子表面缺釉或破损

缺陷描述:××线路××号××相大/小号侧铁塔端/导线端第××片绝缘子表面缺釉,如图 1-2-28 所示。

缺陷性质:一般缺陷。(部分绝缘子釉面破损为严重缺陷)

规程标准:《架空输电线路运行规程》(DL/T 741—2019)6.2.3 表 9 中规定,巡视对象为导线、地线、引流线、屏蔽线、OPGW 时,检查有无以下缺陷、变化或情况:伞裙破损、严重污秽、有放电痕迹;弹簧销缺损;钢帽裂纹、断裂;钢脚严重锈蚀或蚀损;防污闪涂料涂层厚度不满足规定值,涂层龟裂、起皮和脱落,憎水性丧失等;绝缘子串顺线路方向的偏斜角或最大偏移值超出规定值;直流线路绝缘子锌套腐蚀等。

图 1-2-28　绝缘子表面缺釉或破损

原因分析：绝缘子自身质量问题，提高验收质量。或是瓷瓶在搬运安装过程中由于碰撞产生破损掉釉，近年来部分地区出现大风天气瓷绝缘子串在风力作用下震动，也有可能造成损坏。

(四)玻璃绝缘子自爆

缺陷描述：××线路××号××相××侧铁塔端/导线端第××片绝缘子自爆，如图 1-2-29 所示。

图 1-2-29　玻璃绝缘子自爆

缺陷性质：按规程要求，根据片数不同分级不同。

规程标准：《架空输电线路运行规程》(DL/T 741—2019)6.2.3 表 9 中规定，巡视对象为导线、地线、引流线、屏蔽线、OPGW 时，检查有无以下缺陷、变化或情况：伞裙破损、严重污秽、有放电痕迹；弹簧销缺损；钢帽裂纹、断裂；钢脚严重锈蚀或蚀损；防污闪涂料涂层厚度不满足规定值，涂层龟裂、起皮和脱落，憎水性丧失等；绝缘子串顺线路方向的偏斜角或最大偏移值超出规定值；直流线路绝缘子锌套腐蚀等。

原因分析：由于玻璃绝缘子的机械特性，在运行中零值的玻璃绝缘子伞裙会自行爆裂。

(五)绝缘子锁紧销缺损或失效

缺陷描述:××线路××号××相大/小号侧绝缘子锁紧销缺损或失效,如图 1-2-30 所示。

图 1-2-30　绝缘子锁紧销缺损或失效

缺陷性质:危急缺陷。(双串时为一般缺陷)

规程标准:《架空输电线路运行规程》(DL/T 741—2019)6.2.3 表 9 中规定,巡视对象为导线、地线、引流线、屏蔽线、OPGW 时,检查有无以下缺陷、变化或情况:伞裙破损、严重污秽、有放电痕迹;弹簧销缺损;钢帽裂纹、断裂;钢脚严重锈蚀或蚀损;防污闪涂料涂层厚度不满足规定值,涂层龟裂、起皮和脱落,憎水性丧失等;绝缘子串顺线路方向的偏斜角或最大偏移值超出规定值;直流线路绝缘子锌套腐蚀等。

原因分析:施工质量造成锁紧销丢失或绝缘子下端金具内 R 销强度不满足恶劣天气下线路运行要求,在大风等恶劣天气下绝缘子活动造成 R 销变形,绝缘子串脱串。

(六)复合绝缘子覆冰

缺陷描述:××线路××号××相×复合绝缘子覆冰,如图 1-2-31 所示。

图 1-2-31　复合绝缘子覆冰

缺陷性质：无规定。

规程标准：无。

原因分析：在雨雪天，气温在 0℃左右时，会在复合绝缘子表面上形成覆冰，覆冰严重时会发生闪络。

(七)复合绝缘子伞群破裂或鸟啄损坏

缺陷描述：××线路××号××侧××相铁塔端/导线端第××片绝缘子伞沿破损，如图 1-2-32 所示。

图 1-2-32　复合绝缘子伞群破裂或损坏

缺陷性质：根据损伤程度确定等级。

规程标准：《架空输电线路运行规程》(DL/T 741—2019)6.2.3 表 9 中规定，巡视对象为导线、地线、引流线、屏蔽线、OPGW 时，检查有无以下缺陷、变化或情况：伞裙破损、严重污秽、有放电痕迹；弹簧销缺损；钢帽裂纹、断裂；钢脚严重锈蚀或蚀损；防污闪涂料涂层厚度不满足规定值，涂层龟裂、起皮和脱落，憎水性丧失等；绝缘子串顺线路方向的偏斜角或最大偏移值超出规定值；直流线路绝缘子锌套腐蚀等。

原因分析：杆塔故障时，短路电流会产生爆炸式的冲击力，将绝缘子伞沿击碎。

(八)绝缘子脱串

缺陷描述：××线路××号××相××侧绝缘子脱串，如图 1-2-33 所示。

图 1-2-33　绝缘子脱串

缺陷性质：危急缺陷。

规程标准：《架空输电线路运行规程》(DL/T 741—2019)6.2.3 表 9 中规定，巡视对象为导线、地线、引流线、屏蔽线、OPGW 时，检查有无以下缺陷、变化或情况：伞裙破损、严重污秽、有放电痕迹；弹簧销缺损；钢帽裂纹、断裂；钢脚严重锈蚀或蚀损；防污闪涂料涂层厚度不满足规定值，涂层龟裂、起皮和脱落，憎水性丧失等；绝缘子串顺线路方向的偏斜角或最大偏移值超出规定值，直流线路绝缘子锌套腐蚀等。

原因分析：绝缘子下端金具内 R 销强度不满足恶劣天气下线路运行要求，在大风等恶劣天气下绝缘子活动造成 R 销变形，绝缘子串脱串。

(九)复合绝缘子憎水性差

缺陷描述：××线路××号××相××侧复合绝缘子憎水性差，如图 1-2-34 所示。

图 1－2－34　复合绝缘子憎水性差

缺陷性质：一般缺陷或严重缺陷。

规程标准：《架空输电线路运行规程》(DL/T 741—2019)6.2.3 表 9 中规定，巡视对象为导线、地线、引流线、屏蔽线、OPGW 时，检查有无以下缺陷、变化或情况：伞裙破损、严重污秽、有放电痕迹；弹簧销缺损；钢帽裂纹、断裂；钢脚严重锈蚀或蚀损；防污闪涂料涂层厚度不满足规定值，涂层龟裂、起皮和脱落，憎水性丧失等；绝缘子串顺线路方向的偏斜角或最大偏移值超出规定值；直流线路绝缘子锌套腐蚀等。

原因分析：运行时间过长，环境污染严重或自身质量问题。

(十)复合绝缘子芯棒端部发热

缺陷描述：××线路××号××相××侧复合绝缘子端部温升××℃，如图 1－2－35 所示。

缺陷性质：根据具体的温升确定缺陷性质。

规程标准：《架空输电线路运行规程》(DL/T 741—2019)7.4 表 11 中规定，当检测对象为绝缘子时，应及时进行如下检查：根据运行需要，每隔 2～3 年进行复合绝缘子伞群、护套、黏结剂老化、破损、裂纹检测。

原因分析：复合绝缘子运行几年后，复合绝缘子有可能存在芯棒与硅橡胶外套脱离受潮，从而引起局部电晕严重发热。复合绝缘子在运行几年后，要安排红外测温，若发现复合绝缘子热像图局部点发亮，并且温度高于其他点 10℃以上时，复合绝缘子有可能存在芯棒受潮发热，发现发热要进行带电更换，并安排此绝缘子进行各种试验，问题严重时要对此批产品进行抽验。

图 1-2-35 复合绝缘子芯棒端部发热

五、金具类缺陷

(一)悬垂线夹锈蚀

缺陷描述:××线路××号××相悬垂线夹锈蚀,如图 1-2-36 所示。

图 1-2-36 复合绝缘子芯棒端部发热

缺陷性质：一般缺陷。

规程标准：《架空输电线路运行规程》(DL/T 741—2019)6.2.3 表 9 中规定，巡视对象为线路金具时，检查有无以下缺陷、变化或情况：线夹断裂、裂纹、磨损、销钉脱落或严重锈蚀；大截面导线接续金具变形、膨胀；招弧角、均压环、屏蔽环烧伤、脱落、螺栓松动；防振锤位移、脱落、严重锈蚀、阻尼线变形、烧伤；间隔棒松脱、变形或离位；各种联板、连接环、调整板损伤、裂纹等。

原因分析：线路长期运行后经过雨水冲刷，加上金具材质不良造成锈蚀。

(二)悬垂线夹螺栓松动、脱落、缺垫片

缺陷描述：××线路××号××相悬垂线夹螺栓松动、脱落、缺垫片，如图 1-2-37 所示。

图 1-2-37　悬垂线夹螺栓松动、脱落、缺垫片

缺陷性质：一般缺陷。(螺栓脱落为危急缺陷)

规程标准：《架空输电线路运行规程》(DL/T 741—2019)6.2.3 表 9 中规定，巡视对象为线路金具时，检查有无以下缺陷、变化或情况：线夹断裂、裂纹、磨损、销钉脱落或严重锈蚀；大截面导线接续金具变形、膨胀；招弧角、均压环、屏蔽环烧伤、脱落、螺栓松动；防振锤位移、脱落、严重锈蚀、阻尼线变形、烧伤；间隔棒松脱、变形或离位；各种联板、连接环、调整板损

伤、裂纹等。

原因分析:线路长期运行,在风阵作用下引起或者施工质量不合格造成。

(三)悬垂线夹螺栓开口销缺失

缺陷描述:××线路××号××相悬垂线夹螺栓开口销缺失,如图 1-2-38 所示。

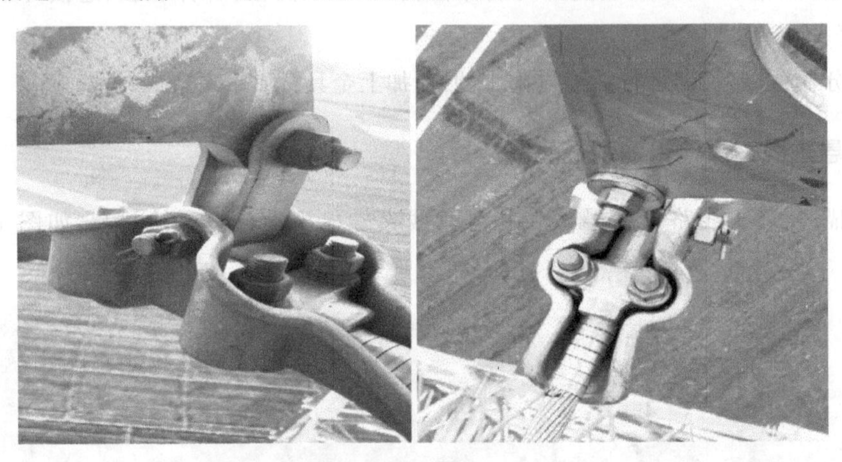

图 1-2-38　悬垂线夹螺栓开口销缺失

缺陷性质:危急缺陷。

规程标准:《架空输电线路运行规程》(DL/T 741—2019)6.2.3 表 9 中规定,巡视对象为线路金具时,检查有无以下缺陷、变化或情况:线夹断裂、裂纹、磨损、销钉脱落或严重锈蚀;大截面导线接续金具变形、膨胀;招弧角、均压环、屏蔽环烧伤、脱落、螺栓松动;防振锤位移、脱落、严重锈蚀、阻尼线变形、烧伤;间隔棒松脱、变形或离位;各种联板、连接环、调整板损伤、裂纹等。

原因分析:线路长期运行,在风阵作用下引起或者施工质量不合格造成。

(四)耐张线夹引流板发热

缺陷描述:××线路××号××相大/小号侧××子导线耐张线夹引流板发热,如图 1-2-39 所示。

缺陷性质:危急缺陷。

规程标准:《架空输电线路运行规程》(DL/T 741—2019)6.2.3 表 9 中规定,巡视对象为线路金具时,检查有无以下缺陷、变化或情况:线夹断裂、裂纹、磨损、销钉脱落或严重锈蚀;大截面导线接续金具变形、膨胀;招弧角、均压环、屏蔽环烧伤、脱落、螺栓松动;防振锤位移、脱落、严重锈蚀、阻尼线变形、烧伤;间隔棒松脱、变形或离位;各种联板、连接环、调整板损伤、裂纹等。

原因分析:线路长期运行,在风阵作用下引起或者施工质量不合格造成。

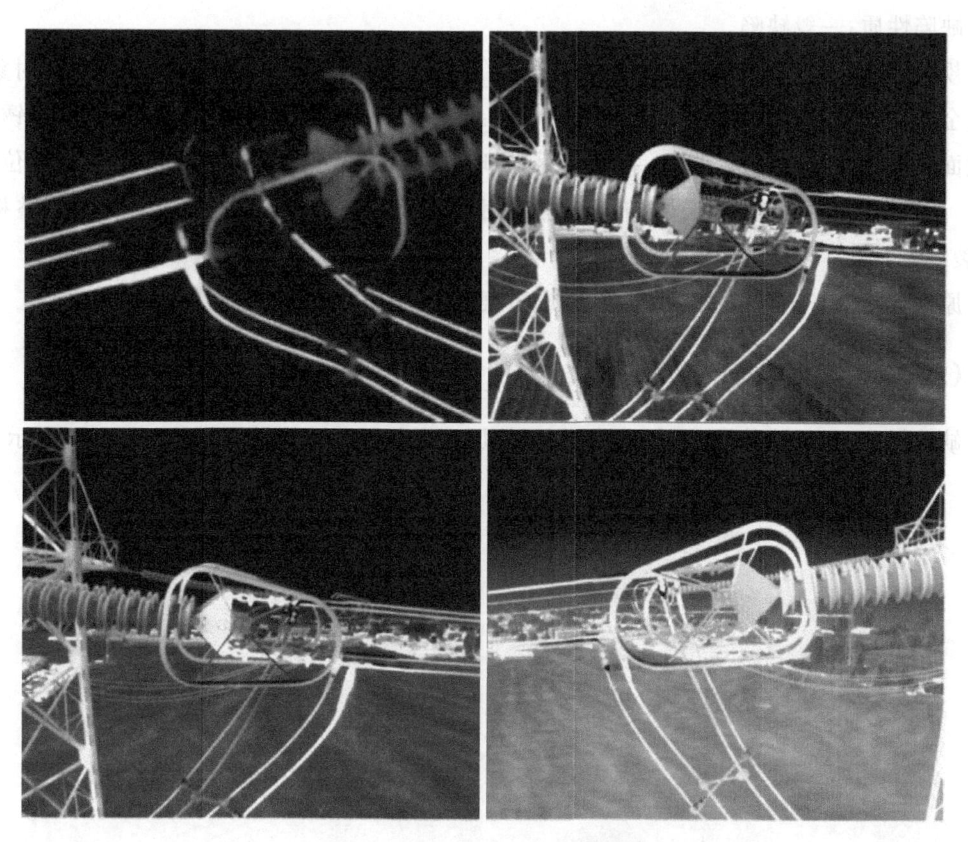

图 1-2-39　耐张线夹引流板发热

(五)防振锤生锈

缺陷描述:××线路××号×侧地线第××个地线防振锤生锈,如图 1-2-40 所示。

图 1-2-40　防振锤生锈

缺陷性质：一般缺陷。

规程标准：《架空输电线路运行规程》(DL/T 741—2019)6.2.3 表 9 中规定，巡视对象为线路金具时，检查有无以下缺陷、变化或情况：线夹断裂、裂纹、磨损、销钉脱落或严重锈蚀；大截面导线接续金具变形、膨胀；招弧角、均压环、屏蔽环烧伤、脱落、螺栓松动；防振锤位移、脱落、严重锈蚀、阻尼线变形、烧伤；间隔棒松脱、变形或离位；各种联板、连接环、调整板损伤、裂纹等。

原因分析：由于自然的各种腐蚀，造成防振锤镀锌层失效而发生腐蚀。

(六)均压环倾斜或脱落

缺陷描述：××线路××号×相×侧下均压环安装倾斜或脱落，如图 1-2-41 所示。

图 1-2-41　均压环倾斜或脱落

缺陷性质：一般缺陷。(脱落为严重缺陷)

规程标准：《架空输电线路运行规程》(DL/T 741—2019)6.2.3 表 9 中规定，巡视对象为线路金具时，检查有无以下缺陷、变化或情况：线夹断裂、裂纹、磨损、销钉脱落或严重锈蚀；大截面导线接续金具变形、膨胀；招弧角、均压环、屏蔽环烧伤、脱落、螺栓松动；防振锤位移、脱落、严重锈蚀、阻尼线变形、烧伤；间隔棒松脱、变形或离位；各种联板、连接环、调整板损

伤、裂纹等。

原因分析:作业人员踩踏。作业时作业人员踩均压环上下。因处于海边或风力较大地区,长期在大风的作用下也容易出现脱落、歪斜。设备在安装过程中施工人员安装不到位也可能造成均压环倾斜。

(七)导线/地线防振锤松动移位

缺陷描述:××线路××号×相导线/地线防振锤松动移位,如图 1-2-42 所示。

图 1-2-42　导线/地线防振锤松动移位

缺陷性质:一般缺陷。

规程标准:《架空输电线路运行规程》(DL/T 741—2019)6.2.3 表 9 中规定,巡视对象为线路金具时,检查有无以下缺陷、变化或情况:线夹断裂、裂纹、磨损、销钉脱落或严重锈蚀;大截面导线接续金具变形、膨胀;招弧角、均压环、屏蔽环烧伤、脱落、螺栓松动;防振锤位移、脱落、严重锈蚀、阻尼线变形、烧伤;间隔棒松脱、变形或离位;各种联板、连接环、调整板损伤、裂纹等。

原因分析:由于安装导线/地线防振锤时,螺栓力矩不够,在风力作用下,使得地线防振锤螺栓松动,以致防振锤对地线握力不够而发生跑位。

(八)地线线夹偏移

缺陷描述:××线路××号左(右)地线线夹偏移,如图 1-2-43 所示。

缺陷性质:一般缺陷。

规程标准:无。

原因分析:验收把关不严,基础下陷。验收阶段地线弛度调整不到位造成两侧受力不均匀,进而造成线夹倾斜。

图 1-2-43　地线线夹偏移

(九)地线线夹 U 型螺丝螺母松动

缺陷描述:××线路××号左(右)地线线夹 U 型螺丝螺母松动,如图 1-2-44 所示。

图 1-2-44　地线线夹 U 型螺丝螺母松动

缺陷性质：一般缺陷。

规程标准：《架空输电线路运行规程》(DL/T 741—2019)6.2.3 表 9 中规定，巡视对象为线路金具时，检查有无以下缺陷、变化或情况：线夹断裂、裂纹、磨损、销钉脱落或严重锈蚀；大截面导线接续金具变形、膨胀；招弧角、均压环、屏蔽环烧伤、脱落、螺栓松动；防振锤位移、脱落、严重锈蚀、阻尼线变形、烧伤；间隔棒松脱、变形或离位；各种联板、连接环、调整板损伤、裂纹等。

原因分析：验收把关不严，安装时螺栓紧固不到位，经过地线微风震动、铁塔震动等影响造成螺丝螺母松动。在验收时严把质量关，检查螺栓紧固情况，并且检查垫片安装到位情况。必要时检查防振锤安装是否牢固可靠。

(十)引流线子导线脱落

缺陷描述：××线路××号×相导线引流线子导线脱落，如图 1-2-45 所示。

图 1-2-45 引流线子导线脱落

缺陷性质：危急缺陷。

规程标准：《架空输电线路运行规程》(DL/T 741—2019)6.2.3 表 9 中规定，巡视对象为线路金具时，检查有无以下缺陷、变化或情况：线夹断裂、裂纹、磨损、销钉脱落或严重锈蚀；大截面导线接续金具变形、膨胀；招弧角、均压环、屏蔽环烧伤、脱落、螺栓松动；防振锤位移、脱落、严重锈蚀、阻尼线变形、烧伤；间隔棒松脱、变形或离位；各种联板、连接环、调整板损伤、裂纹等。

原因分析：金具设计欠合理，巡视过程中未及时发现金具螺栓松动。施工阶段施工人员安装工艺不符合要求，进而造成脱落或长期运行后脱落。金具质量本身有问题，运行后松脱。

(十一)地线线夹热升

缺陷描述:××线路××号×侧地线温升,如图 1-2-46 所示。

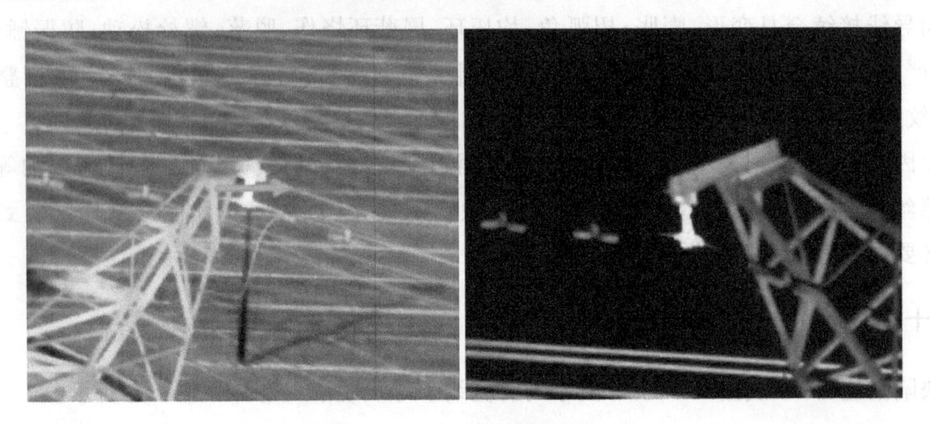

图 1-2-46　地线线夹热升

缺陷性质:一般缺陷。(相对温差大于 80%或相对温升 20℃为严重缺陷)

规程标准:《架空输电线路运行规程》(DL/T 741—2019)6.2.3 表 9 中规定,巡视对象为线路金具时,检查有无以下缺陷、变化或情况:线夹断裂、裂纹、磨损、销钉脱落或严重锈蚀;大截面导线接续金具变形、膨胀;招弧角、均压环、屏蔽环烧伤、脱落、螺栓松动;防振锤位移、脱落、严重锈蚀、阻尼线变形、烧伤;间隔棒松脱、变形或离位;各种联板、连接环、调整板损伤、裂纹等。

原因分析:线夹长期运行松动、脏污造成。

(十二)引流线小握手损坏

缺陷描述:××线路××号××侧××相××侧引流线小握手损坏,如图 1-2-47 所示。

图 1-2-47　引流线小握手损坏

缺陷性质：一般缺陷。

规程标准：《架空输电线路运行规程》(DL/T 741—2019)6.2.3 表 9 中规定，巡视对象为线路金具时，检查有无以下缺陷、变化或情况：线夹断裂、裂纹、磨损、销钉脱落或严重锈蚀；大截面导线接续金具变形、膨胀；招弧角、均压环、屏蔽环烧伤、脱落、螺栓松动；防振锤位移、脱落、严重锈蚀、阻尼线变形、烧伤；间隔棒松脱、变形或离位；各种联板、连接环、调整板损伤、裂纹等。

原因分析：运行时间过长，长期受微风震动影响，小握手机械强度不足。

(十三)连接金具缺销钉

缺陷描述：××线路××号××相大/小号侧连接金具缺销钉，如图 1-2-48 所示。

图 1-2-48　联结金具缺销钉

缺陷性质：一般缺陷。

规程标准：《架空输电线路运行规程》(DL/T 741—2019)6.2.3 表 9 中规定，巡视对象为线路金具时，检查有无以下缺陷、变化或情况：线夹断裂、裂纹、磨损、销钉脱落或严重锈蚀；大截面导线接续金具变形、膨胀；招弧角、均压环、屏蔽环烧伤、脱落、螺栓松动；防振锤位移、脱落、严重锈蚀、阻尼线变形、烧伤；间隔棒松脱、变形或离位；各种联板、连接环、调整板损伤、裂纹等。

原因分析：线路长期运行振动、验收不到位造成。提高巡视质量，停电检修时应对重点部位进行登塔检查。

(十四)导线间隔棒松脱

缺陷描述:××线路××号××相大/小号侧第××间隔棒松脱,如图 1-2-49 所示。

图 1-2-49　导线间隔棒松脱

缺陷性质:一般缺陷(大量时为严重缺陷)。

规程标准:《架空输电线路运行规程》(DL/T 741—2019)6.2.3 表 9 中规定,巡视对象为线路金具时,检查有无以下缺陷、变化或情况:线夹断裂、裂纹、磨损、销钉脱落或严重锈蚀;大截面导线接续金具变形、膨胀;招弧角、均压环、屏蔽环烧伤、脱落、螺栓松动;防振锤位移、脱落、严重锈蚀、阻尼线变形、烧伤;间隔棒松脱、变形或离位;各种联板、连接环、调整板损伤、裂纹等。

原因分析:线路长期运行后风振等影响,间隔棒可能出现松脱。

(十五)压接管弯曲、尺寸超差

缺陷描述:××线路××号××相大/小号侧××子导线压接管弯曲、尺寸超差,如图 1-2-50 所示。

图 1-2-50 压接管弯曲、尺寸超差

缺陷性质：严重缺陷。

规程标准：《架空输电线路运行规程》(DL/T 741—2019)6.2.3 表 9 中规定，巡视对象为线路金具时，检查有无以下缺陷、变化或情况：线夹断裂、裂纹、磨损、销钉脱落或严重锈蚀；大截面导线接续金具变形、膨胀；招弧角、均压环、屏蔽环烧伤、脱落、螺栓松动；防振锤位移、脱落、严重锈蚀、阻尼线变形、烧伤；间隔棒松脱、变形或离位；各种联板、连接环、调整板损伤、裂纹等。

原因分析：施工质量不到位，应切断重接。

(十六)引流线摩均压环或金具

缺陷描述：××线路××号××相大/小号侧××子导线引流线摩均压环或金具，如图 1-2-51 所示。

缺陷性质：一般缺陷。

规程标准：《架空输电线路运行规程》(DL/T 741—2019)6.2.3 表 9 中规定，巡视对象为线路金具时，检查有无以下缺陷、变化或情况：线夹断裂、裂纹、磨损、销钉脱落或严重锈蚀；大截面导线接续金具变形、膨胀；招弧角、均压环、屏蔽环烧伤、脱落、螺栓松动；防振锤位移、脱落、严重锈蚀、阻尼线变形、烧伤；间隔棒松脱、变形或离位；各种联板、连接环、调整板损

伤、裂纹等。

原因分析：应加装护垫或者小握手。引流线工艺不合格进而造成摩均压环。设计阶段考虑不够全面，未留下足够的间隙。

图 1-2-51　引流线摩均压环或金具

(十七)压接管鼓包

缺陷描述：××线路××号××相大/小号侧××子导线压接管鼓包，如图 1-2-52 所示。

图 1-2-52　压接管鼓包

缺陷性质：一般缺陷。

规程标准：《架空输电线路运行规程》(DL/T 741—2019)6.2.3 表 9 中规定，巡视对象为线路金具时，检查有无以下缺陷、变化或情况：线夹断裂、裂纹、磨损、销钉脱落或严重锈蚀；大截面导线接续金具变形、膨胀；招弧角、均压环、屏蔽环烧伤、脱落、螺栓松动；防振锤位移、脱落、严重锈蚀、阻尼线变形、烧伤；间隔棒松脱、变形或离位；各种联板、连接环、调整板损伤、裂纹等。

原因分析：建设线路时，压接管倒挂后未及时进行封堵或封堵不到位，雨雪天气时水顺着导线进入压接管内部，受温度影响水凝固后体积增大，进而将压接管胀大。

（十八）小均压环安装位置不规范

缺陷描述：××线路××号××侧××相导线端小均压环安装不规范，如图 1－2－53 所示。

图 1－2－53　小均压环安装位置不规范

缺陷性质：一般缺陷。

规程标准：《架空输电线路运行规程》（DL/T 741—2019）6.2.3 表 9 中规定，巡视对象为线路金具时，检查有无以下缺陷、变化或情况：线夹断裂、裂纹、磨损、销钉脱落或严重锈蚀；大截面导线接续金具变形、膨胀；招弧角、均压环、屏蔽环烧伤、脱落、螺栓松动；防振锤位移、脱落、严重锈蚀、阻尼线变形、烧伤；间隔棒松脱、变形或离位；各种联板、连接环、调整板损伤、裂纹等。

原因分析：线路施工时安装不到位或紧固不到位滑落。

（十九）复合绝缘子均压环装反

缺陷描述：××线路××号××侧××相××复合绝缘子均压环装反，如图 1－2－54 所示。

图 1－2－54　复合绝缘子均压环装反

缺陷性质：一般缺陷。

规程标准：《架空输电线路运行规程》(DL/T 741—2019)6.2.3 表 9 中规定，巡视对象为线路金具时，检查有无以下缺陷、变化或情况：线夹断裂、裂纹、磨损、销钉脱落或严重锈蚀；大截面导线接续金具变形、膨胀；招弧角、均压环、屏蔽环烧伤、脱落、螺栓松动；防振锤位移、脱落、严重锈蚀、阻尼线变形、烧伤；间隔棒松脱、变形或离位；各种联板、连接环、调整板损伤、裂纹等。

原因分析：施工时安装错误，验收把关不严。

(二十)间隔棒变形

缺陷描述：××线路××号××侧××相大/小号测第××间隔棒迈步或变形，如图 1-2-55 所示。

图 1-2-55　间隔棒迈步或变形

缺陷性质：一般缺陷。

规程标准：《架空输电线路运行规程》(DL/T 741—2019)6.2.3 表 9 中规定，巡视对象为线路金具时，检查有无以下缺陷、变化或情况：线夹断裂、裂纹、磨损、销钉脱落或严重锈蚀；大截面导线接续金具变形、膨胀；招弧角、均压环、屏蔽环烧伤、脱落、螺栓松动；防振锤位移、脱落、严重锈蚀、阻尼线变形、烧伤；间隔棒松脱、变形或离位；各种联板、连接环、调整板损伤、裂纹等。

原因分析：线路施工时安装不到位或间隔棒损坏。

(二十一)防振锤变形

缺陷描述：××线路××号×侧地线第××个地线防振锤变形，如图 1-2-56 所示。

图 1-2-56　防振锤变形

缺陷性质：一般缺陷。

规程标准：《架空输电线路运行规程》(DL/T 741—2019)6.2.3 表 9 中规定，巡视对象为线路金具时，检查有无以下缺陷、变化或情况：线夹断裂、裂纹、磨损、销钉脱落或严重锈蚀；大截面导线接续金具变形、膨胀；招弧角、均压环、屏蔽环烧伤、脱落、螺栓松动；防振锤位移、脱落、严重锈蚀、阻尼线变形、烧伤；间隔棒松脱、变形或离位；各种联板、连接环、调整板损伤、裂纹等。

原因分析：由于施工不当造成。

(二十二)防振锤预绞丝缠绕不规范

缺陷描述：××线路××号×侧地线第××个防振锤预绞丝缠绕不规范，如图 1-2-57 所示。

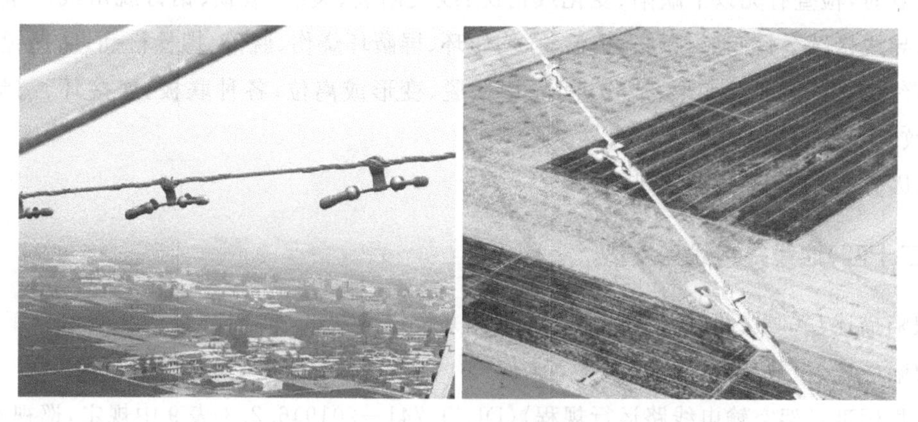

图 1-2-57　防振锤预绞丝缠绕不规范

缺陷性质：一般缺陷。

规程标准：《架空输电线路运行规程》(DL/T 741—2019)6.2.3 表 9 中规定，巡视对象为线路金具时，检查有无以下缺陷、变化或情况：线夹断裂、裂纹、磨损、销钉脱落或严重锈蚀；

大截面导线接续金具变形、膨胀；招弧角、均压环、屏蔽环烧伤、脱落、螺栓松动；防振锤位移、脱落、严重锈蚀、阻尼线变形、烧伤；间隔棒松脱、变形或离位；各种联板、连接环、调整板损伤、裂纹等。

原因分析：由于施工不当造成。

(二十三)导线间隔棒有沙眼

缺陷描述：××线路××号××相大/小号侧第××间隔棒有沙眼，如图 1－2－58 所示。

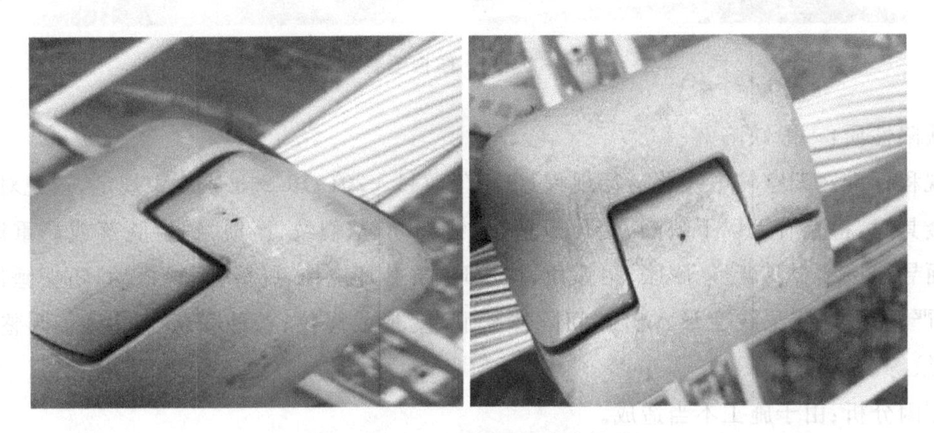

图 1－2－58　导线间隔棒有沙眼

缺陷性质：隐患。

规程标准：《架空输电线路运行规程》(DL/T 741—2019)6.2.3 表 9 中规定，巡视对象为线路金具时，检查有无以下缺陷、变化或情况：线夹断裂、裂纹、磨损、销钉脱落或严重锈蚀；大截面导线接续金具变形、膨胀；招弧角、均压环、屏蔽环烧伤、脱落、螺栓松动；防振锤位移、脱落、严重锈蚀、阻尼线变形、烧伤；间隔棒松脱、变形或离位；各种联板、连接环、调整板损伤、裂纹等。

原因分析：多为间隔棒质量问题。

(二十四)地线并沟线夹发热

缺陷描述：××线路××号×地线××侧并沟线夹发热，如图 1－2－59 所示。

缺陷性质：一般/严重缺陷。

规程标准：《架空输电线路运行规程》(DL/T 741—2019)6.2.3 表 9 中规定，巡视对象为线路金具时，检查有无以下缺陷、变化或情况：线夹断裂、裂纹、磨损、销钉脱落或严重锈蚀；大截面导线接续金具变形、膨胀；招弧角、均压环、屏蔽环烧伤、脱落、螺栓松动；防振锤位移、脱落、严重锈蚀、阻尼线变形、烧伤；间隔棒松脱、变形或离位；各种联板、连接环、调整板损伤、裂纹等。

图 1-2-59　地线并沟线夹发热

原因分析：施工过程中金具使用错误，在小号侧左右地线各安装一个并沟线夹，以达到接地效果，并非直接接地，运行过程中因并沟线夹与地线接触存在间隙，长期放电造成发热及地线锈蚀、断股。

(二十五)地线放电间隙损坏

缺陷描述：××线路××号×地线放电间隙损坏，如图 1-2-60 所示。

缺陷性质：一般缺陷。

规程标准：《架空输电线路运行规程》(DL/T 741—2019)6.2.3 表 9 中规定，巡视对象为线路金具时，检查有无以下缺陷、变化或情况：线夹断裂、裂纹、磨损、销钉脱落或严重锈蚀；大截面导线接续金具变形、膨胀；招弧角、均压环、屏蔽环烧伤、脱落、螺栓松动；防振锤位移、脱落、严重锈蚀、阻尼线变形、烧伤；间隔棒松脱、变形或离位；各种联板、连接环、调整板损伤、裂纹等。

原因分析：一是受外力环境影响，放电间隙杆螺栓松动。二是金具设计问题造成放电间隙杆不能完全放置到限位孔内，无法完全固定。使得放电间隙杆底部螺栓松动，放电间隙杆倒落至接地部位，该段地线感应电从此泄流。放电间隙杆与金具螺孔间长期放电，从而造成金具损伤。

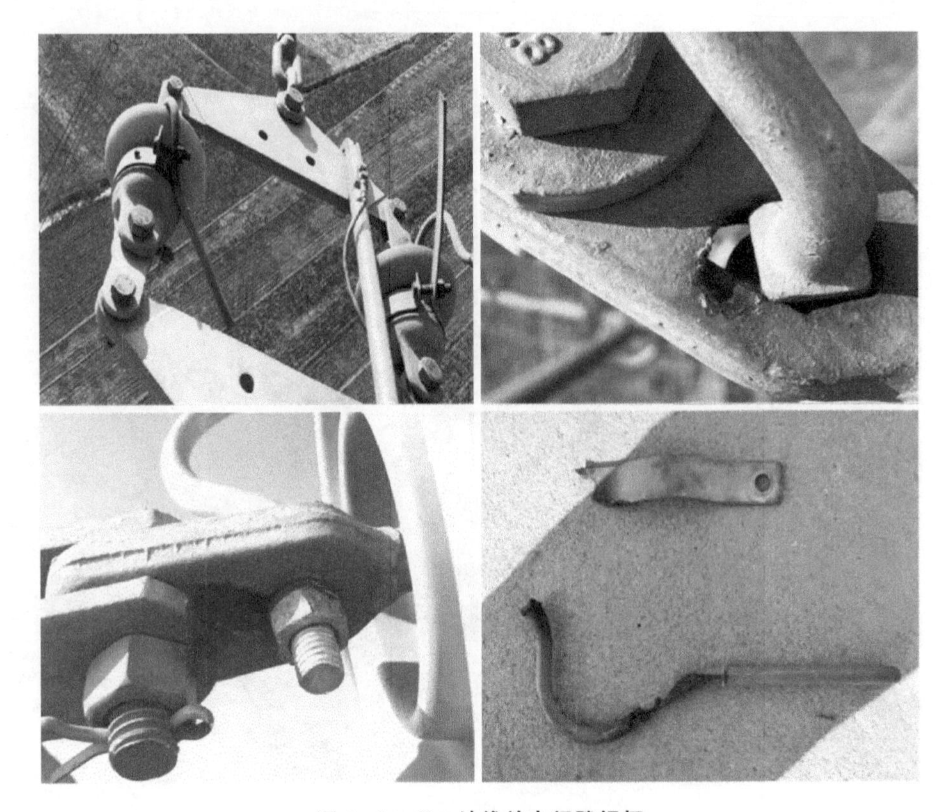

图 1-2-60　地线放电间隙损坏

(二十六)地线备份线夹损坏

缺陷描述:××线路××号×地线备份线夹损坏,如图 1-2-61 所示。

图 1-2-61　地线备份线夹损坏

缺陷性质:一般缺陷。

规程标准:《架空输电线路运行规程》(DL/T 741—2019)6.2.3 表 9 中规定,巡视对象为线路金具时,检查有无以下缺陷、变化或情况:线夹断裂、裂纹、磨损、销钉脱落或严重锈蚀;

大截面导线接续金具变形、膨胀；招弧角、均压环、屏蔽环烧伤、脱落、螺栓松动；防振锤位移、脱落、严重锈蚀、阻尼线变形、烧伤；间隔棒松脱、变形或离位；各种联板、连接环、调整板损伤、裂纹等。

原因分析：一是钢丝绳套与U型环直接连接，钢丝绳被拉得很直，受力大，导致钢丝绳变形，在运行过程中发生摩擦，导致钢丝绳套断裂，U型环有磨损痕迹。二是U型环与钢丝绳套连接处与放电间隙距离很近，钢丝绳套磨损后，露出的小毛刺与放电间隙杆放电，加速钢丝绳套断裂。三是该杆塔地线为非直接接地型式，通过备份线夹，铁塔与地直接连接，可能造成备份线夹与U型环连接处摩擦放电，进而引起连接处烧伤断裂。

六、接地类缺陷

（一）焊接不合格导致接地超差

缺陷描述：××线路××号×腿接地引下线与接地体连接处焊接不合格，如图1-2-62所示。

图1-2-62　焊接不合格导致接地超差

缺陷性质：一般缺陷。

规程标准：《架空输电线路运行规程》(DL/T 741—2019)6.2.3表9中规定，在检查接地装置时，应检查有无以下缺陷、变化或情况：断裂、严重锈蚀、螺栓松脱、接地带丢失、接地带外露、接地带连接部位有雷电烧痕等。

原因分析：验收工作不到位，焊接工艺不满足规范要求。

（二）接地体锈蚀、断开

缺陷描述：××线路××号×腿接地体锈蚀、断开，如图1-2-63所示。

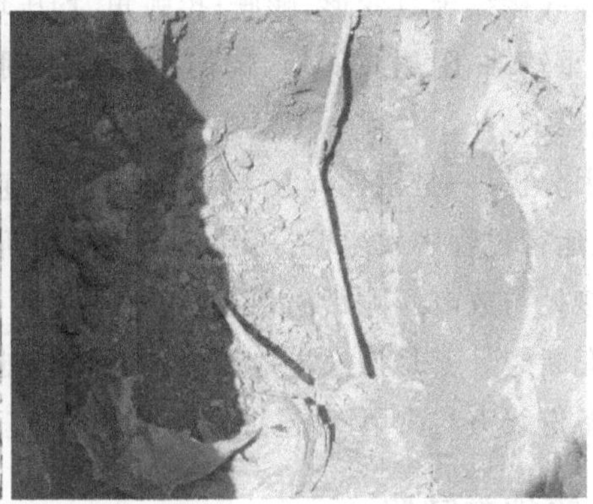

图 1-2-63　接地体锈蚀、断开

缺陷性质：一般缺陷。

规程标准：《架空输电线路运行规程》(DL/T 741—2019)6.2.3 表 9 中规定，在检查接地装置时，应检查有无以下缺陷、变化或情况：断裂、严重锈蚀、螺栓松脱、接地带丢失、接地带外露、接地带连接部位有雷电烧痕等。

原因分析：线路运行时间较长，土壤对接地线腐蚀严重。

(三)接地引下线弯曲

缺陷描述：××线路××号×腿接地引下线弯曲，如图 1-2-64 所示。

图 1-2-64　接地引下线弯曲

缺陷性质：一般缺陷。

规程标准：《架空输电线路运行规程》(DL/T 741—2019)6.2.3 表 9 中规定，在检查接地装置时，应检查有无以下缺陷、变化或情况：断裂、严重锈蚀、螺栓松脱、接地带丢失、接地带外露、接地带连接部位有雷电烧痕等。

原因分析：线路处于农田、人口密集区。线路周边环境复杂，存在电力线路人为破坏或受机械损坏情况。

七、拉线类缺陷

(一)NUT 线夹弯曲

缺陷描述:××线路××号××NUT 线夹被撞弯曲,如图 1-2-65 所示。

图 1-2-65　NUT 线夹弯曲

缺陷性质:一般缺陷。

规程标准:《架空输电线路运行规程》(DL/T 741—2019)6.2.3 表 9 中规定,在检查拉线及基础时,应检查有无以下缺陷、变化或情况:拉线金具等被拆卸,拉线棒严重锈蚀或蚀损,拉线松弛、断股、严重锈蚀,基础回填土下沉或缺土等。

原因分析:在农田作业的机械将拉线 NUT 线夹碰撞弯曲。

(二)NUT 线夹外力破坏

缺陷描述:××线路××号××NUT 线夹外力损坏如图 1-2-66 所示。

图 1-2-66　NUT 线夹外力破坏

缺陷性质：根据损伤截面积不同定性不同，分一般、严重和危急。

规程标准：《架空输电线路运行规程》(DL/T 741—2019)6.2.3表9中规定，在检查拉线及基础时，应检查有无以下缺陷、变化或情况：拉线金具等被拆卸，拉线棒严重锈蚀或蚀损，拉线松弛、断股、严重锈蚀，基础回填土下沉或缺土等。

原因分析：沿线居民及单位护电意识不强，护电工作不到位，未能及时制止线路保护区内施工。

(三)拉线断股

缺陷描述：××线路××号××拉线外力损坏，如图1-2-67所示。

图1-2-67　拉线断股

缺陷性质：根据损伤截面积不同定性不同，分一般、严重和危急。

规程标准：《架空输电线路运行规程》(DL/T 741—2019)6.2.3表9中规定，在检查拉线及基础时，应检查有无以下缺陷、变化或情况：拉线金具等被拆卸，拉线棒严重锈蚀或蚀损，拉线松弛、断股、严重锈蚀，基础回填土下沉或缺土等。

原因分析：农收季节，高大机械耕作碰撞造成拉线外力损坏。

第三节　架空输电线路通道类隐患

一、盗窃及蓄意破坏

盗窃及蓄意破坏主要是由于故意盗窃、破坏输电线路杆塔塔材、螺栓、导地线及其他附属设施，造成输电线路损坏或故障。盗窃及蓄意破坏行为直接威胁输电线路设施安全，严重情况下会导致倒塔、断线，甚至威胁到公共安全。

典型案例1：如图1-3-1、图1-3-2所示，2020年9月26日，220 kV某线路差动保护动作，C相接地故障，0.4 s后B相又接地故障，无重合闸动作信息。故障原因为左架空地线(OPGW)悬垂线夹下端铰链脱开，经分析判断为铁塔塔腿被锯断后，铁塔在掉落下沉过程中发生倾斜，左架空地线（OPGW）线夹承受瞬时拉扯扭转导致从铰链处脱开，架空地线（OPGW）脱落悬在空中。从N37－N38档中中（C）相、N38—N39档中上（B）相导线和左架空地线上的放电痕迹来看，与左架空地线（OPGW）脱落后的坠落方向、位置吻合。

综上所述，此次故障是由于人为恶意破坏电力设施，将220 kV某线路38号塔4根塔腿主材及8根大斜材锯断，导致铁塔突然下沉并向右倾斜，左地线（OPGW）悬垂线夹承受瞬间冲击力的作用从线夹铰链处撕裂后左架空地线（OPGW）脱落，在脱落过程中先后与中相（C相）、上相（B相）导线距离不足或接触发生放电引起线路跳闸。

图1－3－1 架空光缆脱开情况

图1－3－2 铁塔基础主材被锯断情况

二、机械施工破坏隐患

机械施工破坏隐患主要是由于线路保护区内及附近起重、挖掘、压桩、装运等施工机械或设施对输电线路本体及附属设施造成的损坏或故障。主要表现在5个方面：汽车吊、塔吊、挖掘机、混凝土泵车等起重机械和车辆违章操作接近或接触导线；翻斗车、铲车、压桩机、采砂船等超高车辆（机械）穿越输电线路下方时安全距离不足放电或挂线；车辆（机械）撞击路边杆塔、基础及拉线；临近在建高层建筑吊篮、钢丝绳、传递绳等碰线；档距内交叉展放线缆及脚手架施工中，线缆失控弹跳或脚手架接触带电导线。施工(机械)破坏极易引发金属性永久接地，造成输电线路停运或严重损坏，如图1-3-3所示。

图1-3-3　吊车臂顶端碰线放电痕迹(左)与交叉挡内线缆施工弹跳碰线(右)

典型案例1：如图1-3-4所示，2020年03月10日，220 kV某线路跳闸，重合不成功。线路开关差动保护动作，A相重合不成功，保护测距13.302 km；线路225开关差动保护动作，A相重合不成功，测距18.49 km。综合分析判断故障原因为＃48杆至＃49塔突然复工的自卸车斗升起卸土时，与导线安全距离不足放电跳闸。

图1-3-4　放电通道(左上图)与导线放电点(右上图)
翻斗车放电爆胎(左下图)翻斗车顶放电痕迹(右下图)

故障原因：220 kV 某线路＃48 至＃49 线路北侧修路施工，现场有自卸车（后八轮翻斗车）、挖掘机，＃48 杆和＃49 塔之间距离＃49 塔小号侧 169 m 处 A 相导线有明显放电痕迹，导线放电点下方自卸车（后八轮翻斗车）车斗上方有放电痕迹、左右前轮和左后轮放电爆胎，其他线路区段特巡无异常，自卸车（后八轮翻斗车）升起车斗卸土时，车斗与 A 相导线安距不足放电跳闸。

典型案例 2：如图 1－3－5 所示，2018 年 11 月 11 日，220 kV 某线路故障跳闸，C 相故障，重合不成功，经查为 064 至 065 号塔间线下苗圃私自改装的吊车移栽苗木导致吊车臂与带电导线距离不足放电。故障发生时当地为晴天微风，吊车移栽苗木时作业人员未注意上方带电导线，导致吊车吊臂与带电导线距离不足放电。经核实，该吊车为个人私自改装的车辆，作业人员无证作业，与上方带电导线未保持安全距离，引起导线对吊车吊臂放电。放电通道“导线－吊臂－支腿－地面”。

图 1－3－5　导线放电痕迹（左）与吊臂放电痕迹（右）

三、异物搭挂短路隐患

异物搭挂短路隐患主要是由彩钢瓦、广告布、气球、飘带、锡箔纸、大棚塑料遮阳布（地膜）、风筝、钓鱼线、驱鸟带电热毯丝以及其他一些轻型包装材料缠绕至导地线或杆塔上（见图 1－3－6），短接空气间隙后造成的短路故障。这些异物一般呈长条状或片状，受大风天气影响，引发输电线路故障的随机性较大。

典型案例 1：如图 1－3－7、图 1－3－8 所示，2022 年 4 月 11 日，220 kV 某线路距离 I 段、零序 I 段保护动作跳闸，故障区段出现 9 级以上大风雷雨强对流天气（气象数据显示故障区段为 23.7 m/s）。经过对 44 号塔进行无人机精细化巡视，发现 44 号塔导线线夹周围有明显放电点，铁塔曲臂处有放电痕迹，形成放电通道，确定 44 号塔为故障点。综合判断，故障原因为大风雷雨强对流天气下彩钢瓦上线造成线路跳闸。故障线路区段地处平原，周围无大型机械等施工作业。经向当地气象部门了解及周围群众走访，故障时段出现雷雨大风强对流天气，瞬时大风达 9 级以上。大风吹起的彩钢瓦搭挂至 C 相导线，与杆塔曲臂安全距离不足，从而形成“导线－彩钢瓦－铁塔曲臂－大地”放电通道，导致 220 kV 某线路故障。

图 1－3－6　彩钢瓦缠绕导线(左上图)与塑料布搭挂导线造成相间短路(右上图)
风筝缠绕导线(左下图)与线路附近危险垂钓(右下图)

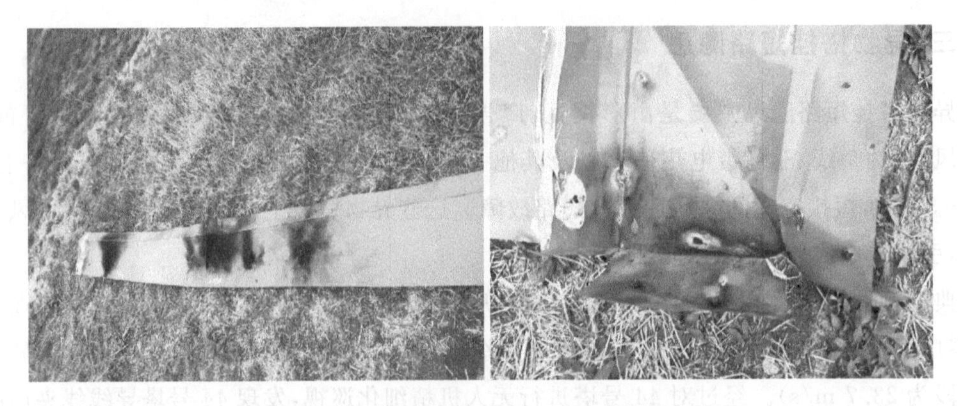

图 1－3－7　现场散落存在放电痕迹的彩钢瓦

图 1－3－8　被大风吹坏的彩钢瓦房(彩钢瓦来源)及故障放电点

典型案例 2:如图 1－3－9、图 1－3－10 所示,2022 年 05 月 22 日,220 kV 某线路跳闸,C 相重合成功。故障分析排查发现自 20 时 34 分至故障前 22 时 04 分,可视化监控中共出现 7 次风筝亮点,故障后消失。走访周围群众在故障当晚目击具体经过,长尾风筝突然坠落至地线与导线之间,其长条状 LED 灯带导致放电。结合可视化监拍系统故障前后的图片信息,可判断为线路通道上空区域的发光亮点为当时施放的夜光风筝。最终根据故障现场天气情况、放电通道状态判断故障原因为夜光风筝搭接 C 相导线与架空地线瞬时放电造成故障跳闸。对夜光风筝结构式样进行走访调查,夜光风筝通常为大型风筝,与普通风筝相比增加了 LED 灯带,铜线和电源,通常是通过网络平台或风筝协会购买,保有量极少。责任单位联系到当地风筝协会,在放风筝活动较为频繁的地区展开护电宣传。通过风筝协会微信群及组织中活跃人员向风筝爱好群体普及电力法及电力保护知识。并向对方学习夜光风筝材质结构等相关问题。

图 1－3－9　可视化监控发现两个夜光风筝及群众提供的现场夜光风筝照片

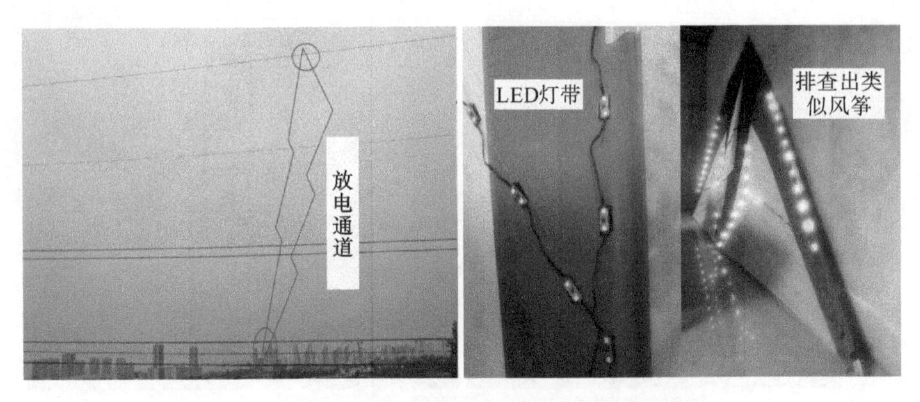

图 1-3-10　放电通道及夜光风筝走访排查情况

典型案例 3:如图 1-3-11、图 1-3-12 所示,2021 年 4 月 15 日 15 时 59 分,500 kV 某线 A 相故障跳闸。4 月 15 日,故障区段为沙尘暴天气,西南风 5 级,阵风 7~8 级,局部可达 10 级以上。根据现场测量,故障时段前后风速达到 23 m/s。通过对 N108—N109 地面、无人机检查,发现 500 kV 某线 N109(ZLV 型塔)A 相大号侧复合绝缘子线夹出口、水平对应拉线(距离导线水平距离 5.7 m)均有放电痕迹,塔上及线上未发现异物。通过对现场情况的排查,发现在故障杆塔 N109 东侧(顺风侧)500 m 草丛内有灼烧痕迹的驱鸟带,并在 N109 西侧 2200 m 发现异物源,为薄膜区用驱鸟带。综合现场情况和数据分析,判定为线路保护区外驱鸟带被沙尘暴卷起,搭挂在 A 相与拉线之间,造成短路故障。

图 1-3-11　烧伤痕迹的驱鸟带及线路 N109 西侧 2200 m 异物源

图 1-3-12　线路 N109A 相线夹出口放电点及线路 N109A 相与拉线放电通道

四、易燃易爆火灾隐患

易燃火灾隐患主要是由于输电线路下方及保护区内存在的可燃物(包括:树木、茅草、构筑物、易燃易爆物品等)发生火灾,对线路造成损坏或故障。主要形式有山火、房屋起火、堆积物(煤炭、木材、塑料等)起火等。由于火灾发生后控制不良极易蔓延,严重情况下烧断导线、倒杆倒塔,短时间难以恢复线路正常运行。此情况多发于农田与森林交汇处、厂站堆放易燃物品、线路临近易燃易爆管线等区域,以春、秋季及干燥天气居多。

爆破作业隐患主要是由于在输电线路周边进行开山炸石、开采爆破作业时,飞石对线路本体部件造成损坏或线路故障。主要包括飞石损伤导地线、绝缘子、塔材和杆塔基础稳定受到冲击等。

典型案例1:如图1-3-13、图1-3-14所示,2021年6月20日,500 kV某同塔双回线路故障跳闸,重合闸动作,重合不成功。经现场专业人员检查发现500 kV某同塔双回线路N102右相下1#、2#、3#子导线有放电痕迹,综合故障测距和现场情况分析为500 kV某同塔双回线路N102大号侧200 m麦田麦茬着火,火势蔓延过程中引燃线下小松树,由于松树含有油脂,烟尘中导电物质较多,着火后的烟尘较大,烟尘高度超过导线,造成C相导线与地放电,导致线路跳闸。本次故障跳闸的特点是隐患发展迅速,线下油脂类树木引燃后极易发生浓烟造成跳闸故障。可视化监拍装置15:13拍照显示,N103塔左侧着火,N102-N103当中未着火。此图片为监拍装置发现火情后自动预警照片。班组接到预警后,立即向输电中心及运检部管理人员进行汇报,管理人员要求立即通知属地人员到现场处置,要求监控人员继续监控。监拍装置15:21,监控人员图片轮巡手动抓拍N102大号侧照片,显示此处已经着火,浓烟较大。15:19线路已经跳闸。

图1-3-13　平原通道油脂类树木火灾及线路山区火灾

图 1-3-14　平原麦田油脂类树木火灾

五、塔位附近取(堆)土、采空区(煤矿塌陷区)隐患

塔位附近取(堆)土主要是在输电线路杆塔周边及保护区内非法进行取土挖掘或堆积过程中，由于挖掘过量或堆积过高而直接造成杆塔基础培土不足、杆塔失稳、倾倒或导线对堆积物距离不足而发生的各种危害。

采空区隐患是指地下开采引起或有可能引起地表移动变形的区域。主要是由于矿产开采引起的地表下沉、塌陷，导致输电线路基础沉降、位移或杆塔倾斜、构件变形、撕裂等，如图1-3-15所示。

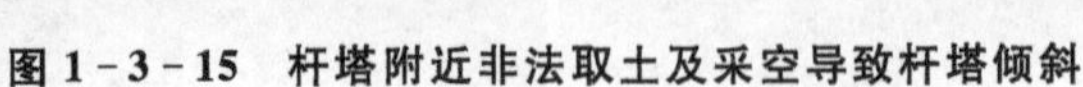

图 1-3-15　杆塔附近非法取土及采空导致杆塔倾斜

六、线路通道树(竹)木隐患

线路通道树(竹)木隐患分为四种情况：一是环境气温升高时，致使导线弛度降低，树木在夏季等高气温天气生长速度加快，导致二者静态距离不足造成放电；二是线路两侧的树木生长超过导线垂直高度，遇大风时导线或树木风偏靠近，树线距离不足造成放电；三是线路

两侧的树木虽然正常情况下与导线距离足够，但由于砍伐（含盗伐）树竹时操作不正确或防护措施落实不到位，树竹倒落过程中接近或接触导线，或者由于风雨等原因倒落时与导线距离不足放电（见图 1－3－16）。

图 1－3－16　砍伐树木倒落在导线上及树线距离不足

典型案例 1：如图 1－3－17 所示，2018 年 8 月 13 日，220 kV 某线路 C 相跳闸、重合成功，站端故障测距 5.38 km；8 月 13 日 12 时 31 分，220 kV 某线路 A 相跳闸，重合成功，3 s 后再次跳闸重合不成功，站端故障测距 5.407 km；8 月 13 日 13 时 11 分，220 kV 某线路试送成功，现场天气多云。经现场核查为 220 kV 某线路 47 号—48 号塔档中弧垂最低点处发现有两棵杨树被击穿，树皮脱落，导线有放电点，即判定此处为故障点，导线对树枝安全距离不足，造成线路对树枝放电，线路跳闸。

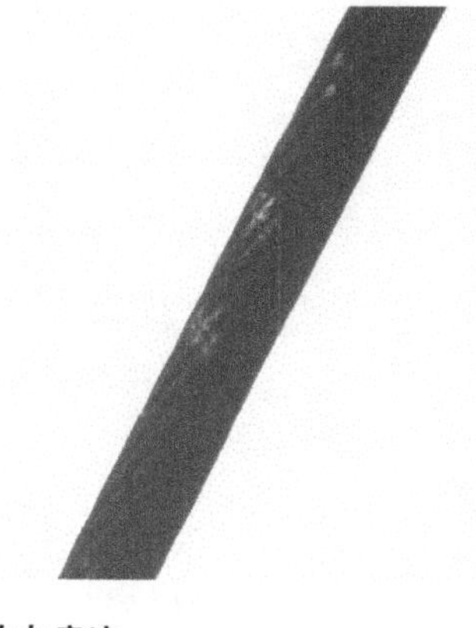

图 1－3－17　放电通道及放电痕迹

第二章　架空输电线路风险状态辨识

第一节　人工巡视及检测

一、目的

为掌握线路的运行情况，及时发现线路本体、附属设施以及线路保护区出现的缺陷或隐患，并为线路检修、维护及状态评价（评估）等提供依据，需对线路进行近距离观测、检查、记录，这就是线路巡视。根据不同的需要，线路巡视分为正常巡视、故障巡视、特殊巡视。

二、巡视的内容和要求

巡视的内容和要求如表 2－1－1 所示。

表 2－1－1　巡视的内容和要求

巡视对象		巡视内容
线路本体	地基与基面	回填土下沉或缺土、水淹、冻胀、堆积杂物等
	杆塔基础	破损、酥松、裂纹、漏筋、基础下沉、保护帽破损、边坡保护不够等
	杆塔	杆塔倾斜、主材弯曲、地线支架变形，塔材、螺栓丢失或严重锈蚀，脚钉缺失、爬梯变形、土埋塔脚等，基础上拔，混凝土杆未封杆顶、老化、破损、出现裂纹等
	接地装置	断裂、严重锈蚀、螺栓松脱、接地带丢失或外露，接地带连接部位有雷电烧痕等
	拉线及基础	拉线金具等被拆卸，拉线棒严重锈蚀或蚀损，拉线松弛、断股、严重锈蚀，基础回填土下沉或缺土等
	绝缘子	伞裙破损，严重污秽，有放电痕迹，弹簧销缺损，钢帽有裂纹、断裂，钢脚严重锈蚀或蚀损，绝缘子串顺线路方向倾角大于 7.5°或 300 mm
	导线、地线、引流线、屏蔽线、OPGW	散股、断股、损伤、断线、放电烧伤，导线接头部位过热，悬挂漂浮物，弧垂过大或过小、严重锈蚀、有电晕现象，导线缠绕（混线）、覆冰、舞动、风偏过大、交叉跨越物距离不够等

续表

巡视对象		巡视内容
线路本体	线路金具	线夹断裂、有裂纹、磨损，销钉脱落或严重锈蚀；均压环、屏蔽环烧伤，螺栓松动；防振锤跑位、脱落、严重锈蚀，阻尼线变形、烧伤；间隔棒松脱、变形或离位；各种连板、连接环、调整板损伤或有裂纹等
附属设施	防雷装置	避雷器动作异常，计数器失效、破损、变形，引线松脱，放电间隙变化、烧伤等
	防鸟装置	固定式：破损、变形、螺栓松脱 活动式：动作失灵、褪色、破损、电子、光波 声响式：供电装置失效或功能失效、损坏等
	各种监测装置	缺失、损坏、功能失效等
	杆号、警告、指示、相位等标识	缺失、损坏、字迹或颜色不清、严重锈蚀等
	航空警示器材	高塔警示灯或跨江线彩球缺失、损坏、失灵等
	防舞防冰装置	缺失、损坏等
	ADSS 光缆	损坏、断裂、驰度变化等
线路通道环境	基础附近	杆塔基础附近有堆土、取土等安全隐患
	建筑物	有违章建筑，导线与建筑物的安全距离不足等；线路通道附近的塑料大棚、彩钢板顶建筑等易发隐患
	树木	树木（竹林）与导线安全距离不足等
	施工作业	线路下方或附近有危及线路安全的施工作业等
	火灾	线路附近有烟火现象，有易燃、易爆物堆积等
	交叉跨越	出现新建或改建电力、通信线路，以及道路、铁路、索道、管道等
	防洪、基础保护设施	坍塌、淤堵、破损等
	自然灾害	地震、洪水、泥石流、山体滑坡等引起通道环境的变化
	道路、桥梁	巡线道、桥梁损坏等
	污染源	出现新的污染源或污染加重等
	采动影响区	出现裂缝、坍塌等情况
	其他	线路附近有人放风筝，有危及线路安全的漂浮物，线路跨越鱼塘无警示牌，采石（开矿）、射击打靶、藤蔓类植物攀附杆塔等

三、日常检测

(一)接地电阻测试

1. 工器具准备

接地电阻测量仪、接地棒、塑料软铜线、手锤、铁锹、钢刷子、扳手、特殊扳手、绝缘手套。

2. 操作步骤

(1)作业前的准备。

①工作前工作人员检查工器具是否完好,仪表是否在合格周期内,电量是否充足。特殊扳手应与测量线路接地螺栓相符。

②工作人员核对线路名称、杆塔号无误后开始工作。雷雨季节阴天、下雨时严禁测量,以防雷击。

③工作人员戴好绝缘手套,断开该基杆塔所有接地网引下线,确认已和铁塔隔离,接地体接线处如有锈蚀,应采取相应措施除锈,以防影响测试的准确性。

(2)仪表接线。

①黑线(5 m)一端接 E(被测接地极),另一端接到接地引下线上。

②黄线(20 m)一端接 P(电压辅助电极),另一端接入扦子上,黄线沿线路垂直方向放开,扦子要打入地下 2/3。

③红线(40 m)一端接 C(电流辅助电极),另一端接扦子,将红线沿垂直输电线路方向放开,扦子要打入地下 2/3。

(3)测试步骤。

①检查检流指针是否指在零位,否则用调零旋钮将指针调到零位。

②将倍率旋钮放在最大倍率位置处,慢慢摇动摇柄,同时旋转电阻值旋钮使检流计指针指在零位。

③当检流计指针接近平稳时,加速摇动摇柄(每分钟 120 转),并转动电阻值旋钮,使指针平稳地指在零位,如电阻读数小于 1.0,则可改变小一档的倍率重新摇测。

④待指针平稳后将电阻值旋钮上的读数乘以倍率旋钮所处的倍数,即为所测的接地电阻值。

⑤测试完毕后做好记录,将电线收起,恢复接地引下线与铁塔的连接。

接地电阻值应按照实测接地电阻值乘以表 2-1-2 中的季节系数计算。

表 2-1-2 接地电阻测试

接地射线埋深/m	季节系数
0.5	1.4～1.8
0.8～1.0	1.25～1.45

注:检测接地装置工频接地电阻时,如土壤较干燥,季节系数取较小值;土壤较潮湿时,季节系数取较大值。

3.注意事项

①雷雨天气下，严禁进行测量接地电阻工作。

②测量时作业人员不得直接用手接触仪器接线柱和接地棒，接地电阻摇表在摇测的过程中，不得触碰与其相连的任何部件。

③掌握作业人员的身体状况是否良好。

④掌握作业人员的精神状态是否良好。

(二)交叉跨越测试

1.工器具准备

经纬仪、温度计、塔尺、计算器。

2.操作步骤

(1)作业前的准备。

①检查所使用的经纬仪是否在合格周期内。

②测试前对经纬仪和塔尺进行检查，确认经纬仪性能良好，塔尺刻度精确。

(2)开始测量工作。

①取出温度计放置在交叉跨越点 10 m 范围内阴凉通风处测量环境温度。

②将塔尺立在交叉点正下方。注意塔尺拉到最长时与导线的安全距离要大于 5 m。

③将经纬仪支在交叉跨越交叉角的角平分线上，距离交叉点 40 m 以上。

④将经纬仪整平。

⑤调整水平固定按钮，使镜头对准塔尺。

⑥调整垂直固定按钮，使镜头对准塔尺。

⑦读上丝 A、下丝 B 塔尺的刻度以及垂直刻度盘上角度数据 α_1，并记录。计算测量点到交跨点的距离 $L_1=K(A-B)\cos\alpha_1$。

⑧调整垂直固定按钮，使镜头对准交叉点交叉跨越物的顶点，读取垂直刻度盘上角度数据 α_2，并记录。计算垂直距离 $H_1=L_1 \cdot \tan\alpha_2$。

⑨调整垂直固定按钮，使镜头对准交叉点导线的最下层，读取垂直刻度盘上角度数据 α_3，并记录。计算垂直距离 $H_2=L_1 \cdot \tan\alpha_3$。

⑩将经纬仪支在交叉跨越点正下方，整平经纬仪，调整水平按钮，将镜头对准上跨线路，读取水平度盘数据 α_4。转动镜头，对准被跨线路，读取水平度盘数据 α_5。计算交叉跨越角 $\alpha_0=\alpha_4-\alpha_5$。

⑪将塔尺支在上跨线路距交跨点最近的铁塔中心，重复②、⑤、⑦步骤，测量铁塔到交跨点的距离 L_2。

⑫观看温度计，记录环境温度。

⑬计算交叉跨越数据，$H=H_2-H_1$。如数据有明显错误，要重新复测，看所记录数据有

无误差。

⑭收好经纬仪、塔尺、温度计，工作结束。

3. 注意事项

适用于中心所运行输电线路交叉跨越的测试。

(三)导地线弛度测试

1. 工器具准备

经纬仪、钢卷尺、塔尺、温度计。

2. 操作步骤

①使用校验合格的经纬仪，测试前对经纬仪和塔尺进行检查，确保仪器性能良好，塔尺刻度清晰。

②将温度计放置于被测档自然环境背阴处测量环境温度。

③按弛度测量的方法开展测试工作。

具体如图 2－1－1 所示。

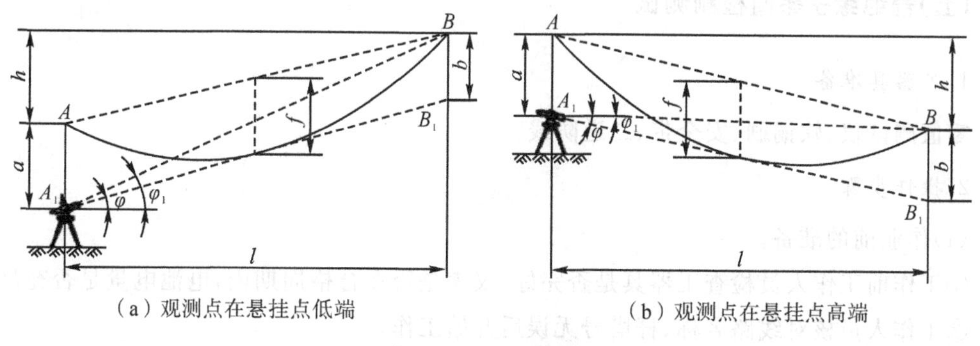

图 2－1－1　观测点

3. 注意事项

用档端角度法测量导线弧垂。

(四)红外测温测试

1. 工器具准备

红外测温仪 1 台(带长焦镜头)。

2. 操作步骤

①充电及使用。使用前一天要对仪器电池电量进行检查，如电量不足要及时充电，充满后一块电池可持续使用 1.5～2 小时。

②检查存储卡。使用前检查存储卡是否还有存储空间，如存储卡已满，要及时将数据导

入电脑，然后将卡插入机器。

③开关机。轻按电源键数秒开机或关机。一般第一次开机时因为需要预热，时间较长，需要耐心等待。等待期间将镜头盖打开并对准一物体，直到电子屏上出现物像即为开机成功。关机时长按电源键，关机期间目视电子屏，确认电子屏关闭后方可松开按钮。

3.注意事项

①使用前应检查测温仪包的背带是否良好可靠，在使用过程中防止仪器摔落。

②运输或上塔时要将测温仪放在专用的测温仪包内，防止磕碰。

③长焦镜头在安装到机身上后，连接部位容易脱落。使用中应注意采取防脱落的保护措施。

④安装存储卡时应按照提示方向安装。取出时轻按旁边按钮使其自动弹出，不得直接用手取卡。

⑤使用过程中机器会发出“咔咔”声响，同时图像静止，此为正常现象，不影响使用。

⑥图像的分析可下载到计算机上进行。

⑦测温仪使用完毕后应盖好镜头盖并取出电池，将仪器放入仪器箱。

(五)瓷绝缘子零值检测测试

1.工器具准备

零值测试仪、软铜刷、安全带、二道防线。

2.操作步骤

(1)作业前的准备。

①工作前工作人员检查工器具是否完好，仪表是否在合格周期内，电池电量是否充足。

②工作人员核对线路名称、杆塔号无误后开始工作。

(2)测试步骤。

①检查检流指针是否指在零位，否则用调零旋钮将指针调到零位。

②操作人员登塔，到达测量绝缘子串的位置。

③检测人员取出绝缘子串，用零值检测仪逐片对瓷绝缘子进行测试，将绝缘子零值检测仪的两个触角同时接触绝缘子两端的金属部分，并保证接触良好，停留时间不得低于1s。根据声音及指针显示判断绝缘子是否符合标准。若瓷绝缘子阻值小于500mΩ，要进行记录。瓷绝缘子钢帽上若有涂料，要用软铜刷清除涂料，以防影响测试的准确性。

④测试完毕后做好记录，人员下塔。

3.注意事项

①上塔前核对线路名称和杆塔号，防止误登带电杆塔。

②操作人员操作中要系好安全带和二道防线。

③掌握作业人员的身体状况是否良好。

④掌握作业人员的精神状态是否良好。

(六)憎水性测试

1.工器具准备

照相机、喷壶、屏蔽服、安全带、二道防线。

2.操作步骤

(1)作业前的准备。

①工作前工作人员检查照相机是否完好,电池电量是否充足,喷壶是否能正常喷水。

②工作人员核对线路名称、杆塔号无误后开始工作。

(2)测试步骤。

①操作人员登塔,到达要测量绝缘子串的位置。

②将喷壶喷嘴调为喷射雾状水,在要测量的绝缘子表面喷水,喷壶的喷嘴距试品 25 cm,约每秒喷水一次,共喷射 25 次,喷射方向尽量垂直于试品表面,憎水性分级值(HC 值)应在喷水结束后 30 s 内测量。

③喷水结束后 30 s 内用照相机拍摄测试绝缘子的憎水情况。

④整理工具,人员下塔。

(3)整理测试报告。

①将所拍照片上传至计算机,标明绝缘子所处的塔号和位置,并与标准对照,判断被测绝缘子的憎水性级别。

②填写报告。

3.注意事项

①上塔前核对线路名称和杆塔号,防止误登带电杆塔。

②带电线路上的测试操作人员要穿全套合格的屏蔽服。

③操作人员操作中要系好安全带和二道防线。

④掌握作业人员的身体状况是否良好。

⑤掌握作业人员的精神状态是否良好。

(七)绝缘子盐密测试

1.工器具准备

盐密测试仪、毛刷、量筒、洗涤盆、医用手套、漏斗、污秽液瓶(玻璃瓶)。

2.操作步骤

(1)作业前的准备。

①按照规程规定,从待采样的绝缘子串中选择适当位置和片数的绝缘子作为式样。注

意:为避免污秽损失,拆卸和搬运绝缘子时不应接触绝缘子的绝缘表面。表面污秽取样之前,容器、量筒等应清洁干净,确保无任何污秽。

②打开无纺布纸袋,取出专用的清洁手套戴好,用无纺布分两次对被测单片绝缘子表面进行擦拭。如绝缘子污秽严重,可适当增加无纺布数量。污秽取样过程中不要将其他污秽物带入,减少测量误差。

③把擦拭完的无纺布分别放入对应容器中并贴好标签。根据绝缘子的表面积选择对应的蒸馏水量倒入容器中待测。容器使用前应用蒸馏水清洗,保证清洁、干净。

④蒸馏水用量如下:单片普通盘型绝缘子所用蒸馏水水量为 300mL;其他绝缘子与普通盘型绝缘子表面积不同时,可依其表面积按比例适当增减用水量。上下表面分开擦洗污秽物时,用水量按表面积比例适当分配。

⑤待测的污秽液放置 15 min 后,使污秽物充分溶解于蒸馏水中。测试前将污液轻轻摇匀(若将盐密瓷瓶取回,可用蒸馏水直接清洗瓷瓶获得污秽液)。

(2)测试步骤。

①工作前工作人员检查工器具是否完好,仪表是否在合格周期内,电量是否充足。

②取出盐密测试仪电导电极,用清洁的蒸馏水冲洗干净,去除电极表面的污物,甩掉残留的水珠。

③将盐密测试仪的电极连线插头插入仪器电极插口,确认连接可靠。

④打开电源开关,显示开机界面。

⑤按 F1 和"→""←"键,选择输入绝缘子表面积、用水量和原始液电导率,注意要准确核实绝缘子表面积的参数,完毕后开始测量。

⑥取与污液瓶水量相同的清洁蒸馏水倒入量杯中,将电极放入。量杯、盐密测试仪电极要清洁干净。

⑦测量蒸馏水的电导率并做记录,测完后按 F4 键退出。

⑧如果能够保证蒸馏水的电导率小于 10 μs/cm,则可以不考虑蒸馏水电导率对测量结果的影响,不做此操作。否则记录原始液电导率,在正式测量样品等值盐密时输入仪器,以便扣除原始液的含盐量,使仪器去除蒸馏水本身电导率对测量结果的影响。

⑨重新设置绝缘子表面积、用水量和原始液电导率,设置完毕按 F2 键开始测量,测量完毕显示测量结果,包括溶液温度、电导率和 20 ℃时的等值盐密,将测试结果进行记录。(注意:测量时将电极传感器部分放入待测溶液,轻轻搅动片刻,以使溶液均匀,被测液体必须淹没电极 1/2 以上)。

⑩测量其他污液瓶中污液的数据并做好记录。

⑪测试用的电极要一用一清洗,即在每测试一份污秽液后用蒸馏水清洗,再测下一份污秽液,以免影响测试的准确性。

⑫关掉盐密测试仪电源开关,拆下电导电极并将电导电极及污秽液瓶等容器用蒸馏水清洗干净,晾干水分。

(3)工作结束。

清点工器具,清理工作现场,工作完毕。

3.注意事项

①上塔前核对线路名称和杆塔号,防止误登带电杆塔。

②带电线路上的测试操作人员要穿全套合格的屏蔽服,取样只能取铁塔侧3片。

③操作人员操作中要系好安全带和二道防线。

④掌握作业人员的身体状况是否良好。

⑤掌握作业人员的精神状态是否良好。

(八)绝缘子灰密测试

1.工器具准备

毛刷、量筒、洗涤盆、医用手套、漏斗、污秽液瓶(玻璃瓶)、干燥箱、天平。

2.操作步骤

(1)作业前的准备。

①按照规程规定,从待采样的绝缘子串中选择适当位置和片数的绝缘子作为试样。

②打开无纺布纸袋,取出专用的清洁手套戴好,用无纺布分两次对被测单片绝缘子表面进行擦拭。如绝缘子污秽严重,可适当增加无纺布数量。污秽取样过程中不要将其他污秽物带入,减少测量误差。

③把擦拭完的无纺布分别放入对应容器中并贴好标签。根据绝缘子的表面积选择对应的蒸馏水量倒入容器中待测。容器使用前应用蒸馏水清洗,保证清洁、干净。

(2)测试步骤。

①工作前工作人员检查天平、干燥箱等工器具是否完好。

②首先对滤纸称重,然后使用漏斗和滤纸过滤污秽水(结合盐密测量,用测量盐密后的污秽水),再将过滤纸和残渣一起烘干,最后称其重量。

③计算所测量绝缘子的灰密值。

灰密值按以下公式计算:

$$NSDD=1000(W_f-W_i)/A$$

式中,NSDD——非溶性沉积物密度,mg/cm^2;

W_f——在干燥条件下含污秽过滤纸的重量,g;

W_i——在干燥条件下过滤纸自身的重量,g;

A——绝缘子表面面积,cm^2。

(3)工作结束。

清点工器具,清理工作现场,工作完毕。

3.注意事项

①上塔前核对线路名称和杆塔号,防止误登带电杆塔。

②带电线路上的测试操作人员要穿全套合格的屏蔽服,取样只能取铁塔侧3片。

③操作人员操作中要系好安全带和二道防线。

④掌握作业人员的身体状况是否良好。

⑤掌握作业人员的精神状态是否良好。

(九)杆塔倾斜测量

1.工器具准备

经纬仪、钢卷尺。

2.操作步骤

①将经纬仪顺线路方向在大于距杆塔高两倍的线路中心线上架好。

②杆塔结构在横线路方向倾斜的检查方法:将仪器安置在线路中心线上,使望远镜视线瞄准横担的中点O,然后用望远镜俯视杆塔根部根开中点$O1$,如竖丝与$O1$重合则表明杆塔结构在横线路方向上没有倾斜;如不重合则表明有倾斜视线偏于$O2$点,量出$O1$与$O2$之间的水平距离Δx,Δx即为杆塔结构在横线路方向上的倾斜值。

③杆塔结构在顺线路方向倾斜的检查方法:将仪器安置在杆塔横线路方向的中心线上,使望远镜视线瞄准平分横担处之塔身,然后使望远镜下旋俯视杆塔根开,如视线平分杆根,则杆塔结构无顺线路方向倾斜;如视线不平则说明有倾斜,视线偏于α点,量取竖丝与杆塔根开方向倾斜间的距离Δy值,Δy即为杆塔结构在横线路方向上的倾斜值,杆塔结构的倾斜值的平方为$\Delta x^2+\Delta y^2$。

第二节　无人机巡检技术应用

巡检作业是保障输电线路稳定运行的重要基础,而无人机巡检作为信息时代新兴起的巡检技术,其不仅可以显著提高巡检效率和巡检质量,且不受环境因素的影响,可高空、全方位、近距离完成巡检作业,可搭载可见光、红外等检测设备,能发现地面人工巡视难以发现的平口以上设备本体及金具发热等缺陷。无人机巡检已成为输电线路运维必不可少的技术手段。

一、巡检作业流程

巡检作业流程如图2-2-1所示。

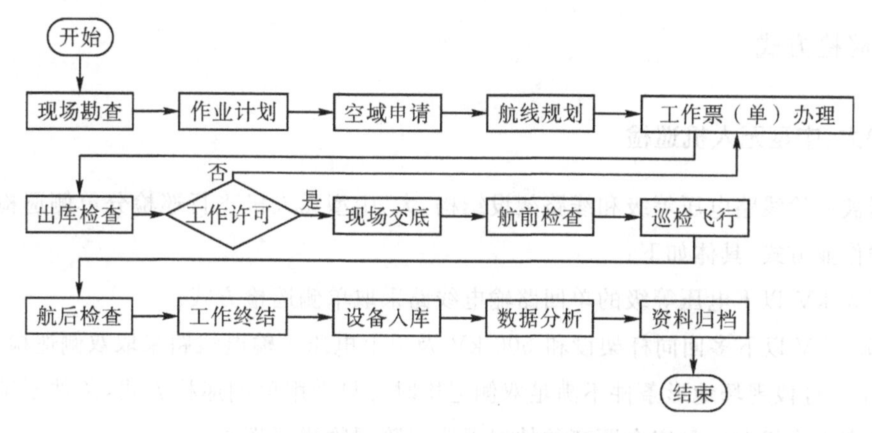

图 2－2－1　巡检作业流程

二、巡检作业分类

(一)正常巡检

正常巡检主要对输电线路导地线、绝缘子、金具、杆塔、基础、附属设施、线路通道等进行巡检,包括自主巡检、精细化巡检、红外巡检、通道巡检等。

根据线路运行情况、检查要求,选择搭载相应的任务设备开展可见光、红外巡检作业,巡检项目可单独开展,也可根据需要组合开展。

(二)故障巡检

根据故障情况选择适用机型开展故障查找,巡检图像质量应满足故障分析需要。根据故障测距范围,合理规划航线开展故障点查找。故障查找应先在测距区段内检查设备和线路通道异常情况;若未发现故障点,再扩大巡检范围。

(三)特殊巡检

根据季节特点、设备状况及特殊需要,确定巡视范围和任务,选择适用机型开展加强性、防范性及针对性巡检。如灾后巡检:线路途经区段发生灾害后,在现场条件允许情况下,选择使用旋翼或固定翼搭载红外或可见光等检测设备对受灾线路进行巡视检查,搜集输电设备受损及环境变化等信息。

(四)“无人机＋”巡检

应用无人机技术解决输电线路现场作业难题,在常规的无人机航拍基础上,结合实际工作需要潜心研究,创新拓展无人机应用模式,开展无人机验电、挂拆接地线、憎水性测试等无人机检修作业,将输电运维工作模式逐步从“以人工为主”向“少人作业、无人作业”转变,降低作业人员劳动强度,提升工作的效率和安全性。

三、巡检方式

(一)大、中型无人机巡检

根据被巡检线路电压等级和线路架设结构，大、中型无人机飞行巡检分单侧巡检和双侧巡检两种作业方式，具体如下：

(1)500 kV 以下电压等级的单回路输电线路采取单侧巡检方式。

(2)500 kV 以下多回同杆架设和 500 kV 及以上电压等输电线路采取双侧巡检方式。

(3)某些杆段现场地形条件不满足双侧巡检时可只采用单侧巡检方式，条件不满足地段宜采用升高无人机在满足安全距离的情况下绕过障碍物进行巡检。

(4)在检查导地线时，如发现可疑问题，暂停程控飞行转增稳飞行模式悬停检查，确认缺陷情况后继续程控按设定航线飞行巡检。为确保飞行作业安全，悬停检查期间，作业人员不宜手动调整飞机位置，可通过调整吊舱角度来更好地进行观察巡检。

(5)在检查杆塔本体及连接金具时，应进行悬停检查。大、中型无人机距杆塔水平距离在 50～60 m 范围，位置与地线横担水平或稍高于地线横担，悬停时间一般为 1～5 min。

(二)小型无人机巡检

大、中型无人机在对大型部件巡检时可以有效完成任务，但是由于其自身体积及操控稳定性的原因，无法完成较近距离、小部件的巡检任务。这就需要体积更小、灵活度更高的小型无人机来完成。在进行近距离单基杆塔巡检时(100 m 范围内，操作手可通过观察无人机姿态判断飞行情况)采用增稳飞行模式，由操作手手动控制无人机靠近输电设备开展巡检工作，实现线路小部件的拍照。较远距离设备巡检(大于 100 m，在小型无人机测控范围及续航时间内)采用程控飞行模式，按照规划好的航线开展飞行巡检工作。

小型无人机在手动干预下可控制在 10～20 m 范围内较近距离地检查杆塔设备，程控飞行模式时，在无人机到达杆塔位置时可暂停程控飞行转增稳飞行模式悬停检查。为达到更好的巡检效果，可小范围调整无人机位置。

四、巡检作业内容

使用高清照相机(摄像机)检查导地线、绝缘子、金具、杆塔、基础、附属设施、线路通道等异常情况和缺陷隐患，使用红外热成像仪检查导线接续金具及绝缘子等设备发热异常情况，详见表 2-2-1。

表 2-2-1　无人机进行输电线路巡检的主要任务内容

分类		可见光检测	红外检测
线路本体	导地线	导地线断股、锈蚀、异物、覆冰等	发热点
	杆塔	杆塔倾斜、塔材弯曲、螺栓丢失、锈蚀等	—
	金具	金具损伤、移位、脱落、锈蚀等	发热点
	绝缘子	伞裙破损、严重污秽、放电痕迹等	发热点
	基础	塌方、护坡受损、回填土沉降等	—
附属设施		防鸟防雷装置、标识牌、各种监测装置等损坏、变形、松脱等	—
通道		超高树竹、违章建筑、施工作业、沿线交跨、地质灾害等	—

多旋翼无人机巡检拍摄内容应包含塔全貌、塔头、塔身、杆号牌、绝缘子、各挂点金具、通道等，详见表 2-2-2。

表 2-2-2　无人机进行输电线路巡检拍摄的主要任务内容

拍摄部位		拍摄重点
直线塔	塔概况	塔全貌、塔头、塔身、塔基、塔号牌
	绝缘子串	绝缘子
	悬垂绝缘子横担端	绝缘子碗头销、保护金具、铁塔挂点金具
	悬垂绝缘子导线端	碗头挂板销、导线线夹、各挂板、联板等金具
	地线悬垂金具	地线线夹、接地引下线连接金具、挂板
	通道	小号侧通道、大号侧通道
耐张塔	塔概况	塔全貌、塔头、塔身、塔基、塔号牌
	耐张绝缘子横担端	调整板、挂板等金具
	耐张绝缘子导线端	导线耐张线夹、各挂板、联板、防震锤等金具
	耐张绝缘子串	每片绝缘子表面及连接情况
	地线金具	地线耐张线夹、接地引下线连接金具、挂板、防震锤
	引流线绝缘子横担端	绝缘子碗头销、铁塔挂点金具
	引流线绝缘子导线端	碗头挂板销、引流线线夹、联板、重锤等金具
	通道	小号侧通道、大号侧通道

五、典型应用

(一)无人机激光扫描

无人机激光扫描就是利用激光雷达向被测量线路杆塔、导地线及通道发射一束束激光，然后测量发射或散射信号到达发射机的时间、信号强弱程度和频率变化等参数，从而确定被测量线路本体及通道各物体的三维立体方位，测量精度可达毫米级，如图 2－2－2 所示。

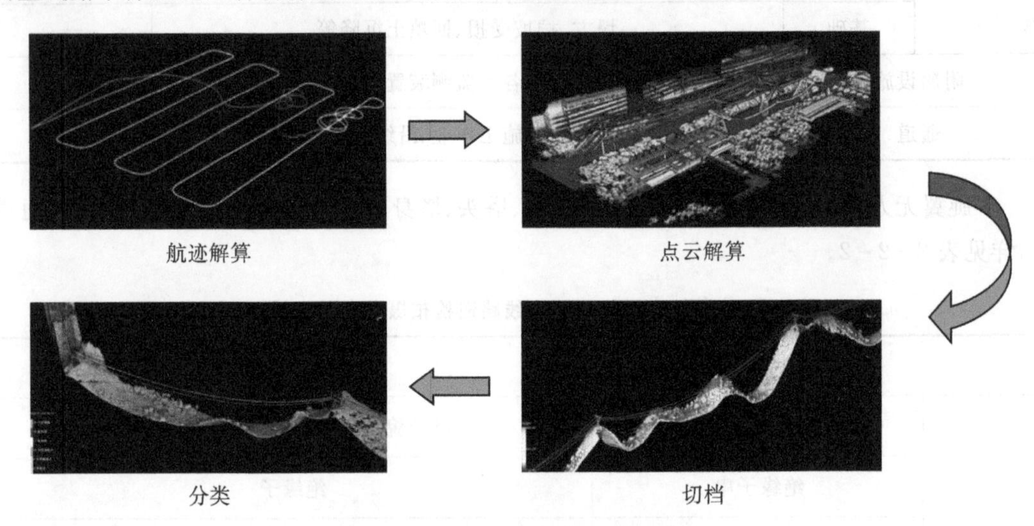

图 2－2－2　点云数据解析处理流程

通过对三维点云数据的分析处理，可实现多方面的应用。

1. 隐患排查

通过对通道内地面、树木、房屋及交叉跨物越与下层导线最小距离进行计算，与规程要求最小值进行对比，排查出导线距地面、树木、房屋及交叉跨越物距离不足的安全隐患，如图 2－2－3、图 2－2－4 所示。

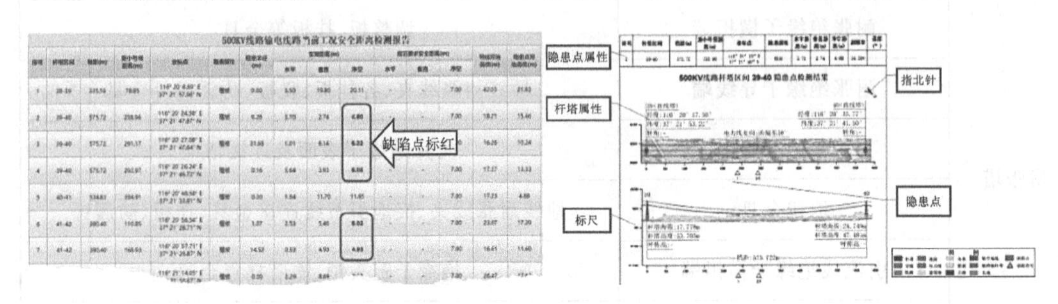

图 2－2－3　通道隐患

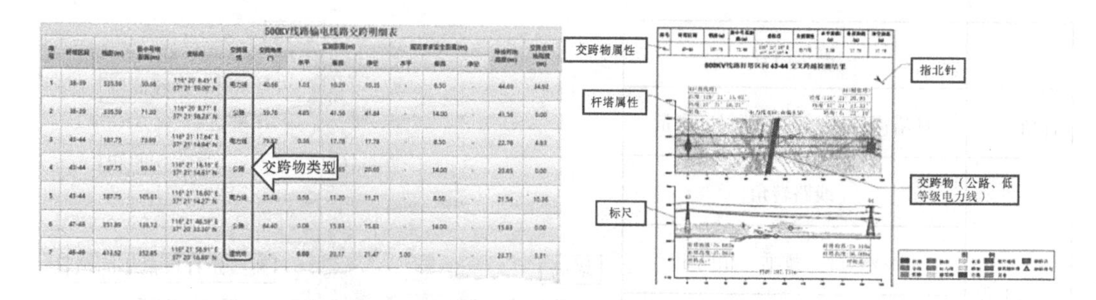

图 2-2-4　交叉跨越

2. 最大工况运行模拟分析

模拟展示最大风、最高温、最大覆冰等情况下线路运行状态，为线路的隐患排查和治理提供科学依据，如图 2-2-5、图 2-2-6 所示。

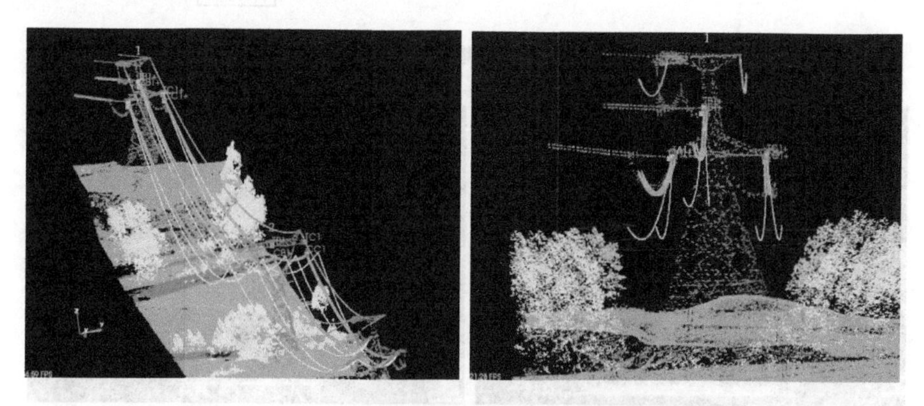

图 2-2-5　风偏状况导线模拟状态及植被缺陷区域

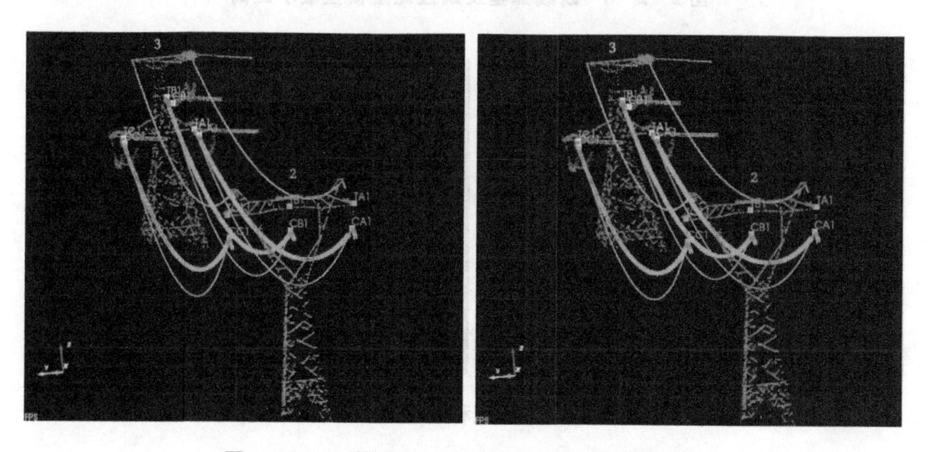

图 2-2-6　覆冰状况及高温状况导线模拟状态

3. 杆塔竣工验收测量

杆塔竣工验收测量如图 2-2-7 至图 2-2-12 所示。

项目	测量内容
杆塔工程	杆塔高度、呼高、倾斜度测量
架线工程	线路转角
	导线长度、弧垂、相间距
	地线长度、弧垂、导地线间隙
	跳线长度、弧垂、距杆塔最小间隙
环境工程	距植被、建筑物、交跨安全距离

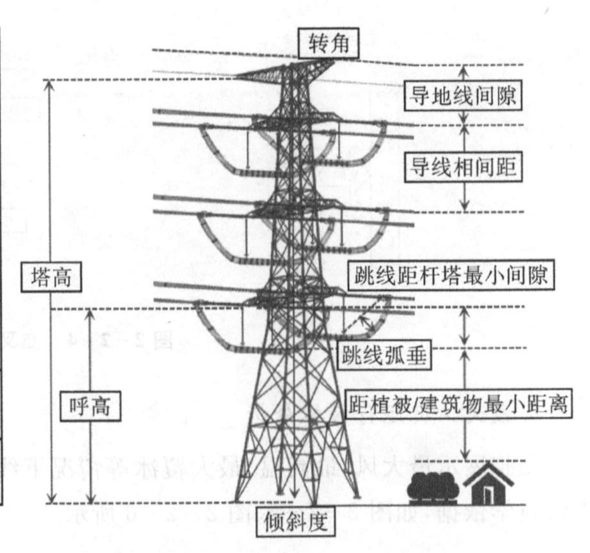

图 2-2-7　杆塔竣工验收测量

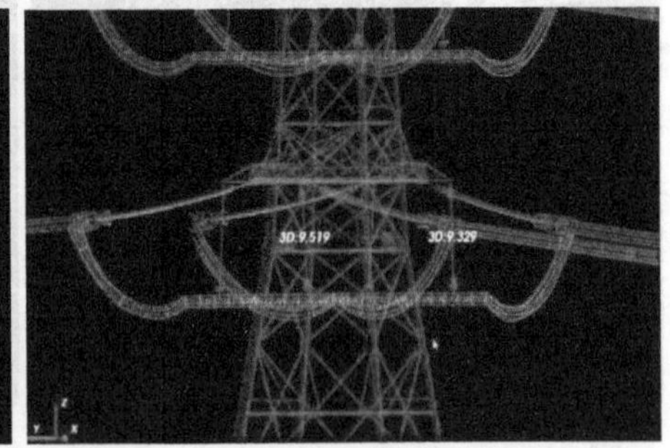

图 2-2-8　跳线弧垂及跳线距上横担最小距离

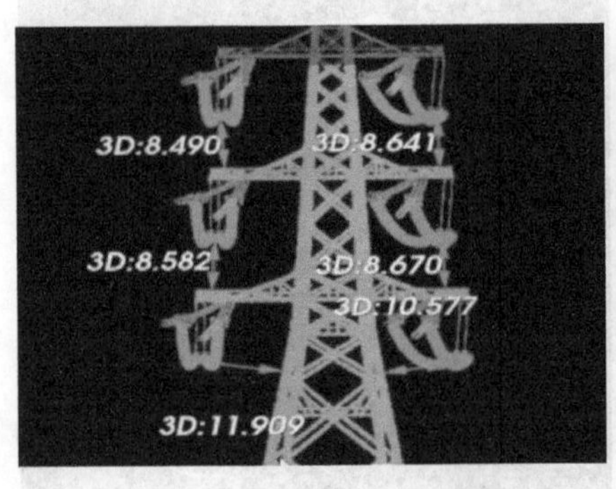

图 2-2-9　跳线距下横担和塔身最小距离及杆塔转角

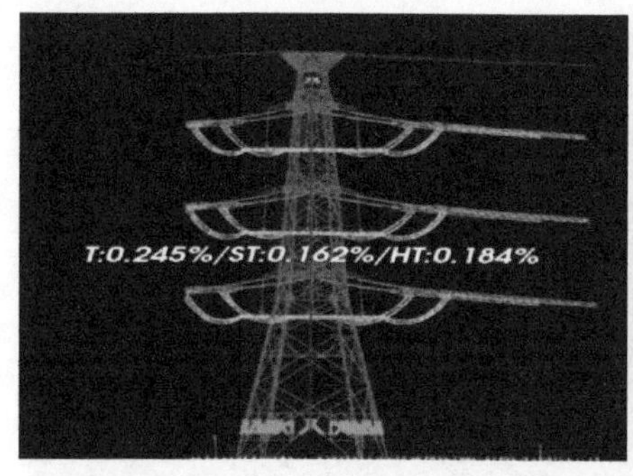

图 2-2-10　杆塔倾斜及跳线风偏模拟

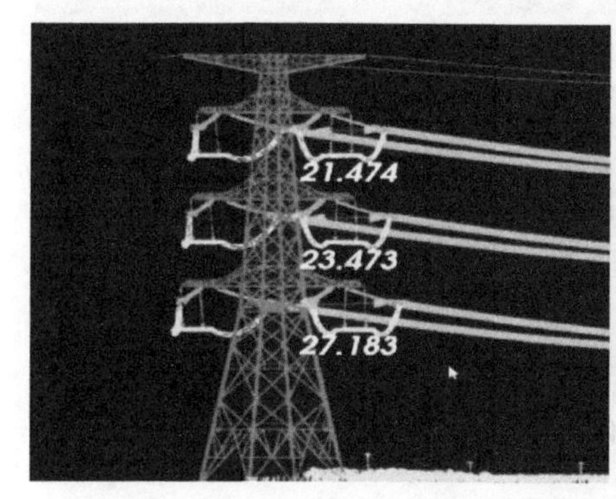

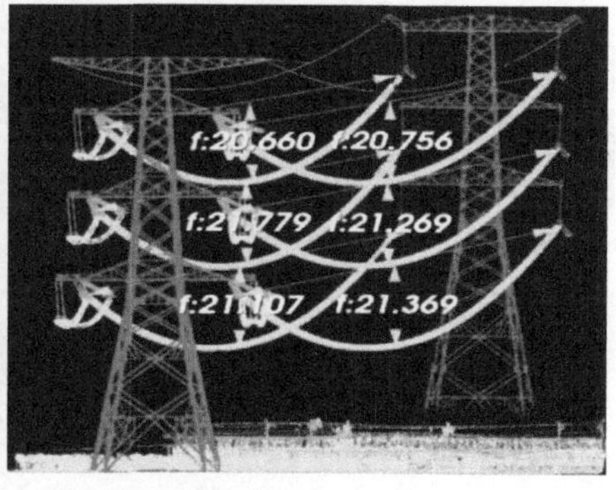

图 2-2-11　导线最小相间距离及导线弧垂

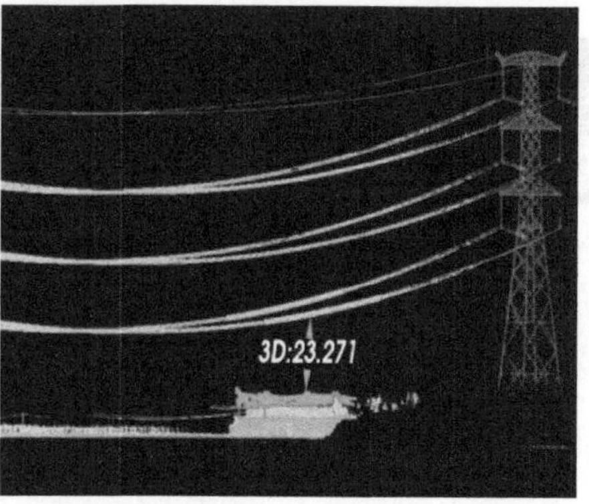

图 2-2-12　地线弧垂及树障交跨测量

4. 三维精细化建模及三维实景展示

利用激光雷达获取的点云数据对输电线路的导线、地线、绝缘子串、绝缘子、金具、杆塔、附属设施(如防鸟装置、监测装置等)和基础等内容进行三维精细化建模,如图 2-2-13 所示。

图 2-2-13　三维精细化建模及三维实景展示

建立三维数字化台账，立体展示线路走廊地形地貌、线路设备本体、缺陷隐患的长宽高及其相对位置等信息，如图 2-2-14 所示。

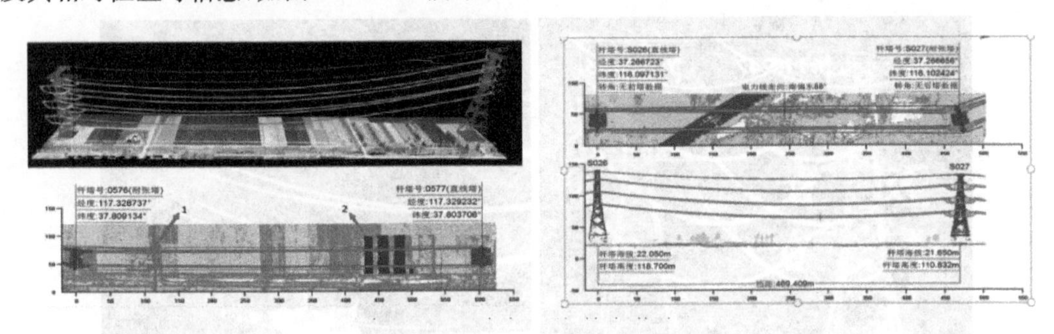

图 2-2-14　建立三维数字化台账

(二)无人机自主巡检

1. 点云航迹规划

根据架空输电线路运维需求和架空输电线路所处的地理位置自然环境情况，确定无人机巡检的输电线路和任务内容。设定航线时要完成查勘现场，熟悉飞行场地，了解线路走向、特殊地形、地貌及气象情况等工作，确保飞行区域的安全。

(1)飞行场区地形特征及需用空域。根据巡检区域内的地形情况确定空域的范围。

(2)场地海拔高度。根据测量范围内杆塔的海拔信息,确定无人机航线的相对高度,以保证巡检时无人机与输电线路的安全。

(3)沙尘环境。

(4)飞行场区电磁环境。测量飞行场区内的电磁干扰强度,确保无人机与地面站的安全控制通信和数据链路的畅通。

(5)场区保障。场区内可以给无人机提供基本的救援和维修条件,保证巡检工作的正常进行。

(6)气象情况包括:

①大气温度、压强和密度。

②风速和风向。由于小型旋翼机机型较小,受风速的影响较大,在执行巡检任务时要根据当时的风速和风向确定是否满足巡检条件。

③能见度。为了实现安全巡检工作,应尽量在能见度较高的天气完成巡检任务。

④云底高度。根据云底高度信息,推测可能会发生的天气变化,给巡检应急措施提供准备依据。

⑤降雨率。

⑥周围光线。根据光照方向调整航迹方向,避免因光照引起图像采集模糊或者图像曝光过度的情况出现。

⑦其他。

(7)航线规划的基本原则。

①面向大号侧先左后右,从下至上(对侧从上至下),先小号侧后大号侧。根据输电设备结构选择合适的拍摄位置,固化作业点,建立标准化航线库。

②航线规划前应根据作业实际需要,向线路所在区域的空管部门履行空域审批手续。

③航线规划应避开军事禁区、军事管理区、空中危险区和空中限制区,远离人口稠密区、重要建筑和设施、通信阻隔区、无线电干扰区、大风或切变风多发区,尽量避免跨越高速公路和铁路飞行。

④应根据巡检线路的杆塔坐标、塔高、塔型等技术参数,结合线路途经区域地图和现场勘查情况规划航线。绘制航线,制定巡检方式、起降位置及安全策略。

⑤规划的航线遇线路交叉跨越、临近边坡等情况,应保持足够的安全距离。

⑥首次飞行的航线应适当增加净空距离,确保航线安全后方可按照正常巡检距离开展巡检作业。

⑦若飞行航线、悬停点与杆塔坐标偏差较大,应及时修正航线库。

⑧已经实际飞行的航线应及时存档,并标注特殊区段信息(线路施工、工程建设及其他影响飞行安全的区段),建立巡检作业航线库。

⑨相同巡检作业的航线规划应优先调用已经实际飞行的历史航线。航线库应根据作业实际情况及时更新。

(8)直线塔拍摄原则。

①单回直线塔:面向大号侧先拍左相再拍中相后拍右相,先拍小号侧后拍大号侧,如图 2-2-15 所示。

②双回直线塔:面向大号侧先拍左回后拍右回,先拍下相再拍中相后拍上相(对侧先拍上相再拍中相后拍下相,N 形顺序拍摄),先拍小号侧后拍大号侧,如图 2-2-16 所示。

图 2-2-15　单回直线塔

图 2-2-16　双回直线塔

(9)耐张塔拍摄原则。

①单回耐张塔:面向大号侧先拍左相再拍中相后拍右相,先拍小号侧再拍跳线串后拍大号侧,如图 2-2-17 所示。小号侧先拍导线端后拍横担端,跳线串先拍横担端后拍导线端,大号侧先拍横担端后拍导线端。

②双回耐张塔:面向大号侧先拍左回后拍右回,先拍下相再拍中相后拍上相(对侧先拍上相再拍中相后拍下相,N 形顺序拍摄),先拍小号侧再拍跳线后拍大号侧,小号侧先拍导线

端后拍横担端，跳线串先拍横担端后拍导线端，大号侧先拍横担端后拍导线端，如图 2-2-18 所示。

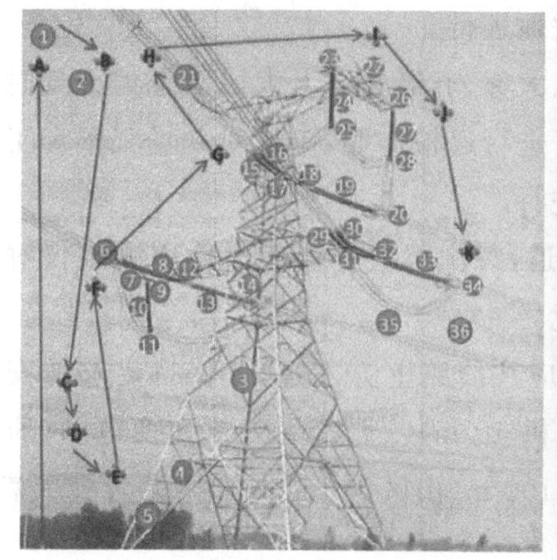

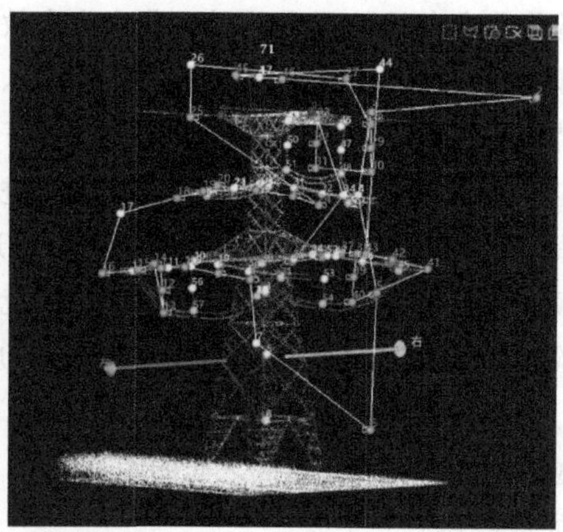

图 2-2-17 单回耐张塔

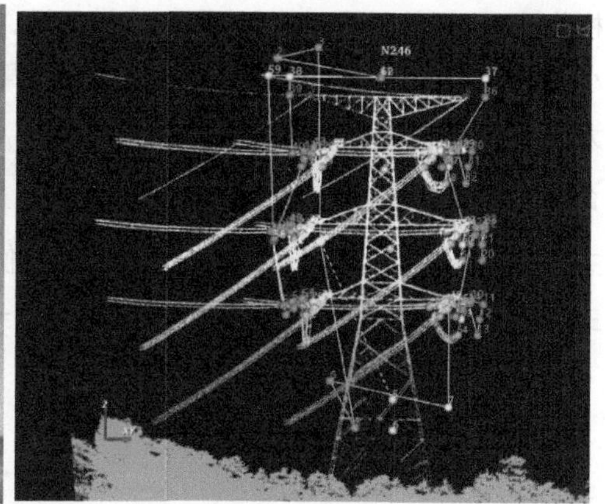

图 2-2-18 双回耐张塔

2. 作业申请

完成了航线规划及安全保证措施后，为了确保巡检任务的顺利完成，在巡检作业开始时要进行一系列的报批手续，主要包括如下内容。

(1)巡检作业前 3 个工作日，工作负责人应向线路途经区域的空管部门履行航线报批手续。

(2)巡检作业前 3 个工作日，工作负责人应向调度、安监部门履行报备手续。

(3)巡检作业前 1 个工作日，工作负责人应提前了解作业现场当天的气象情况，决定是否能够进行飞行巡检作业，并再次向当地空管部门申请放飞许可。

3. 巡检作业安全要求

在开展无人机巡检工作时，要将工作过程中的安全问题放在首位，在巡检作业时要严格遵守巡检作业安全要求，确保巡检工作安全有效地进行。

作业应在良好天气下进行。遇到雷、雨、雪、大雾、五级及以上大风等恶劣天气时禁止飞行。在特殊或紧急条件下，若必须在恶劣气候下进行巡检作业，应针对现场气候和工作条件制定安全措施，经本单位主管领导批准后方可进行。

检查无人机与地面测控系统的无线通信频道，每次巡检作业前应使用测频仪对起降区域进行频谱测量，确保无相同频率无线通信干扰。

巡检作业时，若需无人机转到线路另一侧，应在线路上方飞过，并保持足够的安全距离(大型无人机 50 m，中型无人机 30 m，小型无人机 10 m)。严禁无人机在变电站(所)、电厂上空穿越。相邻两回线路边线之间的距离小于 100 m(山区为 150 m)时，无人机严禁在两回线路之间上空飞行。

巡检作业时，无人机应远离爆破、射击打靶、飞行物、烟雾、火焰、无线电干扰等活动区域。

巡检作业时，严禁无人机在线路正上方飞行。无人机飞行巡检时与杆塔及边导线的距离应不小于规定的安全距离；同时为保证巡检效果，无人机与最近一侧的线路、铁塔净空距离不宜大于 100 m。

4. 自主巡检操作流程

自主巡检操作步骤见附件 13 自主巡检 App 使用手册。

自主巡检拍摄图片如图 2-2-19 至图 2-2-28 所示。

图 2-2-19 全塔

图 2-2-20　塔头

图 2-2-21　塔基

图 2-2-22　塔号牌

图 2-2-23　小号侧通道

图 2-2-24　大号侧通道

图 2-2-25　左相线端挂点

图 2-2-26 左相绝缘子串

图 2-2-27 左相塔端挂点

图 2-2-28 左地线挂点

5. 应急措施。

(1)安全策略。为了保证巡检任务的安全顺利完成,在无人机巡检前应制定失控保护、半油返航、自动返航等必要的安全策略。如遇天气突变或无人机出现特殊情况时应进行紧急返航或迫降处理。

当无人机发生故障或遇到紧急的意外情况时,除按照机体自身设定应急程序迅速处理外,需尽快操作无人机迅速避开高压输电线路、村镇和人群,确保人民群众的安全。

(2)应急处置。无人机发生故障坠落时,工作负责人应立即组织机组人员追踪定位无人机的准确位置,及时找回无人机。因意外或失控导致无人机撞向杆塔、导地线等造成线路设备损坏时,工作负责人应立即将故障现场情况报告分管领导及调控中心,为防止事态扩大,应加派应急处置人员开展故障巡查,确认设备受损情况,并进行紧急抢修工作。因意外或失控坠落引起次生灾害造成火灾,工作负责人应立即将飞机发生故障的原因及大致地点报告分管领导并联系森林火警,按照《输电线路走廊火烧山事件现场处置方案》部署开展进一步工作。

故障后现场负责人应对现场情况进行拍照和记录,确认损失情况,初步分析事故原因,填写事故总结并上报公司有关部门。运维单位应做好舆情监督和处理工作。

(三)无人机智能管控平台

无人机智能管控平台功能包括系统配置(配置管理、资产管理、人员管理)台账管理、作业计划、巡检工单、缺陷识别、飞行数据、统计报表、航线管理、三维应用等。

(1)系统配置功能包含配置管理、资产管理、人员管理三个子菜单。

①配置管理包括单位管理、账号管理和通知公告。

②资产管理包括无人机型号注册、备品备件及设备管理、出入库管理和维修保养管理。

③人员管理是指作业人员的管理,用户登录到系统展示选择列表,实现了查询、查看、修改功能。

(2)台账管理包括线路台账、设备台账、飞行空域。

(3)作业计划包括作业计划管理和作业计划申报。

(4)巡检工单包括巡检工单管理和巡检结果管理。

(5)缺陷识别是指用户登录到系统选择识别任务列表,展示缺陷识别列表,实现了新增算法任务、新建人工标注任务,可进行查看缺陷、删除、进入、查询等操作。

(6)飞行数据包括飞行数据、历史轨迹、报警查看。

(7)统计报表包括缺陷发现率统计、无人机配置统计、人员情况统计、巡检作业情况统计、缺陷分类统计。

(8)航线管理包括航线库、航线学习模板和航线杆塔。

(9)三维应用是管理输电线路多源数据的综合性平台,其中多源数据包含点云数据、dom 影像、tif 地形、杆塔和线路台账、视频及可见光、热红外等缺陷巡检数据;为了方便管理海量的多源数据，结合GIS、大数据管理及三维可视化技术，构筑一个“数字化输电线路平台”，能够直观、实时查看输电线路，为用户提供输电线路的相关信息，提供数据管理、分析、预警、决策等功能和服务，方便业务及管理人员对业务进行管理和决策，实现输电线路科学且有效的管理，提高运营效率，降低运维成本。

操作方法见附件。

第三节　直升机巡检技术应用

一、巡检技术分类

直升机巡检按作业项目不同分为常规巡视、通道巡视、红外巡视、验收巡视四类。

二、巡视内容

（一）常规巡视

1. 检查项目

航巡项目分为可见光巡查和红外巡查，作业和数据报送根据作业的要求进行。

（1）杆塔本体检查。

悬停位置：直升机在杆塔侧悬停，距离杆塔50 m以内。悬停位置与地线横担水平或稍高于地线横担，并与杆塔侧面保持30°角，且需根据连接金具螺栓的穿向确定直升机悬停位置，若螺栓穿向为大号侧向小号侧，直升机悬停位置为小号侧。

拍摄流程：在距离杆塔第二和第三个间隔棒中间位置开始减速，可见光操作员按定点拍照流程首先对塔头、基础进行小速度拍照，待悬停稳后按定点拍照流程对地线支架、绝缘子串、塔端挂点、线端挂点、引流间隔棒、引流重锤片、附属设施等拍照。直线塔每基约20张照片，悬停时间1～1.5 min，耐张塔每基40～50张，悬停时间2～3 min。

录像流程：直升机在距离杆塔第二个间隔棒位置（特高压塔在第二和第三个间隔棒中间）开始减速，采用红外宽视场检查全塔是否有发热点；待直升机悬停稳后，采用红外窄视场和可见光30倍变焦模式，对杆塔进行双视场同时获取关键部位录像数据，吊舱操作员监视红外画面，对杆塔关键部位进行逐项扫描，录像流程参考拍照流程执行即可。

（2）档中导地线巡视。

档中速度：直升机在两基杆塔之间的档中作业速度应保持在低速35～40节，当遇到大档距、大落差情况时，飞行员可根据实际情况适当提高飞行速度。

检查流程：吊舱操作员将可见光录像画面调至合适范围，包含导地线和通道，吊舱操作员监视红外画面，可见光操作员肉眼观察导地线、通道和“三跨”，当发现线路缺陷或隐患时，应悬停拍照和录像。具体如下：档中巡视时，可见光操作员目视被巡视线路的导地线；吊舱操作员将红外镜头切至宽视场，以红外画面为主，可见光镜头范围调整至包含被巡视线路所有导线。

2.巡查方式

航巡作业时，由两名飞行员驾驶直升机，两名航检员分别操作机载检测设备（机载吊舱等）和可见光照相设备（照相机等）。交流 500 kV 以上输电线路均采取双侧巡视方式，在线路一侧巡视时检查铁塔临近（中）相导地线及金具，较远一相待直升机对另一侧巡视时再进行检查；遇线路密集等区段时可采取隔线巡视、骑线巡视等特殊巡视方式 。直流 660 kV 及以上输电线路均采取双侧巡视方式，即在线路一侧巡视时检查铁塔临近相导地线及金具，较远一相待直升机对另一侧巡视时再进行检查。其余 500 kV 及以下电压等级交、直流输电线路采取单侧巡视方式，在线路一侧巡查时检查铁塔三相（或两极）导地线及金具。如遇巡视线路不适用以上巡视方式的，按部门要求执行。

3.巡查重点

根据单位要求，除正常缺陷筛查外，应加强对导线连接金具和合成绝缘子进行红外检测，对档中情况进行巡视，并对线路走廊内树障、危险源、重要交叉跨越等信息进行记录。

4.巡查注意事项

对并行走线的三条及以上线路中的中间线路进行巡查时，若相邻两回线路边线之间的距离不满足安全要求时，直升机可在被巡线路的相邻线路正上方或侧上方飞行，对被巡线路进行巡查。若中间线路低于两侧线路时，放弃中间线路巡查作业。作业中应注意空中拍照和录像的质量。同时应合理分配作息时间保证机上影像数据检查的准确性和时效性。航巡作业线上平均速度不应再受缺陷数量因素影响，机组航检员应注意机组作业效率。巡视作业中应适当放慢档中速度，保证巡视质量，关注导地线断股、间隔棒类缺陷。

(二)通道巡视

1.检查项目

在航巡中运用望远镜、照相机、机载可见光镜头跟踪记录线路走廊内的树木生长、房屋建筑、地理环境、交叉跨越、临时施工和杆塔基础等情况，同时进行全程跟踪录像，线路走廊巡视宽度为 80 m。检查杆塔基础滑坡情况，线路走廊是否有与导线电气间隙小于 10 m 的物体，并拍照记录。

2.巡查方式

航巡作业时，由两名飞行员驾驶直升机，两名航检员分别操作机载检测设备（机载吊舱等）和可见光设备（望远镜等）。对任务线路采用可见光视角巡视，同时进行红外全程跟踪录像，在线路单侧巡视，吊舱操作人员以可见光录像为主，通过设备记录通道走廊和杆塔本体情况（包括基础）。可见光操作人员通过肉眼辅助观察导地线断股、外力破坏等明显故障隐患，不对塔头部位进行悬停检查，若发现问题及时通知机长悬停，并记录相关信息。原则上线路巡视有效地速保持在55～70 km/h，平均飞行总地速不低于35 km/h。

3. 巡视重点

根据单位要求，重点对线路走廊内树障、危险源、重要交叉跨越等信息进行记录。

（三）红外巡视

1. 检查项目

根据单位要求，对任务线路较易发热部件进行红外巡查。

2. 巡查方式

航巡作业时，由两名飞行员驾驶直升机，一名航检员操作机载检测设备（具备红外数据流功能的光电吊舱等），在杆塔指定作业侧进行作业，悬停距离与常规方式一致，即距离杆塔50 m以内。悬停位置与地线横担水平或稍高于地线横担，并与杆塔侧面保持30°角。采集录像时，采用红外窄视场和可见光调整至30倍视场模式，监视画面全程为红外视场，对所有复合绝缘子串及线端和塔端挂点进行录像，悬停时间约1 min；档中巡视无检查项目，飞行速度根据现场情况确定。发现红外缺陷时，如遇到角度限制，可与飞行员沟通调整直升机位置或到杆塔对面进行巡查。

3. 巡视重点

根据单位要求，巡查时重点关注所有合成绝缘子有无发热、破损，绝缘子表面有无明显变色情况，对异常情况进行记录。航后，航检员应按以上要求对可见光录像进行检查。

4. 巡视注意事项

对并行走线的三条及以上线路中的中间线路进行巡查时，若相邻两回线路边线之间的距离不满足安全要求时，直升机可在被巡线路的相邻线路正上方或侧上方飞行，对被巡线路进行巡查。若中间线路低于两侧线路时，放弃中间线路巡查作业。作业中应注意空中拍照和录像的质量。同时，应合理分配作息时间保证机上影像数据检查的准确性和时效性。航巡作业线上平均速度不应再受缺陷数量因素影响，机组航检员应注意机组作业效率。

（四）验收巡视

1. 检查项目

航巡项目以可见光巡查为主，同时采集可见光录像，作业和数据报送应根据作业的要求进行。

（1）杆塔本体检查。

悬停位置：直升机在杆塔侧悬停，距离杆塔50 m以内。悬停位置与地线横担水平或稍高于地线横担，并与杆塔侧面保持30°角进行拍摄。当遇到双绝缘子串时拍照应包含双串挂点部件。

拍摄流程:直升机在距离杆塔第二个间隔棒位置(特高压塔在第二和第三个间隔棒中间)开始减速,可见光操作员按定点拍照流程对塔头、基础依次拍照,待悬停稳后按定点拍照流程对地线支架、绝缘子串、塔端挂点、线端挂点、引流间隔棒、引流重锤片、附属设施等拍照。直线塔每基约 25 张照片,悬停时间 1.5～2 min,耐张塔每基 40～50 张,悬停时间 2～3 min。

录像流程:直升机在距离杆塔第二个间隔棒位置(特高压塔在第二和第三个间隔棒中间)开始减速,将可见光监视画面拉伸至适当位置,对塔头、基础依次录像;待直升机悬停稳后,采用可见光 30 倍变焦模式对杆塔关键部位进行逐项扫描。

(2)档中导地线巡视。

档中速度:直升机在两基杆塔之间的档中作业速度应不超过地速 35～40 节,当遇到大档距、大落差情况时,飞行员可根据实际情况适当调整速度。

检查流程:吊舱操作员监视可见光录像画面检查导线和通道,可见光操作员肉眼观察导地线、通道和"三跨",当发现线路缺陷或隐患时,应悬停拍照和录像。具体如下:档中巡视时,可见光操作员目视被巡视线路的导地线;吊舱操作员将可见光镜头范围调整至包含被巡视线路所有导线。

2.巡查方式

航巡作业时,由两名飞行员驾驶直升机,两名航检员分别操作机载检测设备(机载吊舱等)和可见光照相设备(照相机等)。交、直流 500 kV 以上线路均采取双侧巡视方式,在线路一侧巡视时检查铁塔临近(中)相导地线及金具。

3.巡查重点

根据单位要求,重点对导地线连接金具、合成绝缘子、线上临时接地是否全部拆除等项目进行检查,并对线路走廊内树障、危险源、重要交叉跨越等信息进行记录。巡查密集通道时,当巡查距离过远时宜考虑申请 3X-1 高清吊舱进行可见光巡查,具体要求参照巡查分离作业指导书。

4.巡查注意事项

对并行走线的三条及以上线路中的中间线路进行巡查时,若相邻两回线路边线之间的距离不满足安全要求时,直升机可在被巡线路的相邻线路正上方或侧上方飞行,对被巡线路进行巡查。若中间线路低于两侧线路时,放弃中间线路巡查作业。作业中应注意空中拍照和录像的质量。同时应合理分配作息时间保证机上影像数据检查的准确性和时效性。航巡作业线上平均速度不应再受缺陷数量因素影响,保证作业效率。

近两年验收巡视中发现线路无塔号牌情况较多,巡视无塔号牌线路应按照以下要求:一是作业前,副驾驶应在导航设备或手机中下载安装奥维地图 App,并导入作业线路台账。作业时,副驾驶应核对奥维地图中杆塔和实际作业杆塔位置是否一致及塔型(直线塔或耐张塔)进行核实,出现跳塔、塔型或坐标位置不准时,应做好记录,飞行结束后将记录信息反馈给航检员。二是作业使用相机应具备定位功能且相片位置信息功能已开启。三是第一架次巡查时，应从变电站开始，核对第一基杆塔与奥维地图杆塔第一基杆塔位置是否一致。每架次作业结束后，飞行员记录好该架次结束位置，副驾驶记录好该架次巡查最后一基杆塔位置，便于开展下一架次作业。

第四节　在线装置应用设备

一、输电线路可视化设备

（一）设备情况

目前，电力系统可视化设备多采用图像/视频装置，专业人员通过电脑端平台、App、微信等移动终端应用，可及时发现通道内机械施工、树木生长、导线异物搭挂、火灾，以及本体锁紧销缺失、玻璃绝缘子自爆、基础冲刷等隐患；通过平台实现了隐患预警、推送、处置、解决、留证的闭环式流程管理，以达到输电线路风险状态辨识，并及时组织专业人员进行核实处置，确保输电线路的安全稳定运行，如图 2－4－1 所示。

图 2－4－1　图像/视频装置现场照片

（二）工作原理

输电线路通道可视化远程巡视系统采用 B/S 结构，分为三层，从下至上依次为设备层、服务层、应用层。设备层以智能监拍装置为核心，可外接杆塔倾斜监测模块、声光告警模块、微气象监测模块、导线测温模块等扩展模块，采集现场图像信息的同时可在线监测输电线路现场环境数据，实现输电通道智能可视化。采集的图像/环境数据用SM4加密后按照I1协议上传至服务层，可接入满足I1协议规范的其他厂商设备，数据通信服务和前置服务实现与设备层的数据交互，通过图片同步服务、流媒体服务、采集服务、数据统计服务实现主站系统的图像/数据展示；另外，部署图像识别服务符合标准HTTP接口，将设备上传的图像数据进行预处理，继而提取特征参数进行模型训练，并通过持续校验对模型进行优化。Web端是整个系统的主要应用平台，其主要功能包括系统总览、GIS定位、通道可视化、图片轮播、查询统计、预警分析、告警查询、智能巡视、系统配置，如图2-4-2所示。

(1)通过应用人工智能领域的基于深度学习算法的图像智能识别技术，可实现外破隐患的自动识别和主动预警应用，且准确率高达95%。

(2)外破隐患识别目前已实现包括塔吊、吊车、挖掘机、水泥泵车、推土机等大型机械，以及山火、烟雾等隐患的识别。通过通道外破类隐患识别，可将隐患信息及时发送至线路运维人员及时处理，降低外破引起的跳闸率。

(3)本体缺陷识别类型主要有销钉缺失、绝缘子自爆等，通过对本体缺陷识别，可在一定程度上减轻人工筛查拍摄照片的工作量，提高工作效率，及时发现缺陷，及时消缺。

(4)图像智能识别模块可作为独立模块使用，也可接入多种主站系统，协助进行图像分析，提高主站系统智能分析效率。

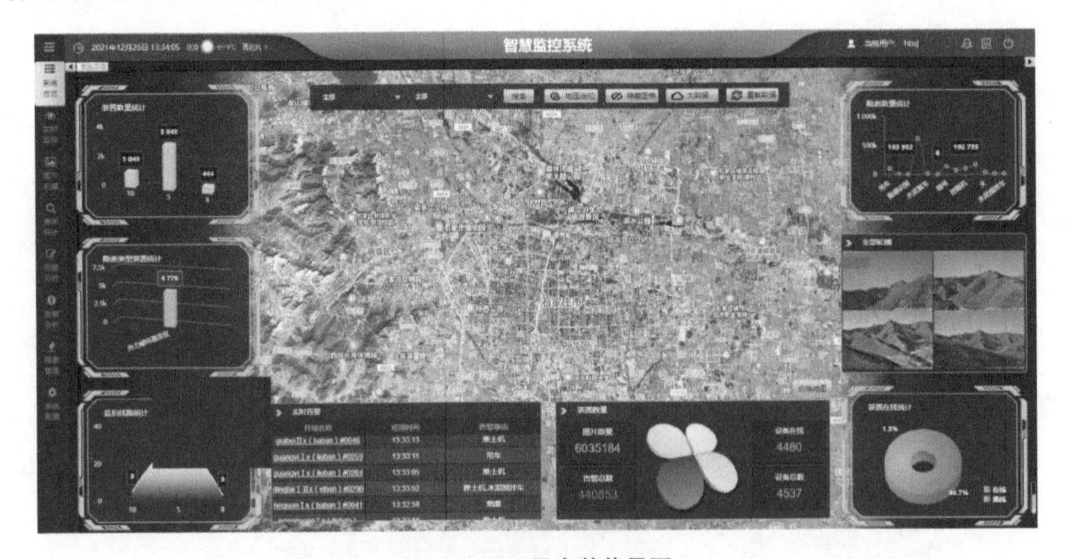

图2-4-2　平台整体界面

(三)现场应用

专业人员可通过PC端对安装的可视化设备开展图像轮巡、预警处置、人员权限配置等日常操作。

(1)按照层级关系查看设备拍摄图片、视频等监测数据，支持按公司、电压、线路、杆塔及隐患类型分组或自定义分组等层级关系，如图2-4-3所示。

图 2-4-3　现场应用

(2)图像集中巡视:巡视规则多样化,全部轮播、分组轮播、场景轮播、告警轮播,可根据设备安装数量及监控室人员灵活组合,如图 2-4-4 所示。

图 2-4-4　图像集中巡视

(3)在基础识别准确率上,可以根据现场情况有针对性地提升识别准确率;主要针对施工机械、导线异物、山火和烟雾等外破隐患,如图 2-4-5 所示。

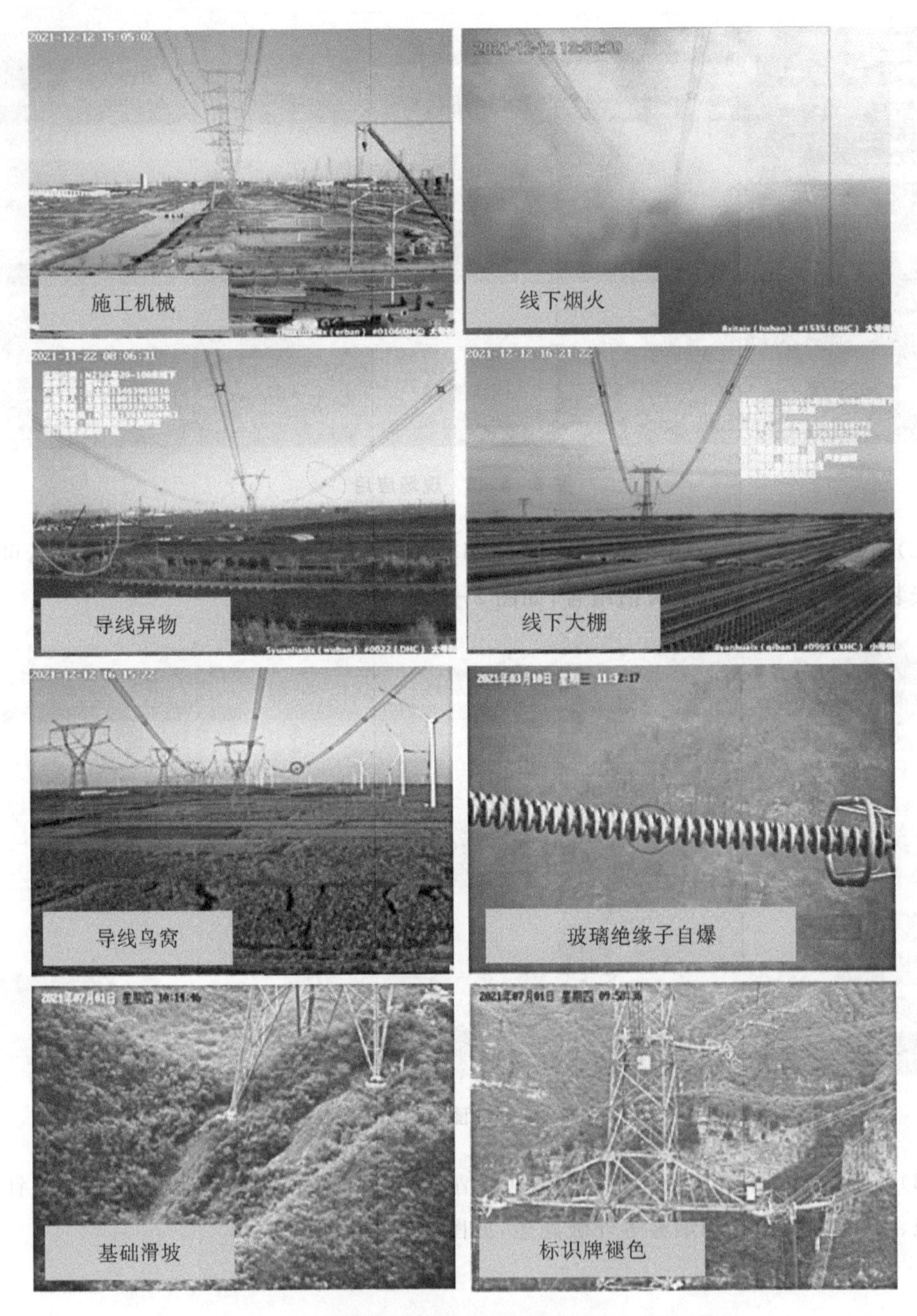

图 2-4-5　根据现场情况有针对性地提升识别准确率

二、输电线路微气象装置

(一)设备情况

微气象装置可监测线路环境温度、湿度、风速、风向、雨量、大气压力等参数,该系统主要由监测单元、数据处理传输单元和监控中心三部分组成,其中监测单元安装在线路铁塔上,对环境温度、湿度、风速、风向、雨量、大气压力等参数进行监测。数据处理传输单元负责将采集的数据进行分析处理,剔除各种干扰因素。监控中心安装于监测中心计算机中,负责存储、分析、查询各种数据信息。通过该系统可及时了解线路微气象区的气象数据,在紧急状况下制定应对措施;通过对监测点的长期微气象数据积累、统计和分析,可以为后期线路运行维护和其他新线路设计投运提供运行数据积累,如图 2-4-6 所示。

图 2-4-6　微气象现场照片

(二)工作原理

微气象在线监测装置主机将采集的温度、湿度、风速、风向、气压等微气象数据经过数字化、压缩编码后,通过 5G/4G/3G/GPRS/CDMA 等无线网络、电力专网发送到监控中心,在监控中心对数据信号进行解码,即可将微气象数据通过数字和图表形式直观显示在屏幕上。

具体通过远程数据采集器采集输电线路周围的温度、湿度、风速、风向、气压数据,然后把数据进行数字化压缩编码,最后利用无线网络传输模块将现场数据以 IP 包的方式发送到数据监控服务器。监控服务器和监控客户端分别是装有远程监控服务端软件和客户端软件的 PC 机,它们都连接在互联网络上,由于远程数据采集器没有固定的 IP 地址,所以客户端主动去浏览监控和设置监控参数都是通过服务器来中转的。

监控人员通过数据监控平台端实时浏览观测各监控点的现场情况,通过从现场发送来的微气象数据进行分析,如出现异常的预警信息,立刻作出相应的应急处理,以确保高压线路的安全运行,如图 2-4-7 所示。

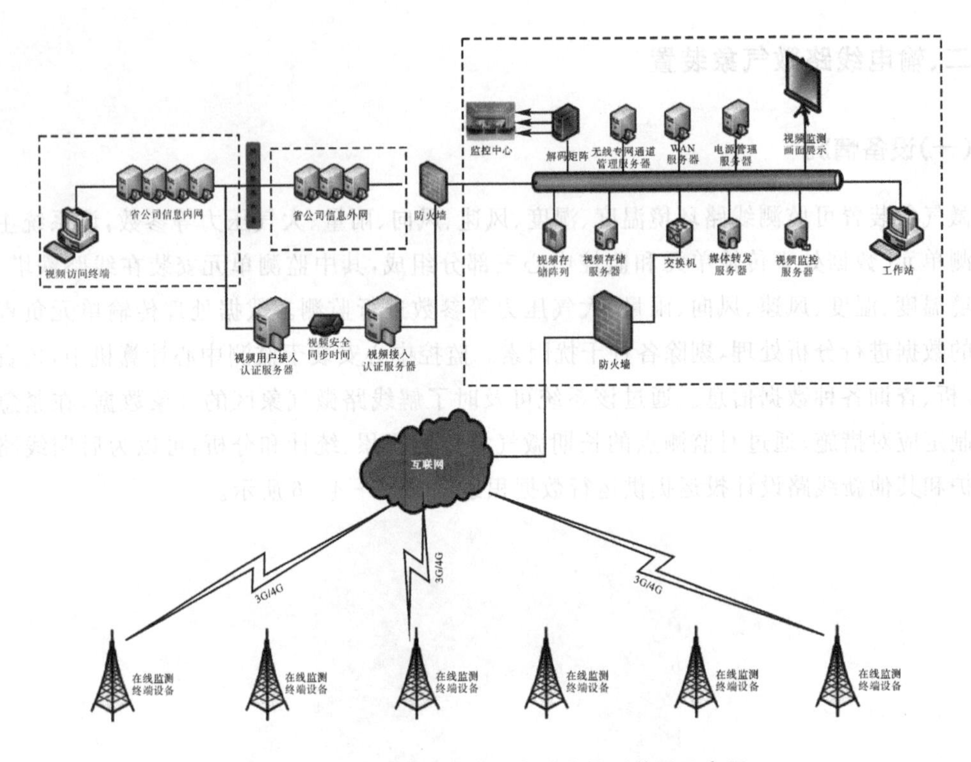

图 2-4-7 输电线路微气象在线监测装置示意图

(三)现场应用

目前,微气象装置可通过互联网大区和微信公告号进行应用,如图 2-4-8、图 2-4-9 所示。

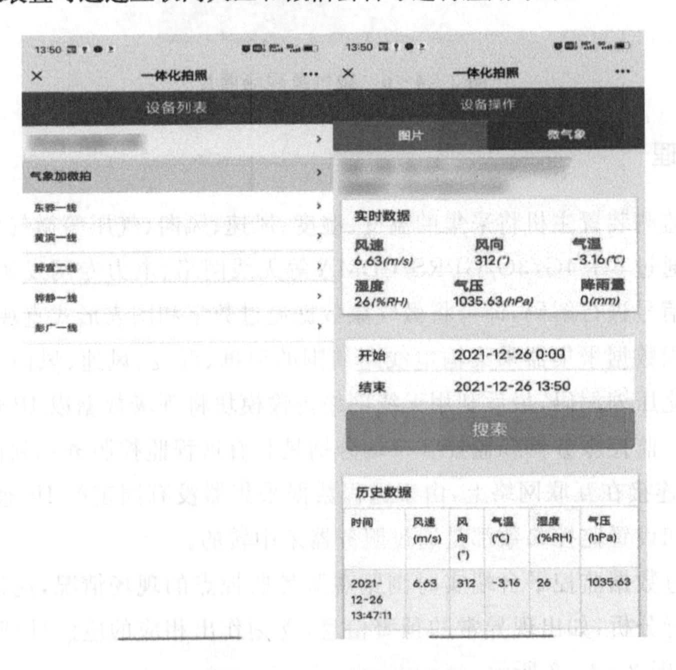

图 2-4-8 微信端应用

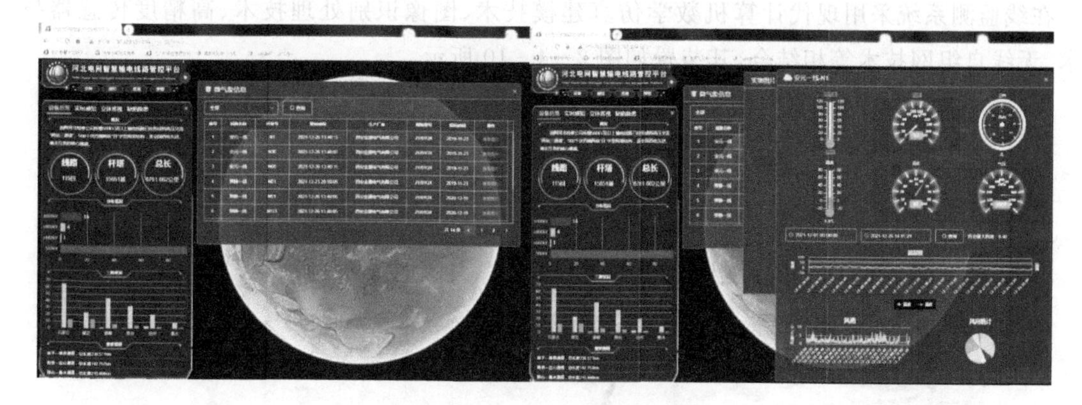

图 2－4－9　互联网大区应用

三、输电线路舞动监测装置

(一)设备情况

导线舞动是指风对非圆截面导线所产生的一种低频(约为 0.1～3 Hz)、大振幅的导线自激振动。在相应的大气条件下导线舞动时常发生,且由于其大振幅(最大振幅可达到导线直径的 5～300 倍)、摆动、持续时间长等特点,导线舞动容易引起相间闪络、金具损坏,造成线路跳闸停电或引起导线烧伤、杆塔倒塌、导线折断等严重事故,造成重大经济损失,对输电线路的运行安全造成巨大危害。

输电导线舞动的计算机仿真技术可以根据实验数据或者现场监测的相关参量,结合计算机强大的数据处理能力进行导线舞动的计算机仿真,实现输电导线舞动的低成本、高效率研究,但该方法也仅限于导线舞动的理论研究,无法在工程实践中应用。

采用摄像技术实现输电导线舞动的监测技术在实践中得到了一些应用,主要是通过摄像技术给出输电导线舞动现场的定性结果,工作人员根据现场图片做出判断,采取相应的措施,防止输电导线舞动的发生,但是该方法未实现导线舞动的定量分析,不能给出输电导线舞动的精确信息,制约了其在实际中的推广。

基于无线通信网络的输电导线舞动在线监测技术是最近几年研究的一种热点技术,其主要是监测现场的各种数据(包括振动频率和环境信息等),根据输电导线舞动的三自由度数学模型进行导线舞动的计算。由于导线舞动机理、数学模型的不完善(尤其数学模型出现了更为精确的多自由度)以及微气象条件的影响,该在线监测方法的应用推广也有其局限性,其数学模型要结合当地输电导线信息(主要是所处的环境、导线的类型和材料等信息)以及当地的气象信息进行合理的修改,才能得到较为理想的结果。

输电导线舞动受各种参量的影响,其舞动的特征各不相同,其中舞动半波数的不同对输电导线舞动的波形就有很大的影响。综合当前各种实现方式利弊,智能化输电线路导线舞动在线监测系统采用现代计算机数学仿真建模技术、图像识别处理技术、高精度传感器技术、无线自组网技术等相结合，其装置如图 2-4-10 所示。

图 2-4-10　导线舞动装置现场照片

(二)工作原理

“输电线路导线舞动在线监测系统”由前端系统、传输网络、主站系统组成，如图 2-4-11 所示。

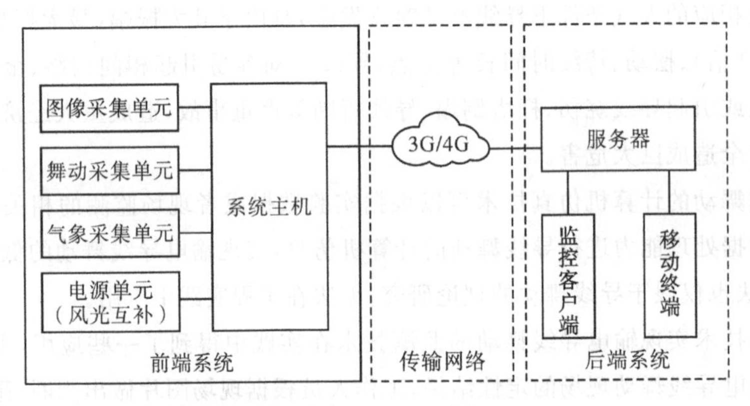

图 2-4-11　工作原理

前端系统主要由舞动数据采集单元、图像采集单元、气象采集单元以及电源单元组成，将所采集到的舞动数据(位移、振幅、频率)、视频/图像数据、微气象数据(温湿度、风速风向)等经过数字化压缩编码后，通过传输网络如 5G/4G/3G/GPRS/CDMA 等无线网络发送到数据存储服务器，在监控中心通过安装的客户端软件或手机 App/微信访问数据存储服务器，即可看到摄像头拍摄的现场视频画面和舞动情况，及气象数据，并可对前端设备进行远程控制和参数设置。

前端供电采用风光互补的方式，实现对户外电源的最大利用。系统远程采集舞动、微气象、图像数据，然后把数据进行数字化压缩编码，最后利用无线传输模块将现场数据以 IP 包的方式发送到数据监控服务器。监控服务器和监控客户端分别是装有远程监控服务端软件和客户端软件的 PC 机，它们都连接在互联网络上，由于远程数据采集器没有固定的 IP 地址，所以客户端主动去浏览监控设置监控参数都是通过服务器来中转的。

监控中心通过数据监控客户端实时浏览观测各监控点的现场情况，维护监控人员通过从现场发送来的舞动、微气象、图像等数据进行分析比对，如出现异常的预警信息，即立刻做出相应的应急处理，以确保高压线路的安全运行。

(三)现场应用

输电线路舞动装置现场应用如图 2-4-12 所示。

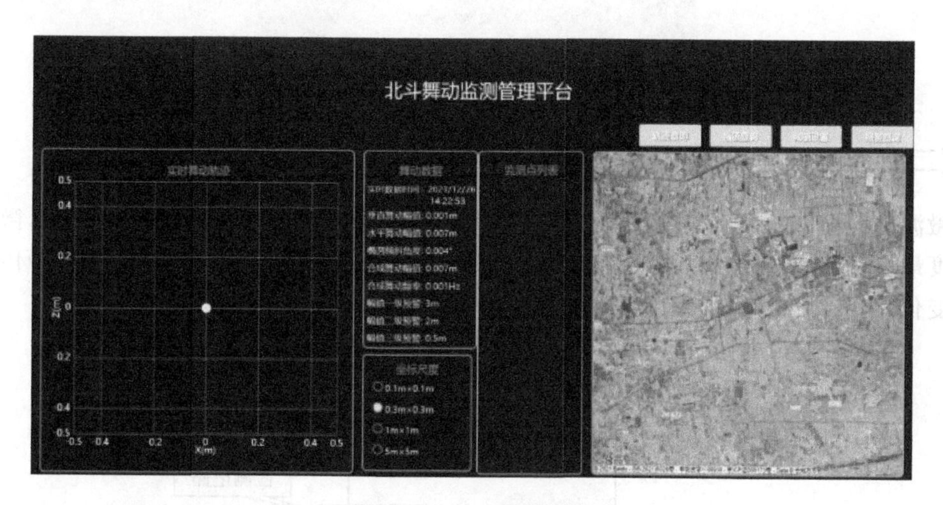

图 2-4-12 现场应用

四、输电线路观冰装置

(一)设备情况

观冰装置直接安装在输电线路导线上，电源系统采用高效交流感应取电技术，供电可靠性高，如图 2-4-13 所示。摄像机镜头采用高分子有机薄膜加热技术，CPU 可根据现场的环境温湿度进行加热防冻操作，保障镜头不覆冰。内置 AI 处理器，可通过覆冰图像信息算出覆冰厚度，便于用户全方面、高效地掌握线路覆冰状态。装置通过无线传输方式向中心站发送监测图像、小视频、传感器和状态信息等数据，并具备定时拍摄、召回拍摄两种工作方式。当相关信息超过设置的阈值后，平台会自动通过手机微信或 Web 向后台推送覆冰状态预警信息。

图 2-4-13 导线覆冰装置照片

(二)工作原理

微波信号在结冰表面传输,检测其从一端到另一端的传输速度。表面为空气时,微波传输速度最快;结冰或者结霜后,微波速度变慢;表面是水时,速度最慢。通过微波信号传输速度的变化,判断结冰结霜的程度,如图 2-4-14 所示。

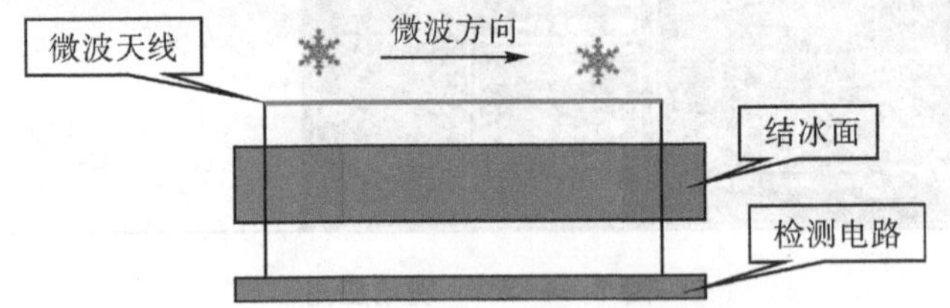

图 2-4-14 观冰系统工作流程图

(三)现场应用

输电线路观冰装置现场应用如图 2-4-15 所示。

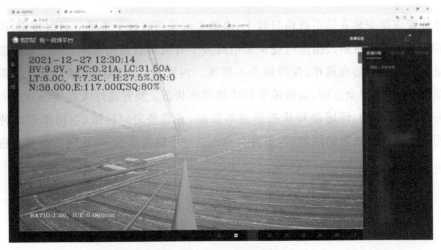

图 2-4-15 现场应用

五、输电线路杆塔倾斜在线监测装置

(一)设备情况

输电线路杆塔倾斜在线监测装置包括杆塔倾斜监测装置和后台综合分析软件,系统对线路的杆塔倾斜输电线路各种状态量进行测量和报告,将数据通过 GSM/GPRS/CDMA 方式传送到后台综合分析软件系统进行分析和决策,准确反映出输电线路当前的各种状态,使电力系统运行和管理人员把握线路运行的实际情况,帮助其进行决策和安全评估,对防止电网事故的发生具有重要意义,如图 2-4-16 所示。

图 2-4-16 杆塔倾斜现场照片

(二)工作原理

杆塔倾斜在线监测主机将杆塔倾斜的纵向倾斜角、横向倾斜角和综合倾斜角等线路数据,经过数字化压缩编码后,通过 4G/GPRS/CDMA 无线网络、电力专网送到监控中心,在监控中心对数据信号进行解码,即可将杆塔倾斜数据通过数字和图表形式直观地显示在屏幕上。

通过杆塔倾斜探测器采集杆塔倾斜的纵向倾斜角、横向倾斜角和综合倾斜角,然后把数据进行数字化压缩编码,最后利用无线网络传输模块将现场数据以 IP 包的方式发送到数据监控服务器。监控服务器和监控客户端分别是装有远程监控服务端软件和客户端软件的 PC 机,它们都连接在互联网络上,由于远程数据采集器没有固定的 IP 地址,所以客户端主动去浏览监控和设置监控参数都是通过服务器来中转的。

监控人员通过数据监控平台端实时浏览观测各监控点的现场情况,对从现场发送来的杆塔倾斜数据进行分析,如出现异常的预警信息,即立刻作出相应的应急处理,以确保高压线路的安全运行。

(三)现场应用

输电线路杆塔倾斜在线监测装置现场应用如图 2 - 4 - 17 所示。

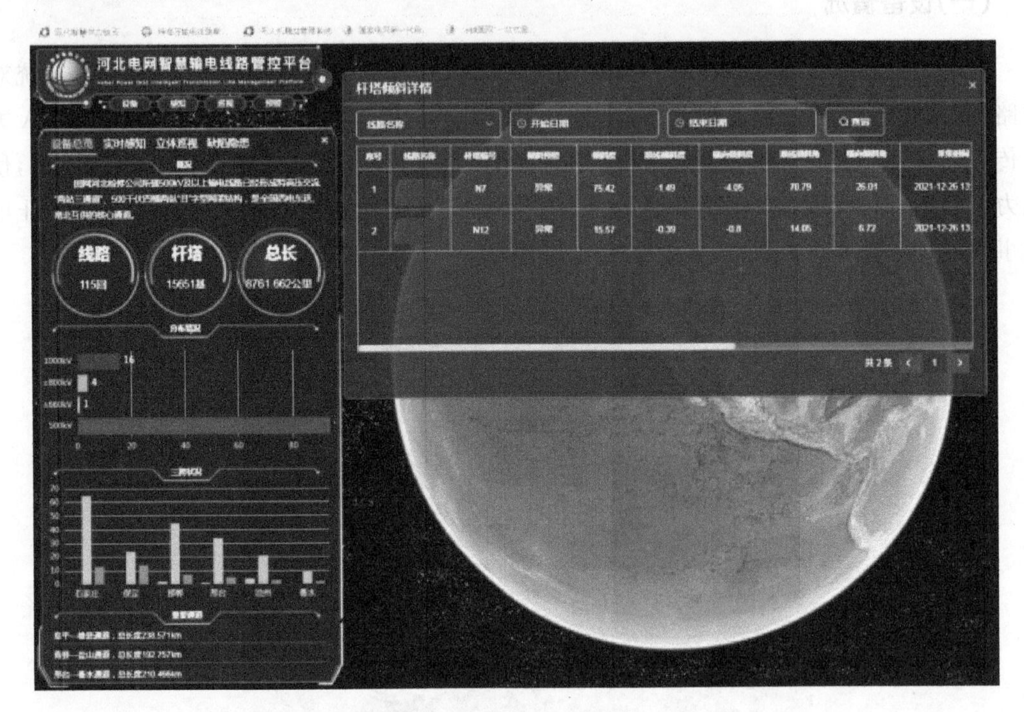

图 2 - 4 - 17　现场应用

六、输电线路故障诊断

(一)诊断方法

当输电线路发生故障后会产生高频暂态电压、电流行波，以接近光速的波速向两端传播，并且在波阻抗不连续处产生折反射。行波法测距是利用检测到的行波的波速及其在母线与故障点之间的传播时间进行故障测距的方法，具有受故障点过渡电阻、线路结构等因素的影响小，测距精度高，适用范围广等优点，如图 2 - 4 - 18 所示。

图 2-4-18　输电线路分布式现场照片

(二)工作原理

架空线路出现故障以后,会产生放电电流,在架空线路上以行波的方式传输。若采用适用于架空线路强电磁干扰环境下行波电流信号提取的传感器,进而对架空线路上的行波电流进行实时监测,结合双端行波定位原理与放电电流特征即可实现对线路出现故障状态的位置进行定位并辨识导致异常的原因。

输电线路发生故障时,伴随着暂态电压、暂态电流的产生,采用行波电流传感器实现故障行波信号的采集,即可实现基于双端行波定位的线路异常状态监测与定位。

获得线路故障高频行波电流信号后,可结合双端行波定位原理来计算故障点位置。当输电线路中某处故障发生放电时,会有行波电流从该放电点向两侧传输,若在两侧均安装有监测终端,即可实现双端定位。监测终端采用 GPS 授时技术实现时间同步,时间同步误差约在 10 ns 内。T_1、T_2 分别为行波电流到达#1、#2 监测终端的时刻,两监测终端的间距为 L,设波速为 v,则线路异常放电点与两监测终端的距离 L_1、L_2 可由下式计算:

$$L_1 = (L + (T_1 - T_2)v)/2$$

$$L_2 = (L - (T_1 - T_2)v)/2$$

分布式故障定位如图 2-4-19 所示,其思路是将输电线路分解成若干短距离的区间,按照先确定故障区间,再进行区间内行波定位的方法提高定位的可靠性和准确性,减小弧垂、波速、波形衰减以及干扰信号对定位精度的影响,实现高精度定位。其可行性表现在以下几方面。

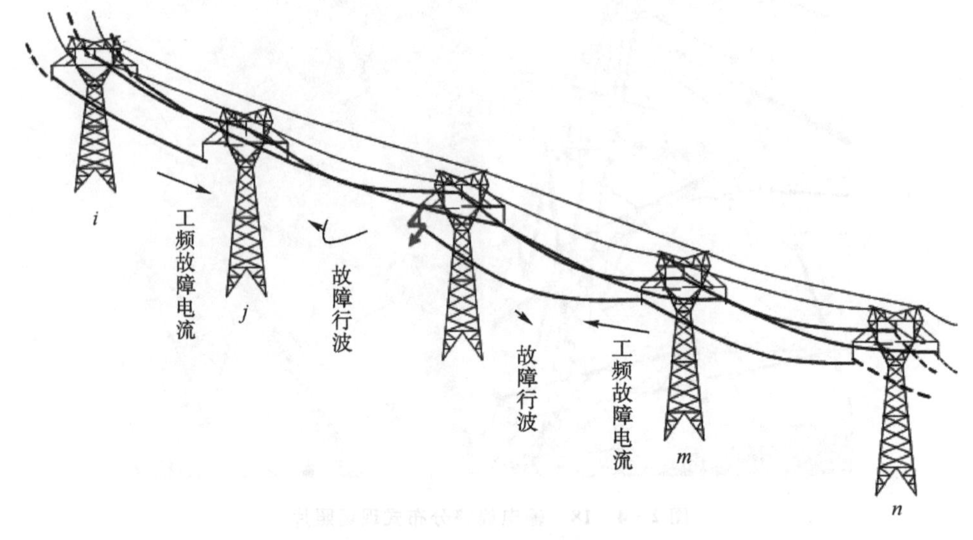

图 2-4-19　分布式故障定位

(1)首先确定故障所在的区间。如图 2-4-19 所示,设定输电线路在 i、j、m、n 等杆塔处装设了智能故障监测终端,现在第 j 基杆塔至第 m 基杆塔间发生了跳闸事故。此时,ij 处的工频故障电流相位与 mn 处的工频故障电流相位是相反的(在单端供电时,mn 处无工频故障电流),利用这一简单逻辑原理,可以十分准确地确定故障发生在 jm 间。区间的准确定位也可排除各种可能引起较大误差的干扰信号的影响。区间定位采用系统工频短路电流流向确定,具有十分高的可靠性。

(2)在确定的故障区间内进行行波定位,由于行波定位的故障区间变短,地形弧垂所引起的误差按比例线性缩小。故障区间确定在 jm 间后,只需对 jm 段实施行波定位。地形弧垂带来的误差由两部分组成,一部分是在理论上计算故障点距离一端的距离时产生的:

$$d_{mf}=[v(T_m-T_n)+L]/2$$

式中,d_{mf} 为故障点距离母线 m 点的长度;v 为波速;T_m 和 T_n 分别为到达 m 端和 n 端的绝对时间;L 表示线路全长。此时线路全长 L 应该为行波传输的长度即导线的长度,而非杆塔距离表达的直线距离。

另一部分误差是在按照定位计算得到的 d_{mf} 去定位故障的空间位置时产生的,其误差 $\Delta d=d_{mf}-d_{mfz}$。其中 d_{mfz} 表示在地图上定位故障点位置的杆塔直线距离。两部分误差会有所抵消,同时我们注意到两部分误差都与区间的大小呈线性关系(第一部分的 L 系数为 1/2,第二部分的 d_{mfz} 系数为 1),因此当区间变小时,地形弧垂引起的误差会呈比例缩小。按照实际情况,地形和弧垂的影响可能导致实际导线的长度与杆塔间的直线距离误差达 5% 以上。对于一条 60 km 的线路,5%意味着 3 km 的误差,考虑到两部分误差的相消作用,设误差为 1 km。因此,如果每 10 km 一个区段,误差将缩小到 1/6 km。

(3)区间的缩小也使故障区间两端测量的行波信号衰减,畸变程度减小,对波头的确定更准确。

(4)行波波速在线测量能减小行波波速的影响。分布式安装智能故障监测终端,为行波的在线测量提供了可能。根据同一行波经过相邻两个智能故障监测终端的时间,可准确计算出行波波速,消除行波波速的影响。

故障的暂态仿真及故障原因辨识:同一类型的故障具备相同的暂态故障特征。通过研究暂态故障的分析和仿真方法,利用现有 EMTP、ANSYS、PSCAD 等分析软件,对典型的暂态故障过电压特性进行仿真研究;并结合故障监测装置记录的暂态波形,提出不同类型暂态故障的识别判据,可建立暂态故障特征指纹库。

(三)现场应用

输电线路故障诊断现场应用如图 2-4-20 所示。

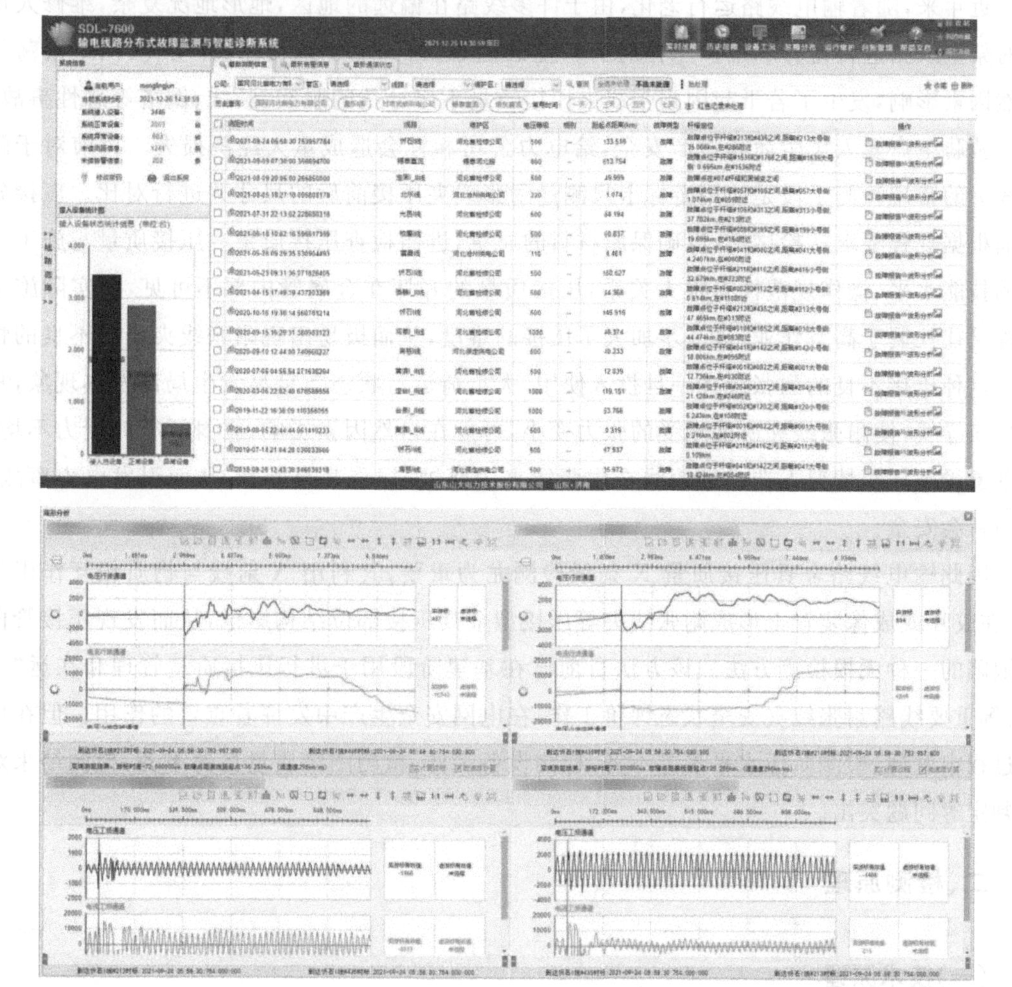

图 2-4-20 现场应用

第五节 X光探伤应用

一、检测背景

当今电网高速发展，电力传输通往千家万户。在电网架空线路中，导线间的连接基本都使用各类金具，常规金具按照使用功能可划分为耐张线夹、悬垂线夹、连接金具、接续金具、保护金具等八大类。耐张线夹作为输电线路中的重要一环，除了需要承担导线的所有张力外，还要作为导通电力的载体，一经投入使用就不可再拆卸，故其压接工艺的好坏直接影响着电力传输的安全。

近年来，随着输电线路运行老化，由于许多线路在偏远的地区，地形地况复杂，维修人员在对架空线路进行检查和维护工作时有一定的困难，再加上导线覆冰、舞动、次档距振荡等自然因素影响，发生了若干起因耐张线夹压接质量不好导致的脱线、断线、倒塔等恶性事故，严重威胁生产及人民生命和财产安全，给电力公司和社会造成重大经济损失。目前对于耐张线夹的常规检测手段是使用游标卡尺测量耐张线夹压接前后的尺寸并进行对比。压接施工前根据规程要求送检试样，以确保原材料的质量，进而检查压接质量。压接质量与施工人员的技能水平、操作规范性有很大关系，压接质量的好坏在金属管内部不可见，而实际施工过程又往往属于高空作业，进一步加大了压接的难度，从而极易出现耐张线夹压接不良的情况。这种压接不良的耐张线夹一旦投入使用，大负荷运行状态下极易发生局部发热现象，从而损伤导线，使耐张线夹所能承受的张力变小，可能在自然因素影响、自身运行时受力不均、外部遭受破坏等情况下造成钢绞线在耐张线夹中腐蚀、损伤甚至断裂，从而引发电力事故，威胁社会安全。

因此输电线路金具压接质量 X 射线检测尤为重要，其利用 X 射线与物质相互作用规律，在胶片或成像装置上形成耐张线夹等压接型金具压接部位结构影像，从而发现压接管内部缺陷的一种无损检测方法。该方法目前已在基建阶段用于进行压接质量管理和在运“三跨”等重要线路耐张线夹安全状态评价工作，在电网安全生产中发挥着重要的作用。但在应用过程中发现，检测队伍水平参差不齐，检测设备多样，检测图像质量良莠不齐，检测结果难以判定等问题突出。

二、检测原理

(一)技术原理

X 射线源产生的 X 射线构成入射场强，穿透物体时会与物质相互作用发生衰减得到透射场强，当入射场强的射线照射到待测设备上时，X 射线光子与设备物质原子发生相互作用，其中包括光电效应、康普顿效应和相干散射等。这些相互作用最终的结果是导致部分 X 射线光子被吸收或散射，即 X 射线光子穿过物质时衰减，因吸收和散射强度不同，透射场强作用在探测器上最终输出图像。实际的衰减过程是与射线能量、物质密度和原子系数相关的，如果设备由不同物质组成，或者设备局部存在缺陷时，感光材料会接收到透射强度的变化信号，后经信号处理便形成常见的影像，根据影像特征就可以判断设备是否存在缺陷。

假设单一入射能量的 X 射线束照射到一种密度、原子序数均匀的材料发生衰减，则衰减公式表示为

$$I = I_0 e^{-(\tau+\sigma+\sigma_r)L}$$

式中：I——透射场强；

I_0——入射场强；

L——材料厚度；

τ——当前能量下材料的光电效应；

σ——康普顿效应；

σ_r——相干散射的衰减系数。

实际上，X 射线与物质间的作用是无法直接进行测量的，在此进行简化处理得到以下公式：

$$I = I_0 e^{-\mu L}$$

式中：μ——材料的线性衰减系数。该式也称为朗伯比尔定理。

以上公式表明射线穿透物质后，其强度是以指数方式衰减的，式中材料的线性衰减系数随射线能量和照射物质的原子序数以及物质的密度变化而变化。一般情况下衰减系数 μ 与射线能量成反比，与原子序数、物质密度等成正比，即随着射线能量的升高穿透能力增强，随着物质密度增大射线穿透难度增大。实际上，射线的衰减能力都是基于单一频率定义的，对于连续光谱的 X 射线，在实际衰减中会存在多个衰减系数，但是随着物质的厚度增加，射线会发生硬化以至于最后的射线近似于单色光。

（二）X 射线数字成像系统

X 射线数字成像系统一般由射线源、待测物、探测器、工作站、路由器等几部分构成。对于 X 射线数字成像系统而言，其核心部件是探测器，目前在工程实际中应用的探测器主要分为两种：图像增强器和非晶硅平板探测器。图像增强器首先通过射线转化屏将 X 射线光子转换为可见光，然后通过图像控制器相机将可见光转化为图像信号，可通过 A/D 采集卡将其转化为数字信号输入计算机显示和处理。非晶硅平板探测器采用大规模集成技术，集成了 1 个大面积非晶硅传感器阵列和碘化铯闪烁体，可以直接将 X 光子转化为电子，并最终通过数模转换器转变为数字信号。平板探测器具有动态范围大和空间分辨率高的特性，可实现高速的 X 射线数字成像检测。图 2-5-1 所示为一个 X 射线数字成像系统。

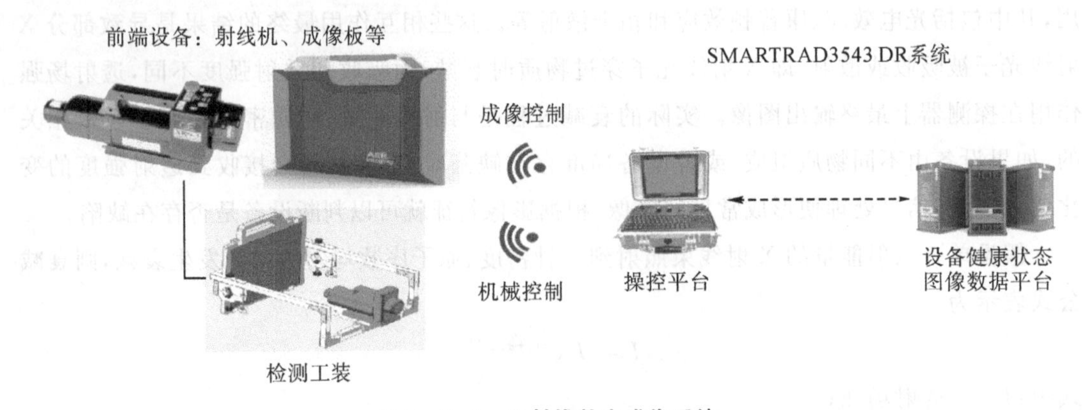

图 2-5-1　X 射线数字成像系统

三、技术优势

在无损检测方法中，目前主要有超声波、射线、磁粉、渗透、涡流、声发射、红外等检测技术。超声波检测可以通过测厚方式检测凹槽压接质量，但是无法检测钢锚管压接质量、断芯等缺陷；红外检测可以通过温度异常大致判断缺陷的位置，但是不能给出缺陷类型、严重等级；涡流、磁粉、渗透检测都是检测表面、近表面缺陷，不能对内部缺陷进行检测；声发射检测主要针对裂纹检测。将 X 射线数字成像技术应用于电力设备的故障诊断中，关键是选取合适的透照参数，使得设备内部的结构能够清晰地显示在成像板上，这就需要分别对透照电压、电流、透照时间进行相应改变，反复对成像质量进行分析，从而得出合适的透照参数。X 射线具有能量高、穿透力强、操作简单、成像时间短、方便携带、成像分辨率高、信噪比强等优点，目前已有采用 X 射线无损探伤技术对耐张线夹等接续金具进行高分辨率的穿透性检测，可以直观地显示缺陷图像，实时、快捷检测出缺陷，获得其他检测手段无法实现的检测效果。

X 射线数字成像技术是工业无损检测领域中的一项重要技术，相对于现今仍然普遍应用的射线胶片照相，X 射线数字成像技术最大的优点就是实时性强，可以在线实时对设备介质的不连续性、结构形态以及物理密度等质量缺陷进行无损检测，因此在电力设备快速无损检测领域里具有广泛的应用前景。利用 X 射线数字成像技术对相关电力设备在不解体的情况下进行内部可视化无损检测，直观地发现设备内部存在的一些缺陷，提高了电力设备缺陷检测的可靠性和准确度，为电力设备状态检修及辅助决策提供了直观依据。

四、报告模板

金具压接质量 X 射线检测技术报告参考格式如表 2-5-1 所示。

表 2-5-1　X 射线检测技术报告参考格式

线路名称	(线路名称和调度号)	杆塔编号	
线夹类型		线夹型号	
方位	大号侧 □ 小号侧 □	相别	
分裂号		检测日期	
成像系统类型	胶片 □　DR □　CR □	射线源	X 射线机 □
管电压/kV	(非脉冲射线机填写)	脉冲个数	(脉冲射线机填写)
管电流/mA	(非脉冲射线机填写)	焦距/mm	
曝光时间/s	(非脉冲射线机填写)	软件	
检测依据	Q/GDW×××—201×《输电线路金具压接质量 X 射线检测技术导则》		
检测图像及解读(可续页):(粘贴检测获得的图像底片,并对图像进行解释)			
备注:(填写分裂编号规则等表格中未列入或需说明的事项)			
结论	依据 Q/GDW×××—201×,该线夹压接质量评定为×级,建议××××处理。		
检测		图像评价	
校核:			

第六节　杆塔地网综合测试装置

一、装置背景

在输电线路运行过程中,杆塔接地网起着消散雷电的作用,如果接地网电阻过大导致雷电流不能很快流入大地,就会造成雷击掉闸事故。杆塔地网综合测试装置不用人工开挖,就可以全面诊断和发现杆塔隐蔽地网存在的缺陷,准确快捷地测试地网的射线根数、长度、深度,全面测试和诊断输电线路杆塔的防雷情况。

二、装置技术

(一)滤波技术研究

滤波技术在通信、医疗、工业控制等领域有着非常广泛的应用。不论在电源设计还是通信领域,都离不开滤波技术的参与。滤波是将信号中特定波段频率滤除,进而提取有用信号的一种操作,是抑制和防止干扰的一项重要措施。

本系统的人工接地体防雷泄流通道测试装置是根据电磁感应的原理来设计的,主要由发射机和接收机两部分构成。发射机将特定频率电磁信号加在地下埋藏线上，由地下埋藏线产生二次感应电磁场。接收机与配套的发射机一起使用，接收机接收由发射机经地下埋藏线产生的特定频率的电磁信号，通过分析和计算可以得出地下管线的位置和埋藏深度，如图 2－6－1 所示。在接收机接收处理信号过程中，接收机滤波系统的可靠程度将直接影响测量的结果、数据的重复性以及整机的稳定性。

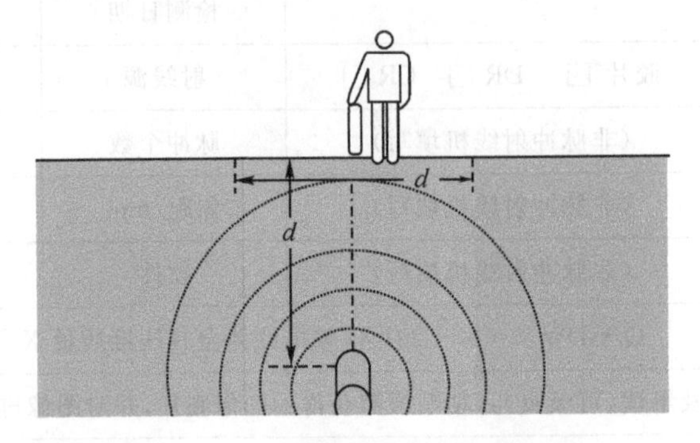

图 2－6－1　接收机的一般使用场景

（二）滤波系统原理框图

本系统是使用模拟滤波的方式，采用 MAX275 有源滤波芯片配合外围电阻，实现中心频率可编程切换的带通滤波系统。系统由信号预处理模块、模拟滤波芯片、多通道模拟开关芯片、信号输出模块、配置电阻构成。整体滤波系统的实现原理框图如图 2－6－2 所示。

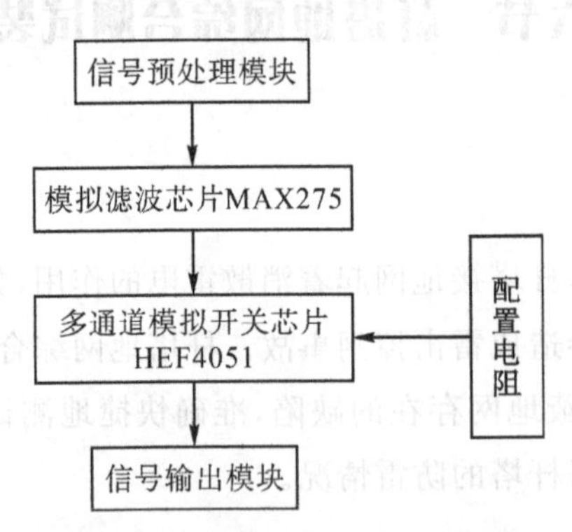

图 2－6－2　滤波系统实现原理框图

信号预处理模块对信号的初步处理包括采样电路、低通滤波电路、信号放大，这只是对信号的粗处理，实现原始信号的放大并去除一些大噪声。精细滤波是由模拟滤波芯片 MAX275 来实现最后的滤波，其与多通道模拟开关芯片配合可以形成多种频率的滤波。信号输出模块是为了隔绝后一级对滤波芯片模块的噪声干扰，以免引起滤波系统的不精确性。

信号预处理模块的前置放大电路如图 2－6－3 所示。

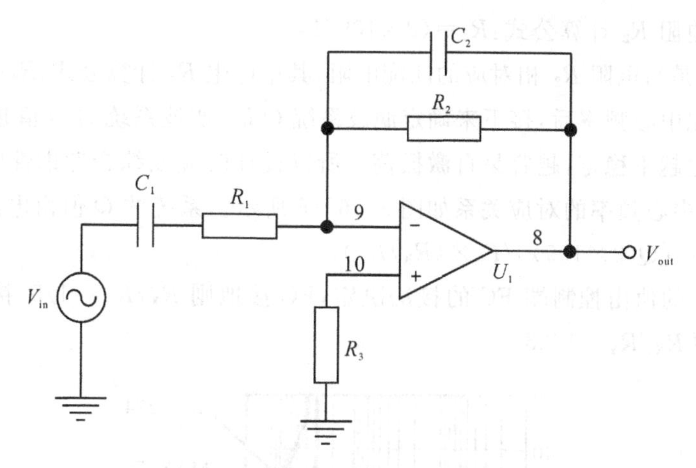

图 2-6-3 信号前置放大电路

该电路构成交流反向放大电路，其中 C_1 为隔直电容，通交流阻直流，允许交流成分的信号通过，C_2 为相位补偿电容，取值 5～30 pF，用来抑制运放放大电路的自激振荡。

该电路的信号增益：$G=-R_2/R_1$

(三)模拟滤波芯片

MAX275 是美国 MAXIM 公司生产的通用型有源滤波器。其封装形式为 20 脚 DIP 和 SO 两种。最大滤波信号频率可达 300 kHz，与传统的阻容滤波器相比，具有更低的噪声、更高的精度、更好的动态特性。MAX275 的滤波基本电路如图 2-6-4 所示，通过内部电容和外置电阻构成级联积分电路。只要根据公式确定外围少量电阻的阻值就能搭建出性能良好的二阶巴特沃思带通滤波电路。

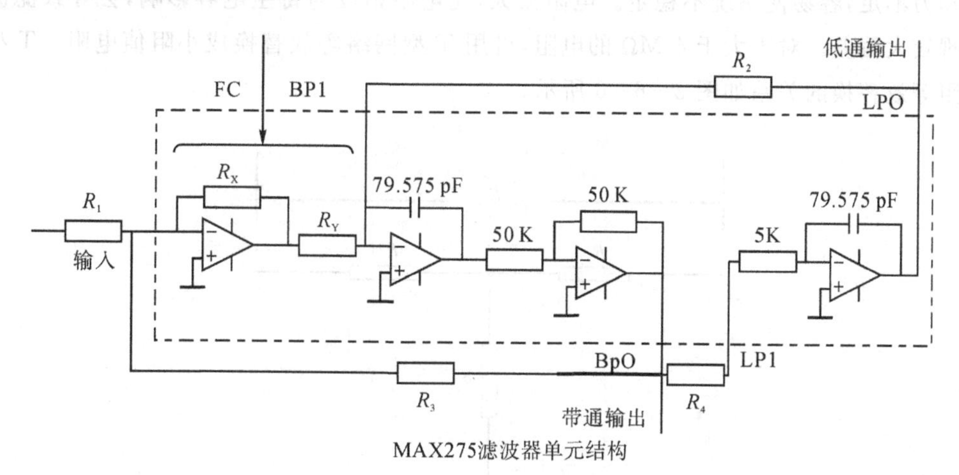

图 2-6-4 MAX275 电路原理图

外接的电阻 R_1、R_2、R_3、R_4 的阻值通过以下几个步骤取得。

(1)要实现带通滤波功能，首先要确定系统中所需要的中心频率，其中中心频率是由电

阻 R_2 确定的。电阻 R_2 计算公式：$R_2=(2\times109/F_0)$

(2)电阻 R_4 是与电阻 R_2 相对应的匹配电阻，其中电阻 R_4 计算公式：$R_4=R_2-5\ \text{k}\Omega$

(3)当确定完中心频率后，接下来确定滤波系统 Q 值，滤波系统的 Q 值越大滤波的效果越好，同时系统也越不稳定，越容易自激振荡。所以设计时应该综合考虑性能兼稳定性。Q 值的有效范围与中心频率的对应关系如图 2-6-5 所示。系统的 Q 值由电阻 R_3 确定电阻 R_3 计算公式：$R_3=[Q(2\times109)]/F_0\times(R_X/R_Y)$

其中 R_X/R_Y 的值由控制端 FC 的接法决定，FC 接地则 $R_X/R_Y=1/5$，接正电源则 $R_X/R_Y=4$，接负电源 $R_X/R_Y=1/25$。

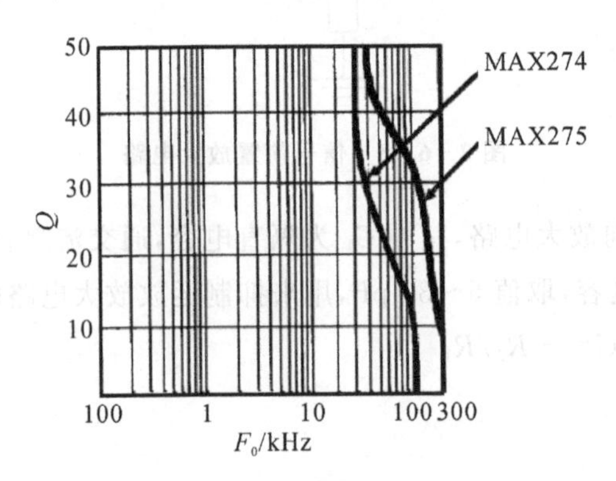

图 2-6-5 Q 值与中心频率关系图

(4)确定带通滤波器增益 HOBP。

电阻 R_1 计算公式：$R_1=R_3/\text{HOBP}$

需要注意的是，所选用的电阻，阻值范围应保证在 5 kΩ～4 MΩ，电阻太小会导致内部运放驱动力不足，容易使系统不稳定。电阻太大，受电阻精度与寄生电容影响，会导致滤波特性出现较大偏差。对于大于 4 MΩ 的电阻，可用 T 型网络等效替换成小阻值电阻。T 型网络电阻等效替换的关系如图 2-6-6 所示。

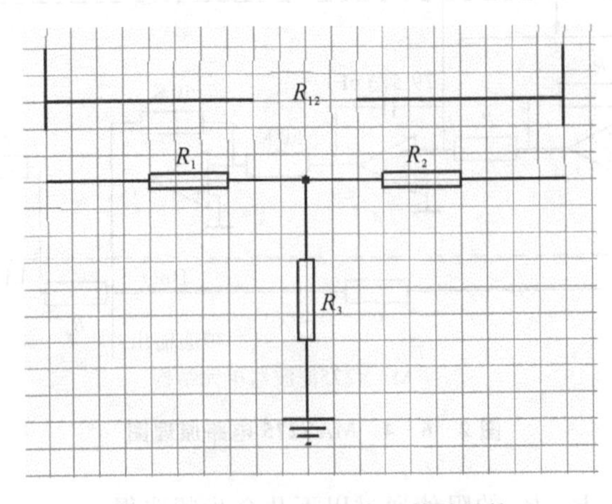

图 2-6-6 T 型网络电阻等效替换

由 Y－Δ 变换 $R_{12}=(R_1 \cdot R_2+R_1 \cdot R_3+R_2 \cdot R_3)/R_3=R_1+R_2+R_1 \cdot R_2/R_3$

由上式可知，若 $R_1 \cdot R_2/R_3$ 结果值大些，则使用值较小的电阻，即能起到与大阻值相同的效果。

(四)多通道模拟开关芯片 HEF4051

多通道模拟开关芯片又称模拟通道复用器，用以实现 MAX275 外置电阻的切换。本系统中选用的 HEF4051 芯片，是一种通用型的八路模拟选通芯片，芯片引脚定义如图 2-6-7 所示。由芯片手册可知，当芯片采用±5 V 供电时，芯片导通电阻典型值为 65 Ω。实际测试时，导通电阻为 69～75 Ω，参数基本一致。考虑到本系统应用于管线设备时其工作频率一般为在 200 Hz～30 kHz，根据频率计算出来的电阻值远远大于导通电阻，所以可以忽略导通电阻对整体精度带来的影响。

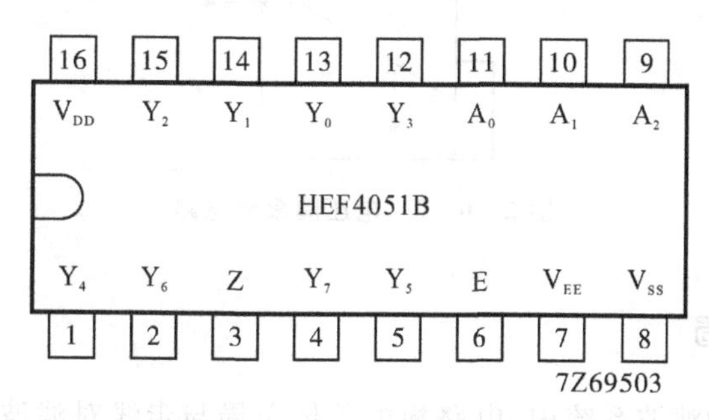

图 2-6-7 HEF4051 引脚图

A_0、A_1、A_2 为选通地址，控制器的 I/O 端口通过控制选通地址来决定 Y_0～Y_7 中哪个通道对 Z 点导通，将不同参数的电阻接到 Y_0～Y_7，从而实现对不同阻值的电阻的切换。E 脚为芯片使能端口，低电平有效，高电平时 Y_0～Y_7 全部为高组态。地址与选通通道的对应关系如图 2-6-8 所示。

输入地址				选通通道
E	A_2	A_1	A_0	
L	L	L	L	Y_0Z
L	L	L	H	Y_1Z
L	L	H	L	Y_2Z
L	L	H	H	Y_3Z
L	H	L	L	Y_4Z
L	H	L	H	Y_5Z
L	H	H	L	Y_6Z
L	H	H	H	Y_7Z
L	X	X	X	无

注意：H＝高组态(高电压水平)；L＝低阻态(低电压水平)；X＝其他(状态不确定)。

图 2-6-8 地址与选通通道的对应关系

(五)信号输出模块

信号输出模块用来隔离输出端口对滤波部分的干扰,以保证滤波系统不受输出端口的影响。本系统使用单路高速运放芯片 LMH662 构成简单的电压跟随器电路,电压隔离器电路如图 2-6-9 所示,跟随电压的放大倍数为 1,理想状态下输出电压等于输入电压,但是实际中输入输出电压类似,且此类放大器具有输入高阻抗输出低阻抗特点,这个特点起到了隔离、缓冲和提高带载能力的作用。

在实际设计中也可根据需要对模块进行修改,可以实现如信号、功率等放大的功能。

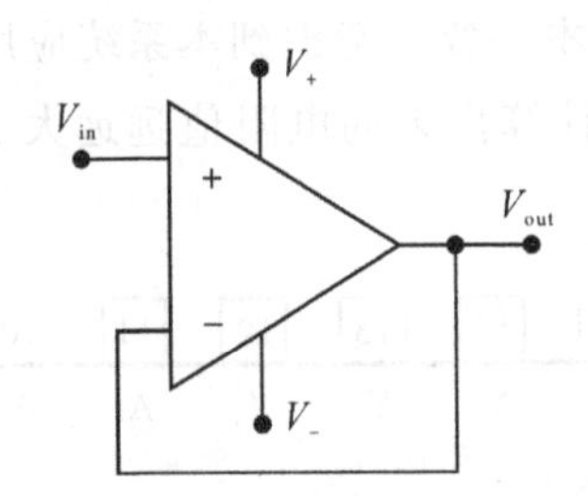

图 2-6-9　电压隔离器电路

(六)电路整体布局

在交流模拟信号的滤波系统中,电路板的整体布局与走线对滤波效果有着直接且明显的影响,该系统的电路板以 MAX275 滤波芯片为核心,要求模拟开关与配置电阻靠近滤波芯片,滤波芯片与模拟开关的连接线应尽可能短,避免信号发生震荡,芯片的电源引脚必须加上相应的滤波电容,减小电源噪声的影响,保证芯片的可靠运行。系统的整体电路板实物如图 2-6-10 所示。

图 2-6-10　滤波系统电路板实物

三、现场应用

(一)地网位置及开挖验证

现场对隐蔽工程的地网进行测试,能准确找到环网路径走向并开挖验证。现场选择环网的一点进行开挖验证,仪器显示深度为 50 cm,实际开挖深度基本相当,如图 2-6-11 所示。

图 2-6-11 地网位置及开挖验证

(二)接地电阻的测试与对比验证

对某线路杆塔进行接地电阻测试,现场对杆塔某一塔脚进行三极法测试并与摇表进行对比验证,YD4901-F/S 仪器测得接地电阻值是 3.41Ω,摇表测得接地电阻值为 3.70Ω,基本相当,接地电阻值符合规程要求,如图 2-6-12 所示。

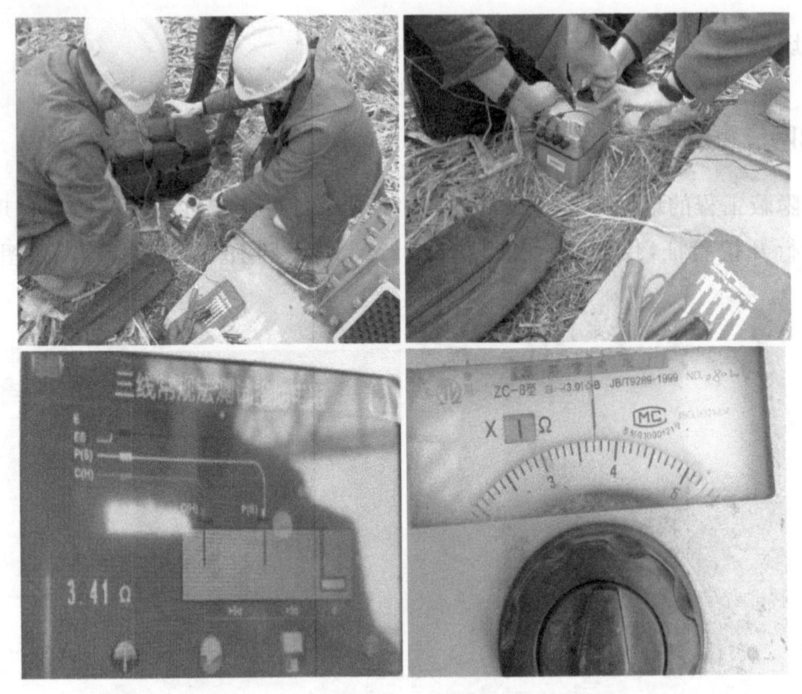

图 2-6-12　接地电阻的测试与对比验证

(三)土壤电阻率的测试

仪器采用四极法测该杆塔的土壤电阻率,现场测得的土壤电阻率值为 54.66 Ω·m,土壤的导电性能良好,如图 2-6-13 所示。

图 2-6-13　土壤电阻率的测试

第三章　架空输电线路风险处置

为提高架空输电线路风险处置工作的安全、质效，针对输电专业实际情况，线路本体缺陷处置工作分为五类：A 类检修、B 类检修、C 类检修、D 类检修、E 类检修。其中 A、B、C 类是停电检修，D、E 类是不停电检修(具体的检修内容见表 3－1)，根据作业规模制定标准化作业文本清单(具体的检修内容见表 3－2)及标准化作业流程。

表 3－1　线路检修分类及检修项目

检修分类	检修项目
A 类检修	A.1　杆塔更换、移位、升高(五基及以上) A.2　导线、地线、OPGW 更换(一个耐张段及以上)
B 类检修	B.1　主要部件更换及加装 B.1.1　导线、地线、OPGW B.1.2　杆塔 B.2　其他部件批量更换及加装 B.2.1　横担或主材 B.2.2　绝缘子 B.2.3　避雷器 B.2.4　金具 B.2.5　其他 B.3　主要部件处理 B.3.1　修复及加固基础 B.3.2　扶正及加固杆塔 B.3.3　修复导地线 B.3.4　调整导线、地线驰度 B.4　其他
C 类检修	C.1　绝缘子表面清扫 C.2　线路避雷器检查及试验 C.3　金具紧固检查 C.4　导地线走线检查 C.5　其他

续表

检修分类	检修项目
D类检修	D.1 修复基础护坡及防洪、防碰撞设施 D.2 铁塔防腐处理 D.3 钢筋混凝土杆塔裂纹修复 D.4 更换杆塔拉线(拉棒) D.5 更换杆塔斜材 D.6 拆除杆塔鸟巢 D.7 更换接地装置 D.8 安装或修补附属设施 D.9 通道清障(交叉跨越、树竹砍伐等) D.10 绝缘子带电测零 D.11 接地电阻测量 D.12 红外测温 D.13 其他
E类检修	E.1 带电更换绝缘子 E.2 带电更换金具 E.3 带电修补导线 E.4 带电处理线夹发热 E.5 其他

表3-2 现场作业文本清单

作业现场:×××　作业时间:×××－××

序号	资料名称	数量	备注
1	安全生产相关制度		
2	近期事故快报		
3	工作票签发人、工作负责人、工作许可人等人员资格		
4	检修计划文件		
5	现场勘查记录		
6	风险评估		
7	承载力分析		
8	省公司级实施方案相关资料		
9	公司级实施方案相关资料		
10	组织、技术、安全措施及方案		

续表

序号	资料名称	数量	备注
11	工作票		
12	工作任务单		
13	班组作业控制卡、工序质量卡、现场监督卡		
14	交底签证表		
15	生产现场作业“十不干”知晓书		
16	安全教育培训记录		
17	安全工器具、劳动防护用品检查表		
18	电网风险预警单		
19	作业风险预警管控单		
20	周生产作业风险公示		
21	班前、班后会记录		
22	班组人员登高证、安全准入证		
23	到岗、到位记录表		
24	杆塔明细表		
25	停电检修日管控计划表		
26	输电运检中心现场接地线使用登记卡		
27	安全管理能力评价		
28	线路外委工程安全保证书		
29	整改通知单		
30	现场应急预案		
31	防疫等其他相关保障工作方案		
32	外部施工单位施工方案及会审单		施工
33	安全资信(外包单位资质证明、安全资料)		施工
34	工作负责人助理、现场管理人员资格证		施工
35	施工机具、安全工器具、防护用品合格证,检查、保养记录		施工
36	安全教育培训记录		施工
37	外委作业人员安规考试记录		施工
38	外委作业人员技能考试记录		施工

续表

序号	资料名称	数量	备注
39	外委施工人员安全技术交底		施工
40	作业人员特种作业证		施工
41	安全准入证		施工、监理
42	××××监理规划		监理
43	××××监理实施细则		监理
44	施工设计说明书		设计
45	设计、监理、施工中标通知书及合同复印件		

缺陷是指线路本体各部件及附属设施在线路区段普遍存在或发生的，需要进行大批量治理的状况。针对架空输电线路本体缺陷，按照部件分为六大方面，缺陷处置方式详见第一节至第六节内容。

第一节 杆 塔

一、缺陷隐患及处置方式

杆塔类缺陷隐患主要包括塔材弯曲或变形，塔材被盗或缺失，杆塔螺栓被盗，塔材脱锌锈蚀，杆塔脚钉变形、松动或缺失，杆塔法兰盘螺栓松动或螺母缺失，杆塔防坠落轨道未紧固到位，杆塔塔材缝隙大等。主要采取以下方式进行处置：

(1)针对倾斜程度超过运行标准的杆塔，应采取纠偏、补强、更换等措施进行改造或修理。

(2)针对锈蚀严重、主材开裂、有效截面损失较多、强度下降严重的杆塔，应采取防腐处理、更换等措施进行改造或修理。

(3)针对杆体裂纹超标、主筋外露的混凝土杆，应采取加固、更换等措施进行改造或修理。

二、处置流程

消缺处置流程参考以下架空输电线路带电补装杆塔上螺栓、塔材标准化作业。

(一)作业前准备

1.准备工作安排

应根据工作安排合理开展作业准备工作,准备工作内容、要求如表3-1-1所示。

表3-1-1　准备工作安排

√	序号	内容	要求	备注
	1	提前现场勘察,查阅有关资料,编制检修作业指导书并组织学习	①明确线路双重称号、识别标记、塔(杆)号,了解现场及缺陷的情况,必要时进行现场勘察,了解现场周围环境、地形状况,明确缺陷部位、数量和严重程度; ②查阅资料,明确需补装螺栓、塔材型号,确定使用工具的型号; ③分析存在的危险点并制定控制措施,确定作业方案,组织全员学习	
	2	填写工作票并履行审批、签发手续	安全措施符合现场实际,按《工作票实施细则》要求进行填写	
	3	提前准备好检修用的工器具及材料	①工器具必须有试验合格证,材料应充足齐全,所有材料符合设计要求并不得有缺陷; ②所有工器具应定期试验,不合格的工具严禁带入工作现场	

2.作业组织及人员要求

(1)作业组织。作业组织应明确人员类别、人员职责和作业人数,如表3-1-2所示。

表3-1-2　作业组织

√	序号	人员类别	职责	作业人数
	1	工作负责人(监护人)	负责工作组织、监护,并履行《国家电网公司电力安全工作规程(线路部分)》规定的工作负责人(监护人)的安全责任	1人
	2	塔(杆)上作业人员	负责安装螺栓或塔材,并履行《国家电网公司电力安全工作规程(线路部分)》规定的工作班成员的安全责任	2人

续表

√	序号	人员类别	职责	作业人数
	3	地面作业人员	负责配合传递工器具、材料等，并履行《国家电网公司电力安全工作规程(线路部分)》规定的工作班成员的安全责任	2人

(2)人员要求。人员要求应明确作业人员的精神状态，作业人员的资格包括作业技能、安全资质和特殊工种资质等要求，如表3-1-3所示。

表3-1-3　人员要求

√	序号	内容	备注
	1	现场作业人员应体检合格、身体健康，精神状态良好，穿戴合格安全用具和劳动防护用品	
	2	作业人员经过输电带电作业资格培训，取得相应带电作业资格证书，熟悉《国家电网电力安全工作规程(线路部分)》，并经考试合格	
	3	具备必要的电气知识和业务技能，掌握送电线路检修操作技能和带电作业基本技能	
	4	具备必要的安全生产知识，学会紧急救护法，特别要学会触电急救	

3.备品备件与材料

应明确作业用备品备件与材料的名称、型号及规格、单位和数量等，如表3-1-4所示。

表3-1-4　备品备件与材料

√	序号	名称	型号及规格	单位	数量	备注
	1	螺栓		个		
	2	塔材		根		

4.工器具与仪器仪表

工器具与仪器仪表应包括施工机具、专用工具、常用工器具、防护器具、仪器仪表、电源设施及消防器材等，如表3-1-5所示。

表3-1-5　工器具与仪器仪表

√	序号	名称	型号及规格	单位	数量	备注
	1	绝缘传递绳	Φ10 mm	根	1	
	2	单轮滑车	0.5 t	只	1	

续表

√	序号	名称	型号及规格	单位	数量	备注
	3	工具袋		只	2	装螺栓用
	4	安全帽		顶	5	
	5	安全带		副	2	绝缘、双控
	6	专用扳手		把	2	
	7	扭矩扳手		把	1	
	8	围栏		副	2～3	视工作现场需要

注：绝缘工器具机械及电气强度均应满足安规要求，周期预防性及检查性试验合格，工器具的配备应根据线路工作情况进行调整。

5.技术资料

技术资料应包括现场使用的图纸、出厂说明书、检修(试验)记录、设备信息等，如表3-1-6所示。

表3-1-6 技术资料

√	序号	名称	备注
	1	线路缺陷单	
	2	杆塔组装图	

6.作业前设备设施状态

作业前应了解设备设施状态，包括设备状态、存在的问题及检验报告等，如表3-1-7所示。

表3-1-7 作业前设备设施状态

√	序号	作业前设备设施状态
	1	××kV××线××号塔(杆)××位置螺栓、塔材缺失(示例)

7.安全管控与风险预控

(1)安全管控。安全措施应明确作业活动中安全控制措施及相关要求，如表3-1-8所示。

表3-1-8 安全管控

√	序号	安全管控
	1	带电作业应在良好天气下进行。如遇雷电(听见雷声、看见闪电)、雪、雹、雨、雾等，不准进行带电作业。风力大于5级，或湿度大于80%时，一般不宜进行带电作业

续表

√	序号	安全管控
	2	认真执行工作票制度,明确各级人员的安全职责
	3	工作负责人向工作班成员交代安全措施和注意事项,并对工作班成员进行提问。工作负责人(监护人)应始终在工作现场,认真做好监护工作
	4	工作人员登杆时应核对线路名称、杆塔号及标志是否与工作线路相符
	5	在两条邻近平行或同杆架设线路上工作时,作业应设专人监护,专职监护人不得兼任其他工作
	6	作业人员应穿戴全套劳保用品。作业过程中应设专人监护,作业人员及所携带的工具、材料应与带电体保持《国家电网公司电力安全工作规程(线路部分)》相应作业规定的安全距离
	7	带电作业时,必须使用绝缘安全带、绝缘安全绳,戴安全帽。安全带要系在牢固构件上,防止安全带被锋利物伤害,系安全带后,要检查扣环是否扣好,杆塔上作业转位时,不得失去安全带保护
	8	杆塔上作业人员防止掉东西,使用的工具、材料等要装在工具袋内,不得乱扔,杆塔下防止行人逗留,必要时设置遮拦
	9	工作中若遇雷、雨、大风等其他威胁工作班人员、设备安全的情况时,工作负责人可根据具体情况立即停止工作。在恢复工作前,应先检查绝缘工具、工作条件及环境等是否符合有关规定,无问题后方可继续工作
	10	遵守《国家电网公司电力安全工作规程(线路部分)》中其他相关规定

(2)风险预控。对标准作业程序各环节应进行风险分析,制定预防控制措施。

此外,定置图及围栏图为可选项

(二)作业流程图

应根据作业活动的顺序、工艺以及作业环境,将作业的全过程优化为最佳的作业顺序,形成标准作业程序,如图 3-1-1 所示。

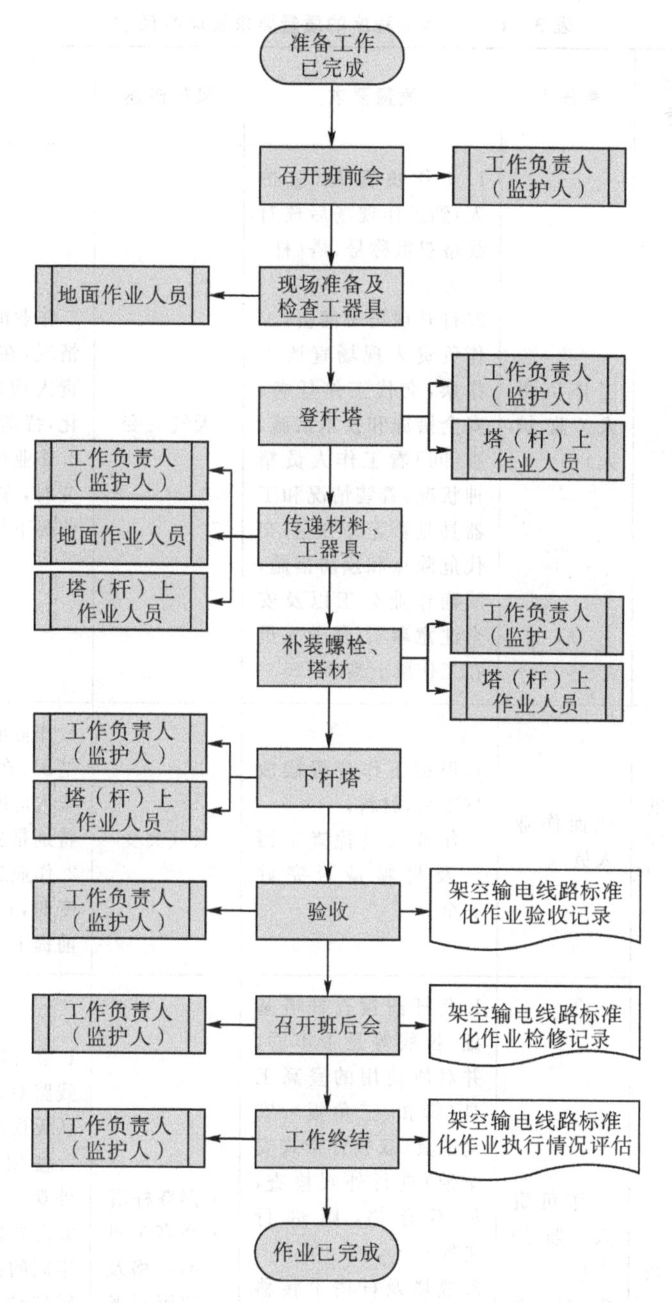

图 3-1-1 架空输电线路带电补装杆塔上螺栓、塔材标准化作业

(三)作业程序与作业规范(标准)

应按照标准作业程序,明确作业程序、责任人、质量要求及风险预控,如表 3-1-9 所示。

表 3-1-9　作业程序的质量要求及风险预控

√	序号	作业程序	责任人	质量要求	风险描述	预控措施
	1	召开班前会	工作负责人（监护人）	1.工作负责人（监护人）到工作现场后核对线路双重称号、塔（杆）号无误； 2.召开现场班前会，工作负责人现场宣读工作票，交代工作任务、安全措施和技术措施，查（问）看工作人员精神状况、着装情况和工器具是否完好齐全，交代危险点和预防措施，明确作业分工以及安全注意事项，作业人员在工作票上签字	天气突变	1.作业前应事先了解天气情况，在作业现场工作负责人应时刻注意天气变化，特别是夏季的雷雨； 2.作业过程中发生天气突变时，在保证人员安全的前提下尽快撤离工具
	2	现场准备及检查工器具	地面作业人员	1.根据工作位置摆放好工具，材料； 2.作业人员检查工器具及材料是否完好齐全	天气突变	1.作业前应事先了解天气情况，在作业现场工作负责人应时刻注意天气变化特别是夏季的雷雨； 2.作业过程中发生天气突变时，在保证人员安全的前提下尽快撤离工具
	3	登杆塔	工作负责人（监护人） 塔（杆）上作业人员	1.登杆前检查杆塔基础、拉线等是否牢固，并对所使用的登高工具（脚扣、三角板）、安全工具（双控背带式安全带）进行外观检查，如不合格，则进行更换； 2.登塔及杆塔上转移过程中，双手不得持带任何工具物品，到杆塔上后应将安全带系在合适的牢固位置； 3.工作负责人（监护人）专责监护，不得直接操作	·误登杆塔 ·登高工具不合格及使用不当 ·高空坠落	1.登杆塔前必须仔细核对线路双重名称、杆塔号，确认无误后方可攀登； 2.使用登高工具应检查外观； 3.高处作业安全带应系在牢固的构件上，高挂低用，转位时不得失去保护； 4.登高时应手抓牢固构件，并使用防坠装置； 5.高处作业应正确使用绝缘安全带，转位时不得失去安全带保护

续表

√	序号	作业程序	责任人	质量要求	风险描述	预控措施
	4	传递材料、工器具	地面作业人员、工作负责人（监护人）、塔（杆）上作业人员	地面作业人员将所需材料、工器具用绝缘传递绳传给塔（杆）上作业人员	高空坠物伤人	1.作业人员必须戴安全帽； 2.高处作业应一律使用工具袋，较大的工具，暂时不用时，必须固定在牢固的构件上； 3.地面作业人员不得在作业点垂直下方逗留，上下传递物件应使用绳索传递； 4.在人口密集区或交通路口作业，工作场所周围应装设围栏
	5	补装螺栓、塔材	工作负责人（监护人）、塔（杆）上作业人员	1.杆塔上作业人员到作业点，打好双控背带式安全带后对螺栓进行紧固或对塔材进行更换或修补； 2.螺栓穿入方向及螺栓紧固应满足图纸及技术交底的要求，对于没有特别要求的应满足 GB 50233—2014，7.1一般规定	·高空坠物伤人 ·人身触电 ·高空坠落	1.作业人员必须戴安全帽； 2.高处作业应一律使用工具袋，较大的工具，暂时不用时，必须固定在牢固的构件上； 3.地面作业人员不得在作业点垂直下方逗留，上下传递物件应使用绳索传递； 4.在人口密集区或交通路口作业，工作场所周围应装设围栏； 5.作业过程中应设专人监护； 6.作业人员及所携带的工具、材料与带电导线最小距离不准小于 Q/GDW1799.2—2013 中表3的规定； 7.登高时应手抓牢固构件，并使用防坠装置； 8.高处作业应正确使用绝缘安全带，转位时不得失去安全带保护

续表

√	序号	作业程序	责任人	质量要求	风险描述	预控措施
	6	下杆塔	工作负责人（监护人）、塔（杆）上作业人员	1.塔（杆）上作业人员确认杆塔上所缺的塔料已补充完毕，螺栓已紧固后将剩料及工器具用传递绳传递至地面，并检查杆塔上无遗留物，携带传递绳和单轮滑车下杆塔； 2.下塔过程中，双手不得持带任何工具、物品等	高空坠落	1.登高时应手抓牢固构件，并使用防坠装置； 2.高处作业应正确使用绝缘安全带，转位时不得失去安全带保护
	7	验收	工作负责人（监护人）	工作负责人（监护人）检查检修工作质量，并检查杆塔上是否有遗留物，清理现场，清点工器具等		
	8	召开班后会	工作负责人（监护人）	1.召开现场班后会，作业人员向工作负责人汇报检修结果； 2.工作负责人对检修工作进行总结、讲评，填写检修记录		
	9	工作终结	工作负责人（监护人）	1.工作负责人汇报工作结束，并向工作票签发人履行工作票终结手续； 2.对标准化作业执行情况进行评估		

第二节 基 础

一、缺陷隐患及处置方式

基础类缺陷隐患主要包括基础保护帽损坏、基础护套锈蚀、基础保护帽被埋、基础回填土下沉、基础灌注桩回填土流失或受河流冲刷、基础保护区修路、基础立柱淹没、基础未打保护帽等。主要采取以下方式进行处置：

(1)针对杆塔基础出现上拔或混凝土表面严重脱落、露筋、钢筋锈(腐)蚀和装配式铁塔基础松散等导致杆塔失稳的缺陷，应采取局部修复、更换基础等措施进行改造或修理。

(2)针对杆塔基础周围水土流失、山体塌方、滑坡等导致塔腿被掩埋或基础失稳的缺陷，应采取修筑挡土墙、护坡，杆塔移位或升高基础等措施进行改造或修理。

二、处置流程

消缺处置流程参考以下架空输电线路杆塔基础修复或护坡标准化作业。

(一)作业前准备

1. 准备工作安排

应根据工作安排合理开展作业准备工作，准备工作内容、要求如表 3-2-1 所示。

表 3-2-1　准备工作安排

√	序号	内容	要求	备注
	1	提前现场勘察，查阅有关资料，编制检修作业指导书并组织学习	1. 明确线路双重称号、识别标记、塔(杆)号，了解现场及缺陷的情况，必要时进行现场勘察，了解现场周围环境、地形状况，明确需护坡位置、基础损伤严重程度； 2. 查阅杆塔基础图纸资料，确定使用的工器具、材料； 3. 分析存在的危险点并制定控制措施，确定作业方案，组织全员学习	
	2	填写工作票并履行审批、签发手续	安全措施符合现场实际，按《工作票实施细则》要求进行填写	
	3	提前准备好检修用的工器具及材料	1. 工器具必须有试验合格证，材料应充足齐全，所有材料符合设计要求并不得有缺陷； 2. 所有工器具应定期试验，不合格的工具严禁带入工作现场	

2. 作业组织及人员要求

(1)作业组织。作业组织应明确人员类别、人员职责和作业人数，如表 3-2-2 所示。

表 3-2-2 作业组织

√	序号	人员类别	职责	作业人数
	1	工作负责人(监护人)	负责工作组织、监护,并履行《国家电网公司电力安全工作规程(线路部分)》规定的工作负责人(监护人)的安全责任	1人
	2	作业人员	负责砂石配比、基础修复或护坡等,并履行《国家电网公司电力安全工作规程(线路部分)》规定的工作班成员的安全责任	10人

(2)人员要求。人员要求应明确作业人员的精神状态,作业人员的资格包括作业技能、安全资质和特殊工种资质等要求,如表 3-2-3 所示。

表 3-2-3 人员要求

√	序号	内容	备注
	1	现场作业人员应体检合格、身体健康,精神状态良好,穿戴合格安全用具和劳动防护用品	
	2	作业人员熟悉《国家电网电力安全工作规程(线路部分)》,并经考试合格	
	3	具备必要的电气知识和业务技能,掌握送电线路检修操作技能	
	4	具备必要的安全生产知识,学会紧急救护法,特别要学会触电急救	

3.备品备件与材料

应明确作业用备品备件与材料的名称、型号及规格、单位和数量等,如表 3-2-4 所示。

表 3-2-4 备品备件与材料

√	序号	名称	型号及规格	单位	数量	备注
	1	水泥	P.O32.5	吨		根据计算确定
	2	中砂	2.3~3.0	吨		根据计算确定
	3	块石				
	4	水	饮用水	吨		根据计算确定
	5	排水管	Φ15	个	4	根据实际需要
	6	滤水网		片	4	与排水管一致

4.工器具与仪器仪表

工器具与仪器仪表应包括施工机具、专用工具、常用工器具、防护器具、仪器仪表、电源设施及消防器材等,如表 3-2-5 所示。

表 3-2-5 工器具与仪器仪表

√	序号	名称	型号及规格	单位	数量	备注
	1	搅拌机		台	1	
	2	发电机		台	1	
	3	水平仪		台	1	
	4	磅秤	100 kg 级	台	1	
	5	手推翻斗车		辆	4	
	6	卷尺	50 m、5 m	把	1	
	7	安全帽		顶	11	
	9	铁锹		把	4	
	9	跳板		块	10	
	10	线锤		个	1	
	11	细线		米	100	
	12	围栏		副	2～3	视工作现场需要

注：工器具机械及电气强度均应满足安规要求，周期预防性及检查性试验合格，工器具的配备应根据线路工作情况进行调整。

5. 技术资料

技术资料应包括现场使用的图纸、出厂说明书、检修(试验)记录、设备信息等，如表 3-2-6所示。

表 3-2-6 技术资料

√	序号	名称	备注
	1	挡土墙、护坡施工图	

6. 作业前设备设施状态

作业前应了解设备设施状态，包括设备状态、存在的问题及检验报告等，如表 3-2-7所示。

表 3-2-7 作业前设备设施状态

√	序号	作业前设备设施状态
	1	××kV××线××号塔(杆)基础护坡、防洪和防碰撞设施损坏(示例)

7.安全管控与风险预控

(1)安全管控。

安全措施应明确作业活动中安全控制措施及相关要求,如表3-2-8所示。

表3-2-8 安全管控

√	序号	安全管控
	1	认真执行工作票制度,明确各级人员的安全职责
	2	工作负责人向工作班成员交代安全措施和注意事项,并对工作班成员进行提问。工作负责人(监护人)应始终在工作现场,认真做好监护工作
	3	作业人员应穿戴全套劳保用品。作业过程中应设专人监护,作业人员及所携带的工具、材料应与带电体保持《国家电网公司电力安全工作规程(线路部分)》相应作业规定的安全距离
	4	工作中若遇雷、雨、大风等其他威胁工作班人员、设备安全的情况时,工作负责人可根据具体情况立即停止工作。在恢复工作前,应先检查绝缘工具、工作条件及环境等是否符合有关规定,无问题后方可继续工作
	5	遵守《国家电网公司电力安全工作规程(线路部分)》中其他相关规定

(2)风险预控。对标准作业程序各环节应进行风险分析,制定预防控制措施。

此外,定置图及围栏图为可选项。

(二)作业流程图

应根据作业活动的顺序、工艺以及作业环境,将作业的全过程优化为最佳的作业顺序,形成标准作业程序,如图3-2-1所示。

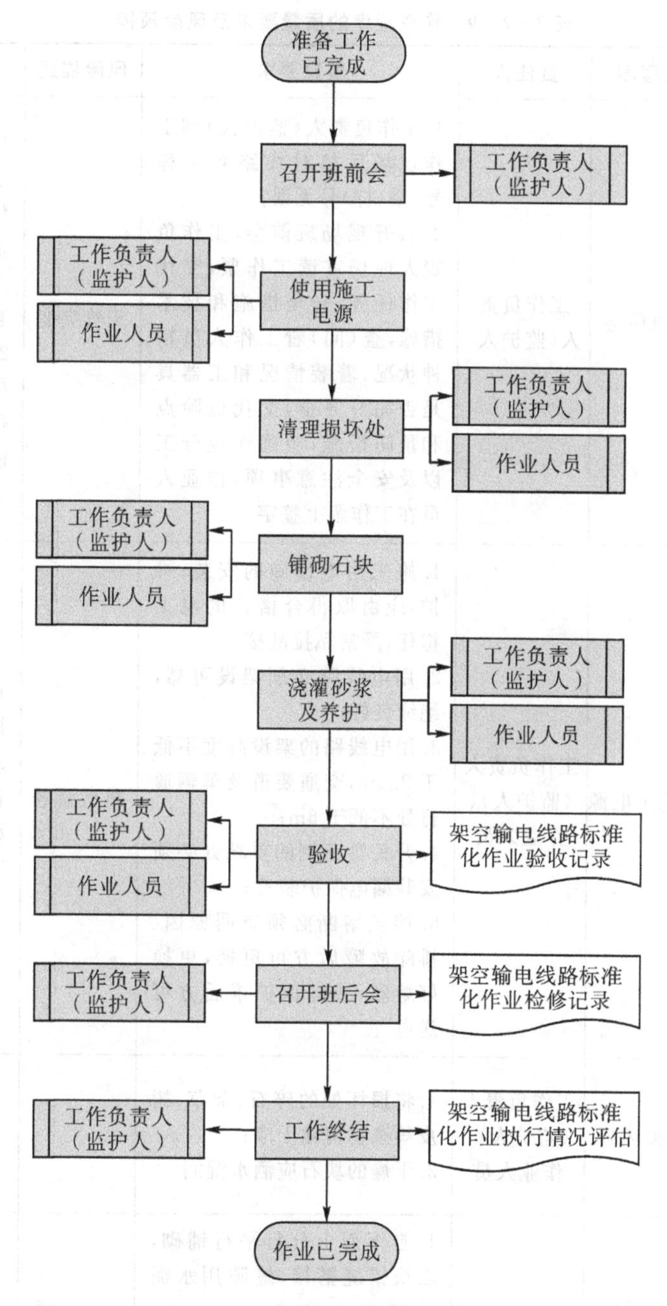

图 3-2-1　架空输电线路杆塔基础修复或护坡标准化作业

(三)作业程序与作业规范(标准)

应按照标准作业程序，明确作业程序、责任人、质量要求及风险预控，如表 3-2-9 所示。

表 3-2-9　作业程序的质量要求及风险预控

√	序号	作业程序	责任人	质量要求	风险描述	预控措施
	1	召开班前会	工作负责人(监护人)	1.工作负责人(监护人)到工作现场后核对线路双重称号、塔(杆)号无误; 2.召开现场班前会,工作负责人现场宣读工作票,交代工作任务、安全措施和技术措施,查(问)看工作人员精神状况、着装情况和工器具是否完好齐全,交代危险点和预防措施,明确作业分工以及安全注意事项,作业人员在工作票上签字	天气突变	1.作业前应事先了解天气情况,在作业现场工作负责人应时刻注意天气变化特别是夏季的雷雨; 2.作业过程中发生天气突变时,在保证人员安全的前提下尽快撤离工具
	2	使用施工电源	工作负责人(监护人)、作业人员	1.施工用电设施的安装、维护,应由取得合格证的电工担任,严禁私拉乱接; 2.用电线路必须架设可靠,绝缘良好; 3.用电线路的架设高度不低于2.5m,交通要道及车辆通行处不低于5m; 4.开关负荷侧的首端处必须安装漏电保护装置; 5.熔丝熔断必须查明原因、排除故障后方可更换,更换好熔丝、装好保护罩后方可送电	机械漏电	1.用电机械应定期检查; 2.开关负荷侧的首端处必须安装漏电保护装置; 3.电器外壳必须接地
	3	清理损坏处	工作负责人(监护人)、作业人员	1.将损坏处的碎石、杂草、树皮等杂物清除干净; 2.干燥的块石应洒水湿润		
	4	铺砌石块	工作负责人(监护人)、作业人员	1.自下而上分行平行铺砌,石块错缝搭接,缝隙用水泥填实; 2.根据设计尺寸设排水孔,排水孔后端设滤水网; 3.排水孔应上下错开布置,砌护坡后边距距离基础地板不小于0.5倍的基础埋深,护坡层的顶面应与天然地面吻合		

续表

√	序号	作业程序	责任人	质量要求	风险描述	预控措施
	5	浇灌砂浆及养护	工作负责人(监护人)、作业人员	1.砂浆应饱满,处理前应用水将护坡湿润防止开裂; 2.保持砂浆处于湿润状态,人员不要站在护坡、挡土墙上		
	6	验收	工作负责人(监护人)、作业人员	工作负责人(监护人)按照GB 50233和DL/T 741的规定进行验收,清理现场,清点工器具等		
	7	召开班后会	工作负责人(监护人)	1.召开现场班后会,作业人员向工作负责人汇报检修结果; 2.工作负责人对检修工作进行总结、讲评,填写检修记录		
	8	工作终结	工作负责人(监护人)	1.工作负责人汇报工作结束,并向工作票签发人履行工作票终结手续; 2.对标准化作业执行情况进行评估		

第三节　导地线

一、缺陷隐患及处置方式

导地线类缺陷隐患主要包括导线断股、导线损伤、导线或引流线松股或散股、地线断股、架空地线磨损、架空地线接地引流线磨损或断股、地线引下线断开、光缆余缆脱落、地线断裂等。主要采取以下方式进行处置：

(1)针对断股、散股、严重锈(腐)蚀的导地线,应采取修补、加强、更换等方式进行改造或修理。

(2)针对沿海、重污染区氧化严重的导地线,宜采取更换铝包钢芯铝绞线(铝包钢绞线)等措施进行改造或修理。

二、处置流程

消缺处置流程参考以下架空输电线路处理导、地线断股标准化作业。

(一)作业前准备

1.准备工作安排

应根据工作安排合理开展作业准备工作,准备工作内容、要求见表3-3-1所示。

表3-3-1 准备工作安排

√	序号	内容	要求	备注
	1	提前现场勘察,查阅有关资料,编制检修作业指导书并组织学习	1.明确线路双重称号、识别标记、塔(杆)号,了解现场及缺陷的情况,必要时进行现场勘察,了解现场周围环境、地形状况,明确拉线、拉线棒根数及情况; 2.查阅资料明确需更换拉线、拉线棒长度、型号,确定使用的工器具、材料; 3.分析存在的危险点并制定控制措施,确定作业方案,组织全员学习	
	2	填写工作票并履行审批、签发手续	安全措施符合现场实际,按《工作票实施细则》要求进行填写	
	3	提前准备好检修用的工器具及材料	1.工器具必须有试验合格证,材料应充足齐全,所有材料符合设计要求并不得有缺陷; 2.所有工器具应定期试验,不合格的工具严禁带人工作现场	

2.作业组织及人员要求

(1)作业组织。作业组织应明确人员类别、人员职责和作业人数,见表3-3-2所示。

表3-3-2 作业组织

√	序号	人员类别	职责	作业人数
	1	工作负责人(监护人)	负责工作组织、监护,并履行《国家电网公司电力安全工作规程(线路部分)》规定的工作负责人(监护人)的安全责任	1人
	2	杆上作业人员	负责验电接地和安装、拆除拉线,并履行《国家电网公司电力安全工作规程(线路部分)》规定的工作班成员的安全责任	2人

续表

√	序号	人员类别	职责	作业人数
	3	地面作业人员	负责临时拉线及其锚桩设置，拉线做头，更换拉棒，配合杆上人员安装、拆除拉线，传递工器具材料等，并履行《国家电网公司电力安全工作规程(线路部分)》规定的工作班成员的安全责任	2人

(2)人员要求。人员要求应明确作业人员的精神状态，作业人员的资格包括作业技能、安全资质和特殊工种资质等要求，见表3-3-3所示。

表3-3-3　人员要求

√	序号	内容	备注
	1	现场作业人员应体检合格、身体健康，精神状态良好，穿戴合格安全用具和劳动防护用品	
	2	作业人员熟悉《国家电网电力安全工作规程(线路部分)》，并经考试合格	
	3	具备必要的电气知识和业务技能，掌握送电线路检修操作技能，能正确使用作业工器具，了解设备有关技术标准要求	
	4	作业人员必须持有有效资格证及上岗证	

3.备品备件与材料

应明确作业用备品备件与材料的名称、型号及规格、单位和数量等，见表3-3-4所示。

表3-3-4　备品备件与材料

√	序号	名称	型号及规格	单位	数量	备注
	1	软梯		副	1	
	2	预绞丝		米		根据实际确定
	3	绝缘绳		根	1	
	4	护线套		m		根据实际确定

4.工器具与仪器仪表

工器具与仪器仪表应包括施工机具、专用工具、常用工器具、防护器具、仪器仪表、电源设施及消防器材等，见表3-3-5所示。

表 3-3-5 工器具与仪器仪表

√	序号	名称	型号及规格	单位	数量	备注
		验电器	35kV/110kV/220kV	个	1	根据电压等级选用
		接地线	35kV/110kV/220kV	组	2	根据电压等级选用
		绝缘手套		付	2	
		单轮滑车	1 t	只	1	
		传递绳	Φ10	根	1	
		安全帽		顶	4	
		安全带		副	2	绝缘、双控
		多功能紧线器	1.5 t	把	2	
		卡线器	GJ25—100	把	1	
		钢丝绳套	Φ20	条	3	
		断线钳	24 寸	把	1	
		铁桩	1.5m	根	2	
		脚扣		副	2	
		钢丝绳	Φ12	条	1	
		钢线卡子		个	3	
		围栏		副	2～3	视工作现场需要

注:绝缘工器具机械及电气强度均应满足安规要求,周期预防性及检查性试验合格,工器具的配备应根据线路工作情况进行调整。

5.技术资料

技术资料应包括现场使用的图纸、出厂说明书、检修(试验)记录、设备信息等,见表 3-3-6所示。

表 3-3-6 技术资料

√	序号	名称	备注
	1	机电安装图	
	2	附件安装明细表	

6.作业前设备设施状态

作业前应了解设备设施状态,包括设备状态、存在的问题及检验报告等,见表 3-3-7所示。

表 3-3-7　作业前设备设施状态

√	序号	作业前设备设施状态
	1	××kV××线××号杆导、地线断股(示例)

7. 安全管控与风险预控

(1)安全管控。安全措施应明确作业活动中安全控制措施及相关要求,见表 3-3-8 所示。

表 3-3-8　安全管控

√	序号	安全管控
	1	认真执行工作票制度、明确各级人员的安全职责
	2	工作负责人向工作班成员交代安全措施和注意事项,并对工作班成员进行提问。工作负责人(监护人)应始终在工作现场,认真做好监护工作
	3	工作人员登杆时应核对线路名称、杆塔号、标志是否与工作线路相符
	4	两条邻近平行或同杆架设线路上工作时,作业应设专人监护,专职监护人不得兼任其他工作
	5	作业人员应穿戴全套劳保用品。作业过程中应设专人监护,作业人员及所携带的工具、材料应与带电体保持《国家电网公司电力安全工作规程(线路部分)》相应作业规定的安全距离
	6	作业时,必须使用绝缘安全带、绝缘安全绳,戴安全帽。安全带要系在牢固构件上,防止安全带被锋利物伤害,系安全带后,要检查扣环是否扣好,杆塔上作业转位时,不得失去安全带保护
	7	杆塔上作业人员防止掉东西,使用的工具、材料等要装在工具袋内,不得乱扔,杆塔下防止行人逗留,必要时设置遮拦
	8	工作中若遇雷、雨、大风等其他威胁工作班人员、设备安全时,工作负责人可根据具体情况,立即停止工作。在恢复工作前,应先检查绝缘工具、工作条件及环境等是否符合有关规定,无问题后方可继续进行工作
	9	遵守《国家电网公司电力安全工作规程(线路部分)》中其他相关规定

(2)风险预控。对标准作业程序各环节应进行风险分析,制定预防控制措施。

8. 定置图及围栏图(可选)

无。

(二)作业流程图

应根据作业活动的顺序、工艺以及作业环境，将作业的全过程优化为最佳的作业顺序，形成标准作业程序，如图 3-3-1 所示。

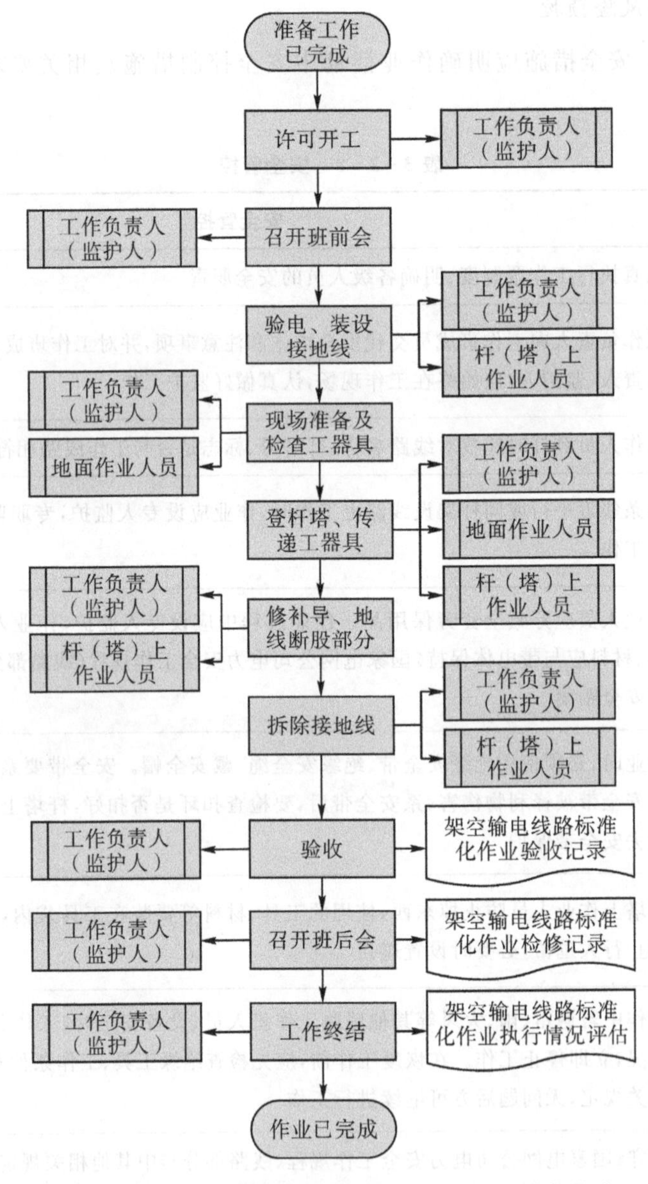

图 3-3-1 架空输电线路处理导、地线断股标准化作业

(三)作业程序与作业规范(标准)

应按照标准作业程序，明确作业程序、责任人、质量要求及风险预控，如表 3-3-9

所示。

表 3-3-9　作业程序的质量要求及风险预控

√	序号	作业程序	责任人	质量要求	风险描述	预控措施
	1	许可开工	工作负责人（监护人）	1.向工作许可人办理停电许可手续； 2.工作负责人将许可停电的时间、许可人记录在工作票上，并签名		
	2	召开班前会	工作负责人（监护人）	1.工作负责人（监护人）到工作现场后核对线路双重称号、塔（杆）号无误； 2.召开现场班前会。工作负责人现场宣读工作票、交代工作任务、安全措施和技术措施；查（问）看工作人员精神状况、着装情况和工器具是否完好齐全。交代危险点和预防措施，明确作业分工以及安全注意事项。作业人员在工作票上签字	天气突变	1.作业前应事先了解天气情况，在作业现场工作负责人应时刻注意天气变化特别是夏季的雷雨； 2.作业过程中发生天气突变时，在保证人员安全的前提下尽快撤离工具
	3	验电、装设接地线	工作负责人（监护人） 杆（塔）上作业人员	1.工作负责人下令在工作地段两端验电、装设接地线，并将装设时间记录在工作票上； 2.验电应使用相应电压等级、合格的接触式验电器，验电时人体应与被验电设备保持 Q/GDW1799.2—2013 中表 3 的距离，并设专人监护； 3.装设接地线应先接接地端，后接导线端，接地线应接触良好，连接可靠，人体不得碰触接地线或未接地的导线	·误登杆塔 ·感应电压伤人	登杆塔前必须仔细核对线路双重名称、杆塔号，确认无误后方可攀登； 接地线与接地体及导线连接应可靠，如导线仍有感应电应加挂接地线或使用个人保安线

续表

√	序号	作业程序	责任人	质量要求	风险描述	预控措施
	4	现场准备及检查工器具	地面作业人员 工作负责人(监护人)	1.根据工作位置摆放好工具、材料; 2.作业人员检查工器具及材料是否完好齐全	天气突变	1.作业前应事先了解天气情况,在作业现场工作负责人应时刻注意天气变化特别是夏季的雷雨; 2.作业过程中发生天气突变时,在保证人员安全的前提下尽快撤离工具
	5	登杆塔,传递工器具	地面作业人员 工作负责人(监护人) 杆(塔)上作业人员	1.登杆前检查杆塔基础、拉线等是否牢固,并对所使用的登高工具(脚扣、三角板)、安全工具(双控背带式安全带)进行外观检查,如不合格,则进行更换; 2.登塔及杆塔上转移过程中,双手不得持带任何工具物品,到杆塔上后应将安全带系在合适的牢固位置; 3.监护人专责监护,不得直接操作	·误登杆塔 ·登高工具不合格及使用不当 ·高空坠落	登杆塔前必须仔细核对线路双重名称、杆塔号,确认无误后方可攀登 1.使用登高工具应外观检查,高处作业安全带应系在牢固的构件上,高挂低用,转位时不得失去保护; 2.登高时应手抓牢固构件,并使用防坠装置; 3.高处作业应正确使用绝缘安全带,转位时不得失去安全带保护
	6	修补导、地线断股部分	工作负责人(监护人) 杆(塔)上作业人员	用链条葫芦将导线打起,杆上作业人员下导线修补断股部分	登高工具不合格及使用不当 高空坠落	1.使用登高工具应外观检查; 2.高处作业安全带应系在牢固的构件上,高挂低用,转位时不得失去保护; 3.登高时应手抓牢固构件,并使用防坠装置; 4.高处作业应正确使用绝缘安全带,转位时不得失去安全带保护

续表

√	序号	作业程序	责任人	质量要求	风险描述	预控措施
	7	拆除接地线	工作负责人（监护人）杆（塔）上作业人员	1.完工后，工作负责人确认在杆塔上及其辅助设备上没有遗留的个人保安线、工具、材料等，查明全部作业人员确由杆塔上撤下后，再命令拆除工作地段所挂的接地线； 2.接地线拆除后，应即认为线路带电，不准任何人再登杆进行工作	带接地送电	确认工作地点所挂的接地线、个人保安线已全部拆除
	8	验收	工作负责人（监护人）	工作负责人（监护人）按照GB 50233和DL/T 741的规定进行验收，清理现场，清点工器具等		
	9	召开班后会	工作负责人（监护人）	1.召开现场班后会，作业人员向工作负责人汇报检修结果； 2.工作负责人对检修工作进行总结、讲评，填写检修记录		
	10	工作终结	工作负责人（监护人）	1.工作负责人汇报工作结束，并向工作票签发人履行工作票终结手续； 2.对标准化作业执行情况进行评估		

第四节　绝缘子

一、缺陷隐患及处置方式

绝缘子类缺陷隐患主要包括绝缘子污秽、绝缘子钢帽锈蚀、绝缘子表面缺釉或破损、玻璃绝缘子自爆、绝缘子锁紧销缺损或失效、复合绝缘子覆冰、复合绝缘子伞群破裂或鸟啄损坏、绝缘子脱串、复合绝缘子憎水性差、复合绝缘子芯棒端部发热。主要采取以下方式进行处置：

（1）针对投运两年内年均劣化率（自爆率）大于0.04%，两年后检测周期内年均劣化率（自爆率）大于0.02%，或年劣化率（自爆率）大于0.1%的瓷（玻璃）绝缘子，应采取整批更换的措施进行修理。

(2)针对老化严重或存在质量问题的瓷(玻璃)绝缘子,应采取更换的措施进行修理。

(3)针对伞裙、护套出现龟裂、破损或端头密封开裂、老化的棒形及盘形复合绝缘子,应采取更换的措施进行修理。

(4)针对采用非压接工艺、真空灌胶工艺生产及采用非耐酸芯棒的老旧复合绝缘子,应采取更换的措施进行修理。

(5)针对机械强度下降、憎水性不满足规程要求的复合绝缘子,应采取更换的措施进行改造或修理。

(6)针对绝缘子定期检测的要求,应采取检测或抽测的措施进行修理。

二、处置流程

消缺处置流程参考以下架空输电线路带电更换单片绝缘子标准化作业。

(一)作业前准备

1.准备工作安排

应根据工作安排合理开展作业准备工作,准备工作内容、要求如表3-4-1所示。

表3-4-1 准备工作安排

√	序号	内容	要求	备注
	1	提前现场勘察,查阅有关资料,编制检修作业指导书并组织学习	1.明确线路双重称号、识别标记、塔(杆)号,了解现场及缺陷的情况,必要时进行现场勘察,了解现场周围环境、地形状况,明确需更换瓷瓶的位置、数量; 2.判断是否符合安规对带电作业要求,确定现场工作时作业人员的活动范围和作业方式; 3.查阅资料明确杆塔型号、绝缘子型号,确定使用工具的型号; 4.分析存在的危险点并制定控制措施,确定作业方案,组织全员学习	
	2	填写工作票并履行审批、签发手续	安全措施符合现场实际,按《工作票实施细则》要求进行填写	
	3	提前准备好检修用的工器具及材料	1.工器具必须有试验合格证,材料应充足齐全,所有材料符合设计要求并不得有缺陷; 2.所有工器具应定期试验,不合格的工具严禁带入工作现场; 3.绝缘子型号和规格应和待更换的绝缘子保持一致	

2.作业组织及人员要求

(1)作业组织。作业组织应明确人员类别、人员职责和作业人数,如表 3-4-2 所示。

表 3-4-2　作业组织

√	序号	人员类别	职责	作业人数
	1	工作负责人(监护人)	负责工作组织、监护,并履行《国家电网公司电力安全工作规程(线路部分)》规定的工作负责人(监护人)的安全责任	1人
	2	等电位作业人员	负责等电位安装、拆除导线后备保护、更换单片绝缘子,并履行《国家电网公司电力安全工作规程(线路部分)》规定的工作班成员的安全责任	1人
	3	地电位作业人员	负责在杆塔上传递、安装、拆除工器具,地电位更换绝缘子,并履行《国家电网公司电力安全工作规程(线路部分)》规定的工作班成员的安全责任	1人
	4	地面作业人员	负责配合传递工器具、材料等,并履行《国家电网公司电力安全工作规程(线路部分)》规定的工作班成员的安全责任	1人

(2)人员要求。人员要求应明确作业人员的精神状态,作业人员的资格包括作业技能、安全资质和特殊工种资质等要求,见表 3-4-3 所示。

表 3-4-3　人员要求

√	序号	内容	备注
	1	现场作业人员应体检合格、身体健康,精神状态良好,穿戴合格安全用具和劳动防护用品	
	2	作业人员经过输电带电作业资格培训,取得相应带电作业资格证书,熟悉《国家电网电力安全工作规程(线路部分)》,并经考试合格	
	3	具备必要的电气知识和业务技能,掌握送电线路检修操作技能和带电作业基本技能	
	4	具备必要的安全生产知识,学会紧急救护法,特别要学会触电急救	

3.备品备件与材料

应明确作业用备品备件与材料的名称、型号及规格、单位和数量等,如表 3-4-4 所示。

表 3-4-4　备品备件与材料

√	序号	名称	型号及规格	单位	数量	备注
	1	绝缘子		片	5	
	2	碗头挂板		只	1	
	3	W/R 销		个	10	

4. 工器具与仪器仪表

工器具与仪器仪表应包括施工机具、专用工具、常用工器具、防护器具、仪器仪表、电源设施及消防器材等，如表 3-4-5 所示。

表 3-4-5　工器具与仪器仪表

√	序号	名称	型号及规格	单位	数量	备注
	1	绝缘传递绳	Φ10 mm	根	1	
	2	单轮滑车	0.5 t	只	1	
	3	安全帽		顶	4	
	4	安全带		副	2	绝缘、双控
	5	屏蔽服		套	1	等电位作业用
	6	万用表		块	1	检测屏蔽服用
	7	风湿度检测仪		台	1	
	8	绝缘电阻检测仪		台	1	电极宽 2 cm，极间宽 2 cm
	9	工具袋		只	1	
	10	导线保险绳		副	1	
	11	火花间隙检测器		根	1	
	12	卡具		副	1	
	13	卸扣	1 t	只	1	
	14	专用取销器		把	1	
	15	防潮苫布		块	2	
	16	围栏		副	2～3	视工作现场需要

注：绝缘工器具机械及电气强度均应满足安规要求，周期预防性及检查性试验合格，工器具的配备应根据线路工作情况进行调整

5.技术资料

技术资料应包括现场使用的图纸、出厂说明书、检修(试验)记录、设备信息等,如表3-4-6所示。

表3-4-6　技术资料

√	序号	名称	备注
	1	线路平断面图、杆塔结构图	
	2	绝缘子串组装图	

6.作业前设备设施状态

作业前应了解设备设施状态,包括设备状态、存在的问题及检验报告等,如表3-4-7所示。

表3-4-7　作业前设备设施状态

√	序号	作业前设备设施状态
	1	××kV××线××号塔(杆)××位置绝缘子老化/雷击/零值(示例)

7.安全管控与风险预控

(1)安全管控。安全措施应明确作业活动中安全控制措施及相关要求,如表3-4-8所示。

表3-4-8　安全管控

√	序号	安全管控
	1	带电作业应在良好天气下进行。如遇雷电(听见雷声、看见闪电)、雪、雹、雨、雾等,不准进行带电作业。风力大于5级,或湿度大于80%时,一般不宜进行带电作业
	2	按规定办理带电作业工作票,开始工作前应与值班调控人员联系;完工后应及时向值班调控人员汇报;作业开始工作前,应与值班调控人员联系停用重合闸功能
	3	认真执行工作票制度、明确各级人员的安全职责
	4	工作负责人向工作班成员交代安全措施和注意事项,并对工作班成员进行提问。工作负责人(监护人)应始终在工作现场,认真做好监护工作
	5	工作人员登杆时应核对线路名称、杆塔号、标志是否与工作线路相符

续表

√	序号	安全管控
	6	两条邻近平行或同杆架设线路上工作时，作业应设专人监护，专职监护人不得兼任其他工作
	7	作业人员应穿戴全套劳保用品。作业过程中应设专人监护，作业人员及所携带的工具、材料应与带电体保持《国家电网公司电力安全工作规程（线路部分）》相应作业规定的安全距离
	8	带电作业时，必须使用绝缘安全带、绝缘安全绳，戴安全帽。安全带要系在牢固构件上，防止安全带被锋利物伤害，系安全带后，要检查扣环是否扣好，杆塔上作业转位时，不得失去安全带保护
	9	杆塔上作业人员防止掉东西，使用的工具、材料等要装在工具袋内，不得乱扔，杆塔下防止行人逗留，必要时设置遮拦
	10	必须做好防导线脱落的双重保护措施
	11	在脱开被更换绝缘子前，应仔细检查卡具连接点，确保安全无误后方可进行
	12	工作中若遇雷、雨、大风等其他威胁工作班人员、设备安全时，工作负责人可根据具体情况，立即停止工作。在恢复工作前，应先检查绝缘工具、工作条件及环境等是否符合有关规定，无问题后方可继续进行工作
	13	遵守《国家电网公司电力安全工作规程（线路部分）》中其他相关规定

(2)风险预控。对标准作业程序各环节应进行风险分析，制定预防控制措施。

8. 定置图及围栏图（可选）

无。

(二)作业流程图

应根据作业活动的顺序、工艺以及作业环境，将作业的全过程优化为最佳的作业顺序，形成标准作业程序，如图 3-4-1 所示。

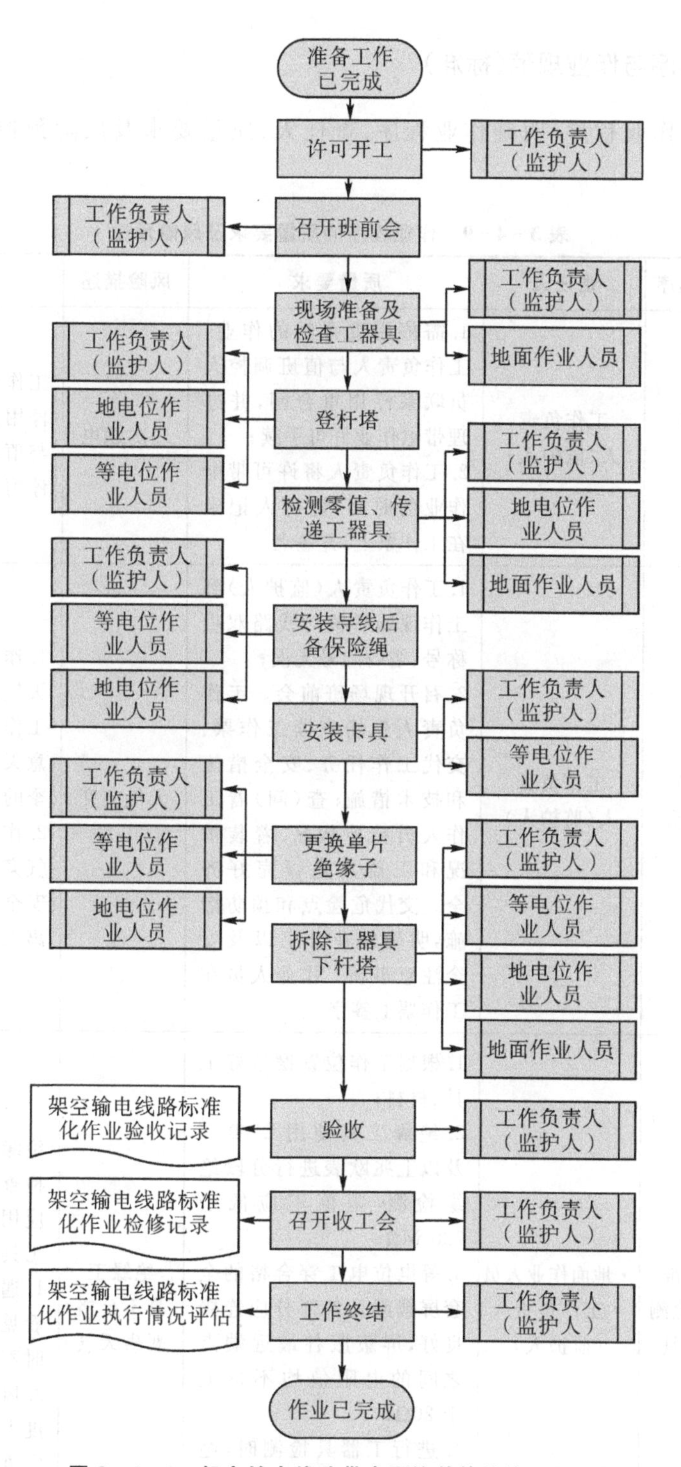

图 3-4-1　架空输电线路带电更换单片绝缘子标准化作业

(三)作业程序与作业规范(标准)

应按照标准作业程序,明确作业程序、责任人、质量要求及风险预控,如表 3-4-9 所示。

表 3-4-9 作业程序的质量要求及风险预控

√	序号	作业程序	责任人	质量要求	风险描述	预控措施
	1	许可开工	工作负责人(监护人)	1.需停用重合闸的作业,工作负责人与值班调控人员联系停用重合闸,并办理带电作业许可手续; 2.工作负责人将许可带电作业的时间、许可人记录在工作票上,并签名	二次触电	工作负责人认为需要停用重合闸的作业,应与值班调控人员联系停用重合闸功能
	2	召开班前会	工作负责人(监护人)	1.工作负责人(监护人)到工作现场后核对线路双重称号、塔(杆)号无误; 2.召开现场班前会。工作负责人现场宣读工作票、交代工作任务、安全措施和技术措施;查(问)看工作人员精神状况、着装情况和工器具是否完好齐全。交代危险点和预防措施,明确作业分工以及安全注意事项。作业人员在工作票上签字	天气突变	1.作业前应事先了解天气情况,在作业现场工作负责人应时刻注意天气变化特别是夏季的雷雨; 2.作业过程中发生天气突变时,在保证人员安全的前提下尽快撤离工具
	3	现场准备及检测工器具	·地面作业人员 ·工作负责人(监护人)	1.根据工作位置摆放好工具、材料; 2.绝缘工具使用 2500 V 及以上兆欧表进行分段绝缘检测,阻值不应低于 700 MΩ; 3.等电位电工穿合格的全套屏蔽服且各部分应连接良好,屏蔽服各最远端点之间的电阻值均不得大于 20Ω; 4.进行工器具检测时,绝缘工具应放在防潮苫布上,作业人员应戴清洁干燥手套测量	绝缘工具不合格 恶劣天气	绝缘工具应进行外观检查,如怀疑有问题的应用兆欧表检测绝缘工具的绝缘电阻 1.遇雷电(听见雷声、看见闪电)、雪雹、雨雾时不得进行带电作业; 2.风力大于 5 级,或湿度大于 80%时,一般不宜进行带电作业

续表

√	序号	作业程序	责任人	质量要求	风险描述	预控措施
	4	登杆塔	·等电位作业人员 ·地电位作业人员 ·工作负责人（监护人）	1.登杆前检查杆塔基础、拉线等是否牢固，并对所使用的登高工具（脚扣、三角板）、安全工具（双控背带式安全带）进行外观检查，如不合格，则进行更换； 2.登塔及杆塔上转移过程中，双手不得持带任何工具物品，到杆塔上后应将安全带系在合适的牢固位置； 3.监护人专责监护，不得直接操作	·误登杆塔 ·登高工具不合格 ·使用不当高空坠落	登杆塔前必须仔细核对线路双重名称、杆塔号，确认无误后方可攀登 1.使用登高工具应外观检查； 2.高处作业安全带应系在牢固的构件上，高挂低用，转位时不得失去保护； 1.登高时应手抓牢固构件，并使用防坠装置； 2.高处作业应正确使用绝缘安全带，转位时不得失去安全带保护
	5	检测零值，传递工器具	·地面作业人员 ·地电位作业人员 ·工作负责人（监护人）	1.将零值检测仪传至塔上，地电位作业人员复测绝缘子零值情况，报告给工作负责人，记好欲更换的绝缘子位置； 2.得到工作负责人继续工作的命令后，地面作业人员用绝缘无极绳把卡具、导线后备保险绳等传递至塔上	高空坠物伤人	1.作业人员必须戴安全帽； 2.高处作业应一律使用工具袋，较大的工具，暂时不用时，必须固定在牢固的构件上； 3.地面作业人员不得在作业点垂直下方逗留，上下传递物件应使用绳索传递； 4.在人口密集区或交通路口作业，工作场所周围应装设围栏

续表

√	序号	作业程序	责任人	质量要求	风险描述	预控措施
	6	安装导线后备保险绳	·等电位作业人员 ·地电位作业人员 ·工作负责人（监护人）	安装好导线后备保险绳，卸扣安装时应拧满丝扣，保险绳长度长短合适，应留有一定间隙	地电位人身触电	1. 人身与带电体的安全距离不准小于 Q/GDW1799.2—2013 中表 5 的规定； 2. 绝缘操作杆、绝缘承力工具和绝缘绳索的有效绝缘长度不准小于表 6 的规定
	7	安装卡具	·等电位作业人员 ·工作负责人（监护人）	用配套卡具卡住待更换绝缘子的准确位置，确保连接紧密，螺栓拧紧	·等电位人身触电 ·工器具失灵	1. 35 kV 线路工作采取可靠绝缘隔离措施； 2. 等电位人员应在衣服外面穿合格的全套屏蔽服； 3. 等电位作业人员对接地体和相邻导线的距离应分别不小于 Q/GDW1799.2—2013 中表 5 和表 8 的规定； 4. 进入强电场时，人体与接地体和带电体两部分间隙所组成的组合间隙不准小于 Q/GDW1799. 2—2013 中表 9 的规定； 5. 转移电位时，人体裸露部分与带电体的距离不应小于 Q/GDW1799.2—2013 中表 10 的规定 6. 禁止通过屏蔽服断、接接地电流、空载线路 1. 选用的工器具合格.可靠，严禁以小代大 2. 工器具受力后应检查受力状况

续表

√	序号	作业程序	责任人	质量要求	风险描述	预控措施
	8	更换单片绝缘子	·等电位作业人员 ·地电位作业人员 ·工作负责人（监护人）	1.收紧卡具的丝杠，使需更换的绝缘子松弛； 2.取出需更换绝缘子两端W(R)销； 3.用绝缘无极绳将需更换绝缘子取出后吊下； 4.用传递绳吊上新绝缘子，并安装就位	·导线脱落 ·高空坠物伤人	1.作业必须做好防导线脱出的后备保护，保护钢丝绳绑扎应牢固、有效，长度适中； 2.承力工器具严禁以小代大，检查承力工具牢固可靠后，方可脱开绝缘子碗头； 3.严禁双钩、葫芦的挂钩直接挂在角钢上收紧导线，防止角钢侧翻、工具脱出； 4.安装好悬垂线夹及整串绝缘子后，应认真检查各部件金具弹簧销、销棒、销针及球头确已连接好方准拆除工具 1.作业人员必须戴安全帽 2.高处作业应一律使用工具袋，较大的工具，暂时不用时，必须固定在牢固的构件上 3.地面作业人员不得在作业点垂直下方逗留，上下传递物件应使用绳索传递 4.在人口密集区或交通路口作业，工作场所周围应装设围栏

续表

√	序号	作业程序	责任人	质量要求	风险描述	预控措施
	9	拆除工器具，下杆塔	·地面作业人员 ·等电位作业人员 ·地电位作业人员 ·工作负责人（监护人）	1.松开卡具的丝杠，拆除卡具，传递至地面，检查杆塔上无任何遗留物后，携带吊绳、滑车下塔； 2.下塔过程中，双手不得持带任何工具、物品等	高空坠物伤人	1.作业人员必须戴安全帽； 2.高处作业应一律使用工具袋，较大的工具，暂时不用时，必须固定在牢固的构件上； 3.地面作业人员不得在作业点垂直下方逗留，上下传递物件应使用绳索传递； 4.在人口密集区或交通路口作业，工作场所周围应装设围栏
	10	验收	工作负责人（监护人）	工作负责人（监护人）按照GB 50233和DL/T 741的规定进行验收，清理现场，清点工器具等		
	11	召开收工会	工作负责人（监护人）	1.召开现场班后会，作业人员向工作负责人汇报检修结果； 2.工作负责人对检修工作进行总结、讲评，填写检修记录		
	12	工作终结	工作负责人（监护人）	1.工作负责人汇报工作结束，并向工作票签发人履行工作票终结手续； 2.对标准化作业执行情况进行评估		

第五节　金　具

一、缺陷隐患及处置方式

金具类缺陷隐患主要包括悬垂线夹锈蚀、悬垂线夹螺栓松动、脱落、缺垫片、悬垂线夹螺栓开口销缺失、耐张线夹引流板发热、防振锤生锈、均压环倾斜或脱落、导线地线防振锤松动移位、地线线夹偏移、地线线夹U型螺丝螺母松动、引流线子导线脱落、地线线夹热升、引流线小握手损坏、连接金具缺销钉、导线间隔棒松脱、压接管弯曲、尺寸超差、引流线摩均压环或金具、压接管鼓包、小均压环安装位置不规范、复合绝缘子均压环装反、间隔棒变形、防振锤变形、防振锤预绞丝缠绕不规范、导线间隔棒有沙眼、地线并沟线夹发热、地线放电间隙损坏、地线备份线夹损坏。主要采取以下方式进行处置：

(1)针对因微风振动引起多处严重断股或动弯应变值超标的导地线，应采取加装防振锤、阻尼线等措施进行修理。

(2)针对出现螺栓松动、部件脱落、偏斜、疲劳、磨损、滑移、变形、锈蚀、烧伤、裂纹、转动不灵活的金具，应采取更换的措施进行修理。

(3)针对出现鼓包、裂纹、穿孔、烧伤、滑移、出口处断股、弯曲度不符合要求、发热变色的引流连接金具，应采用开断重接、更换等措施进行修理。

(4)针对大跨越处磨损严重的金具，应采取更换为高强度耐磨金具的措施进行修理。

(5)针对存在掉爪、磨损导线等缺陷的间隔棒，应采取更换的措施进行修理。

(6)针对易腐蚀地区腐蚀严重的金具，应采取更换为耐腐蚀型金具的措施进行修理。

(7)针对导线金具异常发热，宜进行红外精确测温。

二、处置流程

消缺处置流程参考以下500kV架空输电线路带电出来引流板缺陷标准化作业。

500 kV架空输电线路带电处理引流板缺陷标准化作业，如图3-5-1所示。

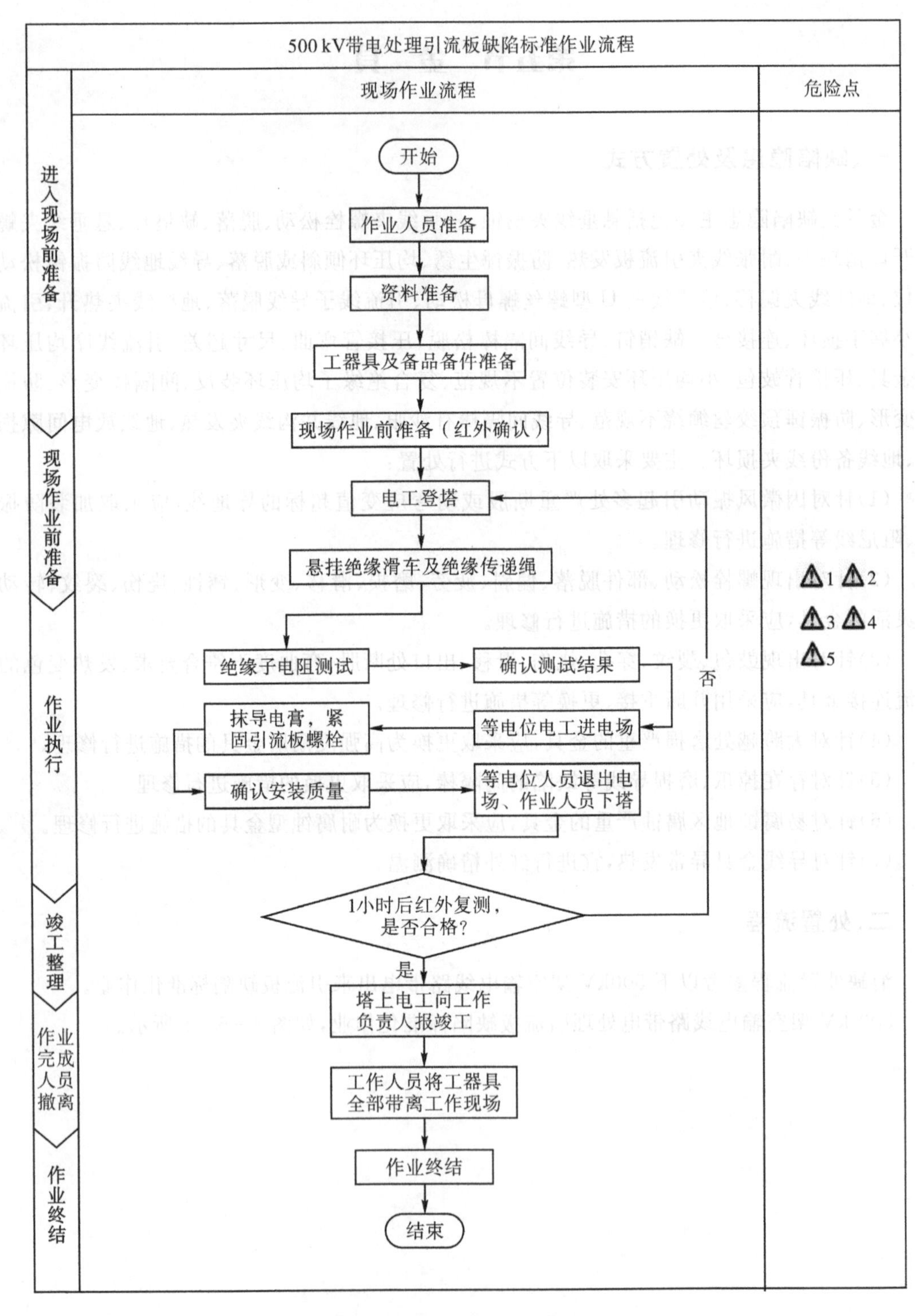

图3-5-1　标准作业流程图

(一)标准作业项目与内容

1.进入现场前准备

(1)作业人员准备(见表 3-5-1)。

表 3-5-1 作业人员准备

<table>
<tr><th>序号</th><th>项目</th><th colspan="2">标准与要求</th></tr>
<tr><td>1</td><td>工作成员人数</td><td colspan="2">工作负责人 1 名,专责监护人 1 名(如需要可增设塔上监护人),塔上电工 1 名,等电位电工 1 名,地面电工 3 名</td></tr>
<tr><td rowspan="3">2</td><td rowspan="3">工作成员资格要求</td><td colspan="2">工作负责人、专责监护人由具有带电作业资格、带电作业实践经验,并通过公司三种人考试合格的人员担任[国家电网安检(2009)664 号,1.3.2]</td></tr>
<tr><td colspan="2">熟悉本作业项目标准化作业指导文件、现场标准作业单内容</td></tr>
<tr><td colspan="2">经专门培训,并经考试合格取得资格、单位书面批准[《国家电网安监〔2009〕664 号》,10.1.4]</td></tr>
<tr><td>3</td><td>工作人员精神面貌</td><td colspan="2">参加作业人员精神面貌良好</td></tr>
<tr><td rowspan="2">4</td><td rowspan="2">作业人员着装</td><td>地面电工:穿着统一的长袖工作服,穿绝缘鞋,安全帽佩戴应将帽内头托调整至合适的位置系牢,不得松散。帽带应系在下巴下,帽带收紧。安全帽佩戴应端正,帽檐向前</td><td>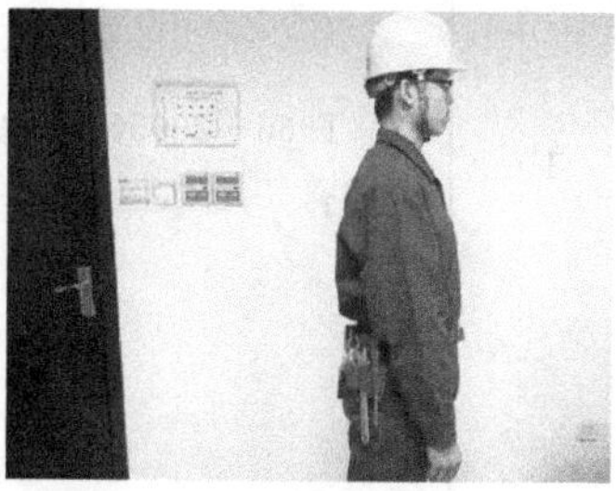</td></tr>
<tr><td>塔上电工:穿着全套合格的屏蔽服、导电鞋,且各部位连接良好。等电位电工屏蔽服内穿阻燃内衣[《国家电网安监〔2009〕664 号》,10.3.2]。登塔时,屏蔽服帽子戴在安全帽外并系紧</td><td>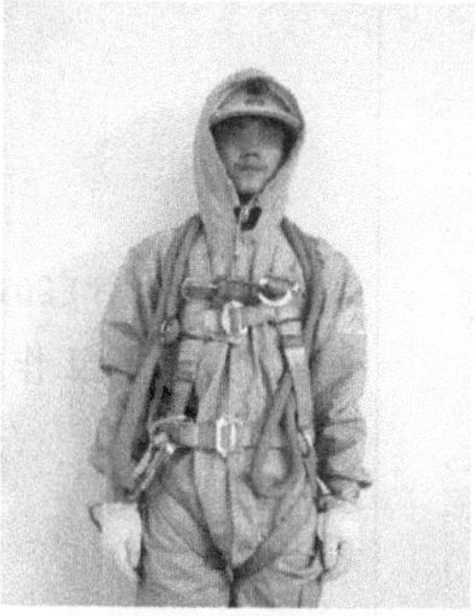</td></tr>
</table>

续表

序号	项目	标准与要求
4	作业人员着装	工作负责人应穿着有明显"工作负责人"标识的马甲 
5	查阅有关资料，必要时进行现场勘察	查阅线路资料，确定需更换的绝缘子型号及绝缘子串长，计算悬垂重量，由工作负责人对作业周围环境进行勘察，确定作业方法和所需工器具以及采取的措施

(2)资料准备(见表 3-5-2)。

表 3-5-2　资料准备

序号	准备项目	数量	图示
1	DL/T966—2005《送电线路带电作业技术导则》	1份	
2	国家电网企管〔2013〕1650 号《国家电网公司电力安全工作规程(线路部分)》	1份	

续表

序号	准备项目	数量	图示
3	Q/GDW04/Z 1500—2012－10503《500kV线路带电检测零值绝缘子作业指导书》	1份	 [illegible]
4	DL/T 741—2019《架空输电线路运行规程》	1份	 DL 中华人民共和国电力行业标准 DL/T 741—2010 架空输电线路运行规程 2010-05-24发布　2010-10-01实施 国家能源局　发布

(3)工器具及备品备件准备(见表3-5-3)。

表3-5-3　工器具及备品备件准备

序号	准备项目	数量	标准与要求	图示
1	消弧绳	1条	Φ 14×50 m	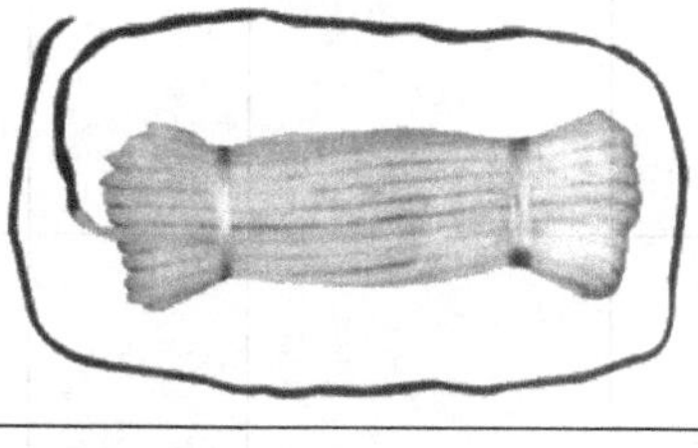
2	绝缘二道防线	1条	Φ14×8 m,使用前进行冲击检查	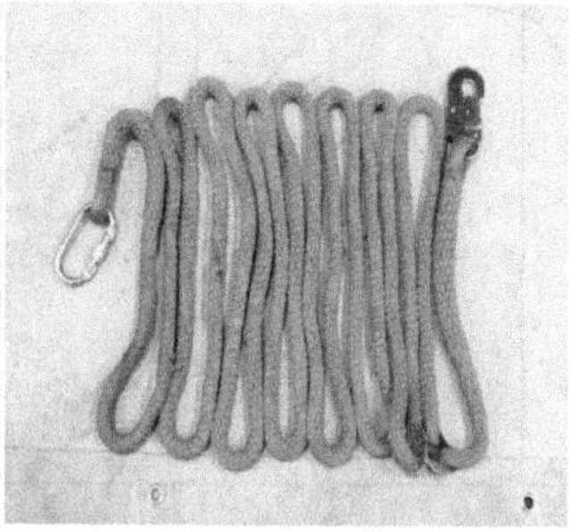

续表

序号	准备项目	数量	标准与要求	图示
3	零值检测仪	1台	500 MΩ	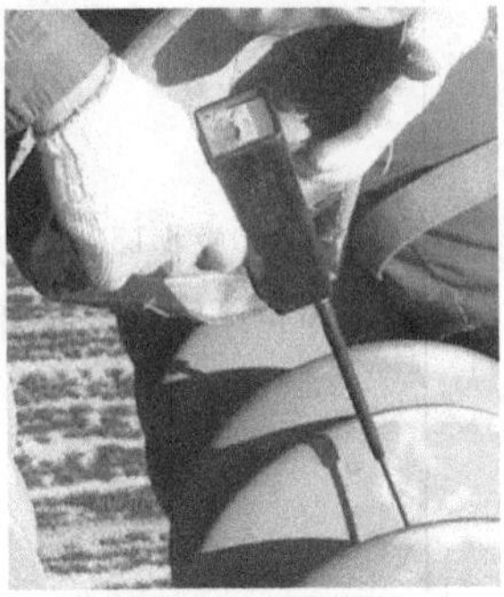
4	红外热成像仪	1台	P65	
5	绝缘摇表	1台	量程为5000 V,经校验合格	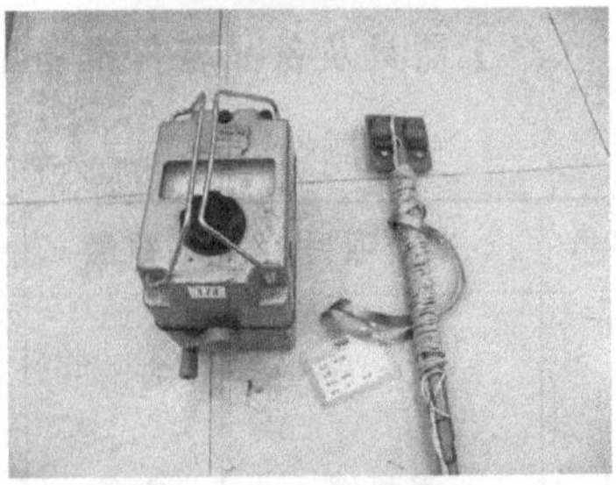
6	屏蔽服	2套	型号为Ⅰ型,使用前进行电阻测试合格,外观检查、各部位连接良好	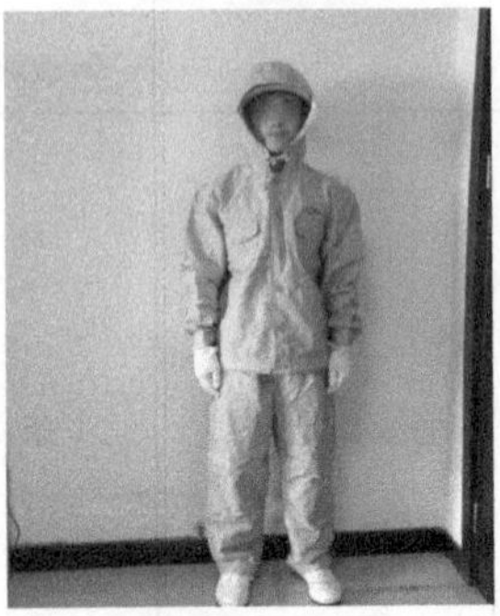

续表

序号	准备项目	数量	标准与要求	图示
7	风速、温、湿度仪	1台	经校验合格	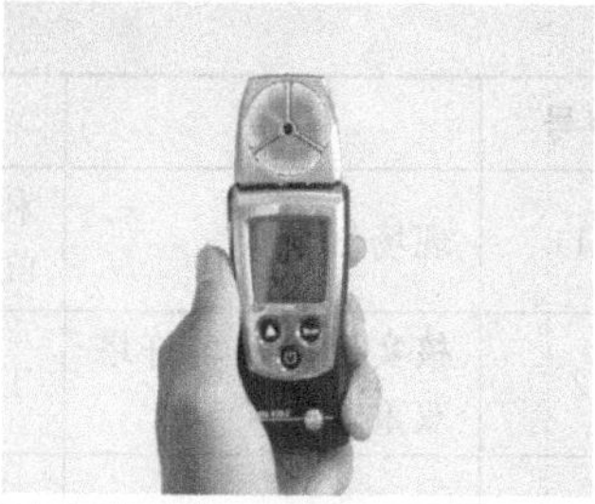
8	安全帽	6顶	符合国家电网公司电力安全工作规程(线路部分)[《国家电网企管〔2013〕1650号》,附录M]	
9	安全带	2条	在校验有效期内,全防护式,使用前进行外观检查良好,无断裂、缺失,冲击检查合格	
10	个人工器具	5套	螺丝刀、钳子、扳子、专用拔销钳	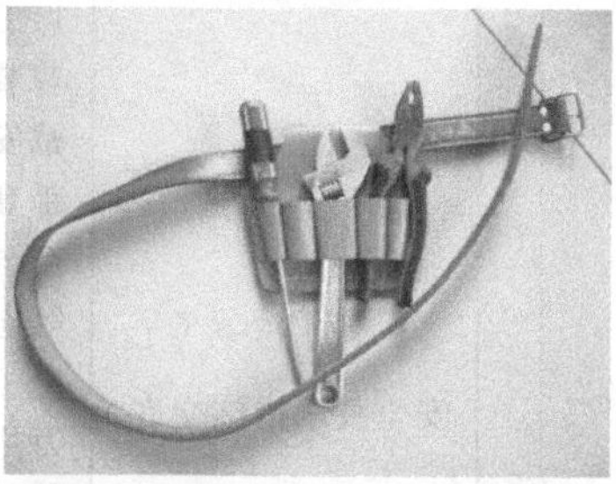
11	急救箱	1个	急救用品[《国家电网安监〔2009〕664号》,R1.4]	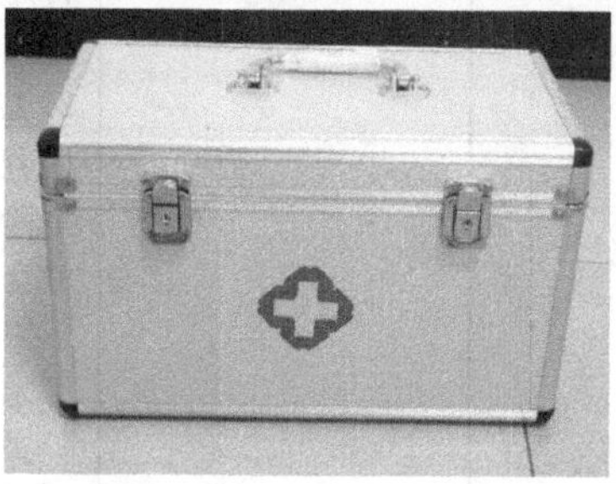

2. 现场作业前准备

现场作前准备工作见表3－5－4。

表3－5－4　现场作业前准备

序号	项目	标准与要求	
1	现场气象情况	利用风速仪、温湿度仪进行现场天气测试，风力小于5级或湿度小于80%，方可开始工作。	
2	核实作业现场杆塔双重名称	工作负责人派专人核对现场杆塔双重名称，确认无误	
3	现场工器具的定制摆放	将工器具安装定制图进行摆放	绝缘滑车、绝缘软梯及头架、绝缘传递绳：个人工具 测试仪器：红外热成像仪
4	工器具检查	1)地面电工应戴手套，不得徒手接触绝缘工具，踩踏工器具； 2)绝缘工器具使用前，应用2500 V兆欧表进行分段绝缘检测，绝缘电阻不得低于700 MΩ，绝缘绳的有效长度不小于3.7 m，绝缘操作杆有效绝缘长度不小于4 m[DL/T 966—2005,8.1]	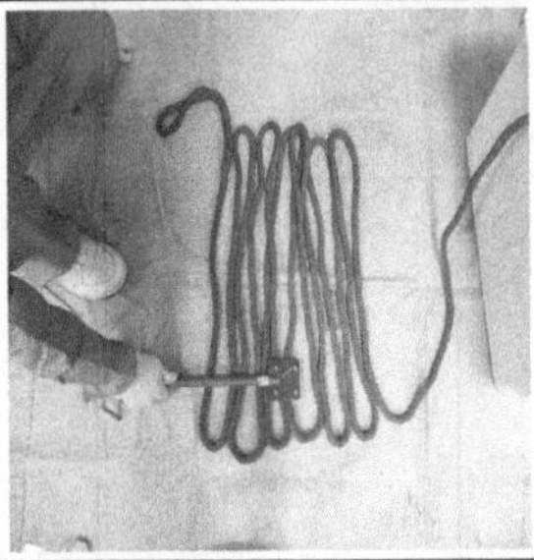
5	安全技术措施交底	1)工作负责人对工作班成员逐个检查着装及精神状态；①地面电工正确佩戴安全帽，穿长袖工作服、绝缘鞋，戴手套；②塔上电工、等电位电工穿戴全套合格的屏蔽服且各部位连接良好，等电位屏蔽服内穿阻燃内衣；③地面电工配合塔上电工、等电位电工，使用万用表测量屏蔽服电阻值，电阻值不得超过20Ω。④等电位电工试验安全带及二道防线的强度。 2)工作负责人宣读工作票，交代工作内容，人员分工和现场安全措施、进行危险点告知。 3)全体工作班成员确认签字	  

续表

序号	项目	标准与要求
6	履行工作许可手续	工作负责人向工作许可人申请开工,得到许可后方可开始工作
7	结合作业实际进行危险点分析及二次辨识	

3. 作业执行

作业执行工作见表 3-5-5。

表 3-5-5　作业执行

序号	作业内容	标准及要求	注意事项	图示
1	红外测试	红外测试人员在合适位置对部位进行确认核实	红外仪器不用后应及时放入专用包内,防止对仪器造成损伤	
2	登塔检查	塔上电工携带绝缘绳套、绝缘传递绳、绝缘滑车、绝缘子测试仪,沿脚钉登塔	电工在得到工作负责人开工指令后方可开始登塔作业。 ⚠ 危险点 1:高空坠落 安全措施 1:作业人员攀登铁塔、铁塔上移位时,手扶、脚踩的构件应牢固,不准失去安全保护,安全带应高挂抵用,并防止安全带被锋利物损坏	
3	绝缘子电阻测试	1)塔上电工到达横担时,应先系好安全带,进行测试工作,等电位电工进行塔上安全监护; 2)塔上电工测试过程,执行《500 kV 线路带电检测零值绝缘子作业指导书》[Q/GDW04/Z 1500—2012—10503,全文] 3)在测试过程中,如发现同一串的零值绝缘子片数小于 23 片时,应停止检测。 4)塔上电工将测试结果报告工作负责人	1)塔上电工在得到工作负责人许可后方可开始测试工作。 2)发现零值或低值绝缘子,需进行复测,确认无误。 ⚠ 危险点 2:触电 安全措施 2: 1)地电位作业人员应与被测带电体保持不小于 3.4 m 的安全距离。 2)测试时,地电位作业人员与邻近带电体的最小安全距离不准小于 5 m	 

续表

序号	作业内容	标准及要求	注意事项	图示
4	确认测试结果	工作负责人根据良好绝缘子片数做出能否作业的判断，当发现同一串中的良好绝缘子片数（扣除人体短接）少于 23 片时选择软梯法进电场处理引流板	根据现场良好瓷（玻璃）绝缘子片数确认作业方法	
5	进电场	在检测绝缘子串满足带电作业的要求后，等电位电工携带工具、导电膏登塔，进入电场	⚠ 危险点 3：触电 安全措施 3：参照"跨二短三"标准化进出电场方式	
6	缺陷处理	等电位人员将安全带系在一根子导线上，在引流板四周涂抹导电膏，紧固引流板螺栓	⚠ 危险点 4：高空坠落 安全措施 4：作业人员下塔或铁塔上移位时，手扶、脚踩的构件应牢固，不准失去安全保护，安全带应高挂抵用，并防止安全带被锋利物损坏。 ⚠ 危险点 5：坠物伤人 安全措施 5：现场人员必须正确配戴安全帽，作业点下方不得有人员通行或逗留	
7	退出电场、下塔	1）等电位电工经工作负责人同意后按照进电场相反的顺序退出电场。 2）塔上电工整理塔上工器具，人员下塔		
8	红外复测	1 小时后红外测试人员对部位进行复测	1）如测试合格，则可结束工作。 2）如测试仍不合格，则重复步骤 2～7	
9	工作终结	1）塔上电工下塔后，向工作负责人汇报工作结束。 2）工作负责人检查铁塔和导线上无遗留物后，向工作许可人报告带电作业工作结束。办理工作票终结手续		

4.竣工整理

竣工整理工作见表3-5-6。

表3-5-6 竣工整理

序号	作业内容	标准及要求	注意事项
1	工作总结	工作负责人总结本次作业情况	点评出现的问题,并分析原因
2	整理工具及现场	工作班成员整理工具及现场,工作负责人全面检查工作完成情况,无误后撤离现场	防止有工器具和劳动防护用品遗留在作业现场

5.作业终结

本作业形成的记录和报告。

(1)现场标准作业单1份。

(2)带电作业工作票1份。

(3)带电作业登记表1份。

(4)绝缘电阻测试记录1份。

(5)设备变更记录1份。

第六节　接地、拉线装置

一、缺陷隐患及处置方式

接地、拉线装置类缺陷隐患主要包括焊接不合格导致接地超差、接地体锈蚀或断开、接地引下线弯曲、NUT线夹弯曲、NUT线夹外力破坏、拉线断股。主要采取以下方式进行处置:

(1)针对埋深不足、截面不满足要求、缺失的接地装置,应进行修理。

(2)针对易腐蚀地区腐蚀严重的接地装置,宜因地制宜地采取耐腐措施进行修理。

二、处置流程

消缺处置流程参考以下架空输电线路补加或更换杆塔接地极标准化作业。

(一)作业前准备

1.准备工作安排

应根据工作安排合理开展作业准备工作,准备工作内容、要求见表3-6-1所示。

表 3-6-1　准备工作安排

√	序号	内容	要求	备注
	1	提前现场勘察，查阅有关资料，编制检修作业指导书并组织学习	1. 明确线路双重称号、识别标记、塔（杆）号，了解现场及缺陷的情况，必要时进行现场勘察，了解现场周围环境、地形状况，明确需更换的引下线位置； 2. 查阅图纸及资料，明确引下线规格，确定使用的工器具、材料； 3. 分析存在的危险点并制定控制措施，确定作业方案，组织全员学习	
	2	履行工作票制度	填写工作任务单，安全措施符合现场实际，口头或电话命令执行工作	
	3	提前准备好检修用的工器具及材料	1. 工器具必须有试验合格证，材料应充足齐全，所有材料符合设计要求并不得有缺陷； 2. 所有工器具应定期试验，不合格的工具严禁带入工作现场	

2. 作业组织及人员要求

(1)作业组织。作业组织应明确人员类别、人员职责和作业人数，见表 3-6-2 所示。

表 3-6-2　作业组织

√	序号	人员类别	职责	作业人数
	1	工作负责人（监护人）	负责工作组织、监护，并履行《国家电网公司电力安全工作规程（线路部分）》规定的工作负责人（监护人）的安全责任	1 人
	2	作业人员	负责开挖、更换接地极、焊接或压接接头等，并履行《国家电网公司电力安全工作规程（线路部分）》规定的工作班成员的安全责任	4 人

(2)人员要求。人员要求应明确作业人员的精神状态，作业人员的资格包括作业技能、安全资质和特殊工种资质等要求，见表 3-6-3 所示。

表 3-6-3　人员要求

√	序号	内容	备注
	1	现场作业人员应体检合格、身体健康，精神状态良好，穿戴合格安全用具和劳动防护用品	
	2	作业人员熟悉《国家电网电力安全工作规程（线路部分）》，并经考试合格	

续表

√	序号	内容	备注
	3	具备必要的电气知识和业务技能，掌握送电线路检修操作技能	
	4	具备必要的安全生产知识，学会紧急救护法，特别要学会触电急救	

3. 备品备件与材料

应明确作业用备品备件与材料的名称、型号及规格、单位和数量等，见表 3-6-4 所示。

表 3-6-4　备品备件与材料

√	序号	名称	型号及规格	单位	数量	备注
	1	圆钢或扁钢	圆钢 $\Phi \geqslant 12$mm 扁钢≥−50×5mm	根	1～2	水平接地体用
	2	角钢或钢管		根	1～2	垂直接地体用
	3	接续管		只	1	压接时使用
	4	焊条		根	2	焊接时使用
	5	接地引下线		根	1	
	6	导电膏		盒	1	防锈用

4. 工器具与仪器仪表

工器具与仪器仪表应包括施工机具、专用工具、常用工器具、防护器具、仪器仪表、电源设施及消防器材等，见表 3-6-5 所示。

表 3-6-5　工器具与仪器仪表

√	序号	名称	型号及规格	单位	数量	备注
		安全帽		顶	5	
		铁锹		把	4	
		锤子		把	2	
		铁镐		把	2	
		液压机		台	1	液压时使用
		电焊机		台	1	焊接时使用
		围栏		副	2—3	视工作现场需要

注：工器具机械及电气强度均应满足安规要求，周期预防性及检查性试验合格，工器具的配备应根据线路工作情况进行调整。

5.技术资料

技术资料应包括现场使用的图纸、出厂说明书、检修(试验)记录、客户基本信息、设备信息等。

6.作业前设备设施状态

作业前应了解设备设施状态,包括设备状态、存在的问题及检验报告等。

7.安全管控与风险预控

(1)安全管控。安全措施应明确作业活动中安全控制措施及相关要求,见表3-6-6所示。

表3-6-6 安全管控

√	序号	安全管控
	1	认真执行工作票制度、明确各级人员的安全职责
	2	工作负责人向工作班成员交代安全措施和注意事项,并对工作班成员进行提问。工作负责人(监护人)应始终在工作现场,认真做好监护工作
	3	作业人员应穿戴全套劳保用品。作业过程中应设专人监护,作业人员及所携带的工具、材料应与带电体保持《国家电网公司电力安全工作规程(线路部分)》相应作业规定的安全距离
	4	工作中若遇雷、雨、大风等其他威胁工作班人员、设备安全时,工作负责人可根据具体情况,立即停止工作。在恢复工作前,应先检查绝缘工具、工作条件及环境等是否符合有关规定,无问题后方可继续进行工作
	5	遵守《国家电网公司电力安全工作规程(线路部分)》中其他相关规定

(2)风险预控。对标准作业程序各环节应进行风险分析,制定预防控制措施。

8.定置图及围栏图(可选)

无。

(二)作业流程图

应根据作业活动的顺序、工艺以及作业环境,将作业的全过程优化为最佳的作业顺序,形成标准作业程序,如图3-6-1所示。

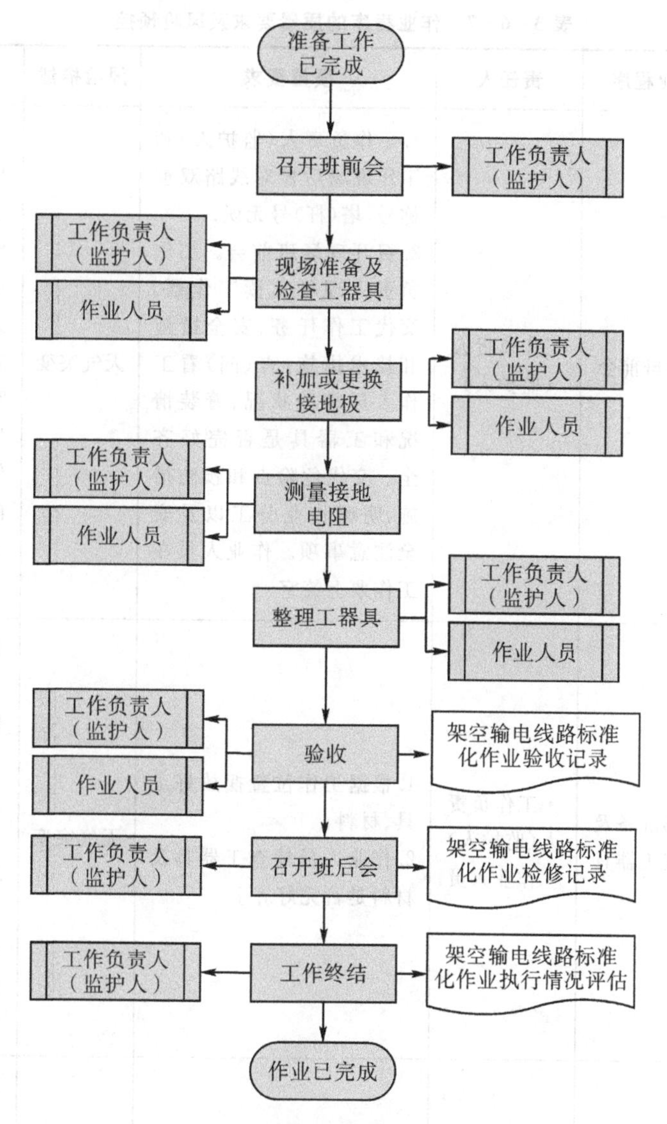

图 3－6－1　架空输电线路补加或更换杆塔接地极标准化作业

（三）作业程序与作业规范（标准）

应按照标准作业程序，明确作业程序、责任人、质量要求及风险预控，见表 3－6－7 所示。

表3-6-7　作业程序的质量要求及风险预控

√	序号	作业程序	责任人	质量要求	风险描述	预控措施
	01	召开班前会	工作负责人（监护人）	1.工作负责人（监护人）到工作现场后核对线路双重称号、塔（杆）号无误； 2.召开现场班前会。工作负责人现场宣读工作票、交代工作任务、安全措施和技术措施；查（问）看工作人员精神状况、着装情况和工器具是否完好齐全。交代危险点和预防措施，明确作业分工以及安全注意事项。作业人员在工作票上签字	天气突变	1.作业前应事先了解天气情况，在作业现场工作负责人应时刻注意天气变化特别是夏季的雷雨； 2.作业过程中发生天气突变时，在保证人员安全的前提下尽快撤离工具
	02	现场准备及检查工器具	·工作负责人（监护人） ·作业人员	1.根据工作位置摆放好工具、材料； 2.作业人员检查工器具及材料是否完好齐全	天气突变	1.作业前应事先了解天气情况，在作业现场工作负责人应时刻注意天气变化特别是夏季的雷雨； 2.作业过程中发生天气突变时，在保证人员安全的前提下尽快撤离工具
	03	补加或更换接地极	·工作负责人（监护人） ·作业人员	1.水平接地体埋设应平直，两接地体间平行距离不小于5 m；垂直接地体深度应满足设计要求； 2.接地体连接前应先清除浮锈，应采用焊接或液压方式连接，连接时应符合GB 50233—2014 第9章规定	·工器具失灵 ·机械漏电	1.选用的工器具合格、可靠，严禁以小代大； 2.工器具受力后应检查受力状况 1.用电机械应定期检查 2.开关负荷侧的首端处必须安装漏电保护装置 3.电器外壳必须接地

续表

√	序号	作业程序	责任人	质量要求	风险描述	预控措施
	04	测量接地电阻	·工作负责人(监护人) ·作业人员	采用接地装置专用测量仪表测量接地电阻,应不大于设计工频电阻值	铁锤伤人	1.钉接地棒时,手握铁锤不得戴手套; 2.铁锤前方不得有人逗留; 3.避免一手扶接地棒,一手拿铁锤击打接地棒
	05	整理工器具	·工作负责人(监护人) ·作业人员	清理工作现场,拆除安全围栏		
	06	验收	·工作负责人(监护人) ·作业人员	工作负责人(监护人)按照GB 50233和DL/T 741的规定进行验收,清理现场,清点工器具等		
	07	召开班后会	工作负责人(监护人)	召开现场班后会,作业人员向工作负责人汇报检修结果;工作负责人对检修工作进行总结、讲评,填写检修记录		
	08	工作终结	工作负责人(监护人)	1.工作负责人汇报工作结束,并向工作票签发人履行工作票终结手续; 2.对标准化作业执行情况进行评估		

第七节　典型缺陷隐患处置实例

一、500kV线路带电修补导线

(一)工器具及材料准备

绝缘传递绳、绝缘滑车、苫布、屏蔽服、绝缘二道防线、绝缘硬梯、2×2绝缘滑车组、跟头滑车、消弧绳、软梯、风速仪、湿度仪、绝缘摇表、个人工具、分布电压测试仪、补修预绞丝(喷金刚砂)。

(二)操作步骤

1.开工

(1)工作申请批准后,由工作负责人办理带电作业工作票。

(2)调度通知已停用重合闸,许可工作。

(3)工作负责人组织全体工作人员在现场列队宣读工作票,交代工作任务、危险点及安全措施、注意事项,工作班成员明确后,进行签字。工作负责人发布开始工作的命令。

(4)检查所用工器具、材料是否满足现场工作要求。

(5)工器具、材料应做到定置摆放,现场作业符合文明施工要求。

2.作业流程

(1)普通酒杯塔边相近等电位(双回路塔上中下三相)。

①正确佩带个人安全用具:大小合适、锁扣自如,由负责人监督检查,派专人对所需工具进行绝缘检测,检查工具数量。

②地电位电工带绝缘传递绳上塔,到达位置后系好安全带,挂好传递绳。等电位电工上塔,到达适当的位置,地面电工与地电位电工配合将硬梯、2×2 绝缘滑车组、绝缘吊绳传到塔上。

③等电位电工与地电位电工配合,量好吊绳长度(以硬梯底部低于上导线为宜),并将其在横担端部固定好,2×2 滑车组一端由地面电工控制,另一端与硬梯、吊绳连接好。

④等电位电工进入硬梯,由地面电工控制,等电位电工报告“转移电位”距离导线 0.5～1 m时应报告:“等电位”,工作负责人许可后,距离导线 0.4 m 时出手抓稳导线,自导线侧面子导线间隙处钻入导线,将硬梯挂钩钩在导线上。安全带系在未损坏的一根子导线上,走线至需缠绕子导线处。

⑤地面人员将喷金刚砂预绞丝传到需缠绕导线处,等电位电工首先将断股导线缠好,再将预绞丝缠绕在导线上,注意预绞丝的中心应缠在断股断口处。

⑥检查缠绕符合要求后,按相反顺序退出电场,拆除所有工具,人员下塔。

⑦整理工具,人员撤离工作现场,工作完毕。

(2)普通酒杯塔中相进等电位(猫头塔三相进等电位)。

①工作准备中,正确佩带个人安全用具:大小合适、锁扣自如,由负责人监督检查,派专人对所需工具进行绝缘检测,检查工具数量。

②地电位电工带绝缘传递绳上塔,到达位置后系好安全带,挂好传递绳。等电位电工上塔,到达适当的位置,地电位电工利用 1 根绝缘绳将穿有绝缘传递绳的跟头滑车挂在导线上。

③地面电工将跟头滑车拉开离导线线夹 5 m 以上距离,利用跟头滑车上的传递绳将软梯及消弧绳提升至导线位置并挂好。

④等电位电工在消弧绳的保护下攀登软梯上到导线上，进入等电位，走到至需缠绕导线处。消弧绳的金属部分必须超过等电位作业人员头部400～500 mm。

⑤地面人员将喷金刚砂预绞丝传到需缠绕导线处，等电位人员首先将断股导线缠好，再将预绞丝缠绕在导线上，注意预绞丝的中心应缠在断股断口处。

⑥检查缠绕符合要求后，按相反顺序退出电场，拆除所有工具，人员下塔。

⑦整理工具，人员撤离工作现场，工作完毕。

(3)沿耐张串进等电位(适用于32片及以上绝缘子串)。

①正确佩带个人安全用具：大小合适、锁扣自如，由负责人监督检查，派专人对所需工具进行绝缘检测，检查工具数量。

②地面电工将分布电压测试仪与操作杆绑好，装好电池，地电位电工带操作杆登塔，到达绝缘子串挂线点后，挂好安全带，逐片检测绝缘子零值，确认绝缘子片数满足要求后，通知工作负责人。(如为玻璃绝缘子可省略此步骤)

③等电位电工带传递绳登塔，挂好二道保护绳后采用跨二短三方式沿绝缘子进入电场。

④将安全带系在未损坏的一根子导线上，解开二道保护绳，绑扎牢固，走线至需缠绕导线处。挂好传递绳。

⑤地面人员将喷金刚砂预绞丝传到需缠绕导线处，等电位人员首先将断股导线缠好，再将预绞丝缠绕在导线上，注意预绞丝的中心应缠在断股断口处。

⑥检查缠绕符合要求后，按相反顺序退出电场，拆除所有工具，人员下塔。

⑦整理工具，人员撤离工作现场，工作完毕。

3.竣工

(1)认真检查铁塔及导线上有无遗留物，清理工具及现场，工作负责人全面检查工作完成情况，无误后撤离现场，做到人走场清。

(2)办理工作票终结手续。

(3)总结工作中安全、组织等情况，并做好记录。

(4)填写设备变更记录并交中心技术专责。

(三)注意事项

(1)安全防护用品使用前进行外观检查。

(2)作业人员必须正确佩戴安全帽。

(3)所有工具必须是在试验有效期内的合格工具，不合格的带电作业工具严禁出库。

(4)作业应在良好天气下进行。

(5)绝缘工具使用前必须用2500 V兆欧表进行分段绝缘检测，电阻不得低于700 MΩ，绝缘绳有效绝缘长度大于3.7 m，绝缘操作杆有效长度大于4 m。

(6)使用工具前，应仔细检查其是否损坏、变形或失灵。操作绝缘工具时应戴清洁、干燥的手套，并应防止绝缘工具在使用中脏污和受潮。

(7)安全防护用品工作前进行外观检查。使用前,必须检查各部连接是否正确牢固。

(8)现场工作人员必须正确佩戴安全帽,高空作业人员应使用绝缘安全带,安全带必须系在铁塔主材上,并不得低挂高用;中间电位电工必须使用绝缘二道保护绳。

(9)地面人员不得站在高空作业垂直下方。

(10)使用的工器具用绳索传递严禁抛扔。

(11)等电位及塔上电工必须穿全套合格的屏蔽服并保证各部分连接良好。屏蔽服衣裤最远点之间的电阻不得大于20Ω。

(12)地电位电工与带电体的安全距离不小于3.2 m(在海拔500~1000 m时为3.4 m)。等电位电位人员与接地体和带电体的组合间隙应保证不小于4 m,进入等电位的电工不得携带易燃品(如打火机等);等电位电工转移电位要经作业负责人同意。

(13)必须设专人监护。监护人不得直接操作。监护的范围不得超过一个作业点。

(14)必须退出线路重合闸。

(15)等电位电工走线应将安全带系在一根子导线上,过间隔棒时不得失去安全带的保护。

(16)地面人员不得站在高空作业垂直下方。

(17)使用的工器具用绳索传递严禁抛扔。

二、500kV 线路停电加装双串合成绝缘子

(一)工器具及材料准备

个人保安线500 kV线路用软梯、钢丝绳套、二分裂提线钩、钢丝绳套(二道保护)、链条葫芦、滑车、尼龙绳、U型环、手锤、板锉、圆锉绝缘子、UB挂板、球头挂环、碗头挂板、联板、上扛线夹、下悬线夹、铝包带、开口销、麻袋片。

(二)操作步骤

1.开工

(1)准备工器具、材料。

(2)布置安全措施,交代注意事项。所有工作人员明确安全措施后在作业指导书上签字。

(3)检查所用工器具、材料是否符合要求。

(4)得到工作负责人开工令后,开始工作。严禁擅自改变操作项目和顺序。

2.作业流程

(1)塔上操作人员带尼龙绳从脚钉腿登塔,到达导线挂点附近后将尼龙绳在适当位置挂好,线上操作人员登塔。

(2)地面人员将个人保安线及软梯传到塔上,塔上人员首先将个人保安线接地端固定在

横担上平面主材上，导线端挂在绝缘子串线夹小号侧1 m左右，并固定牢固。

(3)塔上人员将软梯挂在横担靠近挂线点处的横担下平面大号侧主材上，线上操作人员系好二道防线后沿软梯下到导线上，并用盒尺量好安装位置，做好标记。

(4)地面人员将导线保护绳用尼龙绳传到塔上，塔上操作人员将保护绳的一端用5 tU型环与横担端部挂线点主材连接固定好，线上操作人员把保护绳的下端将全部子导线拢住后，用5 tU型环连接固定好，并将保护绳收紧。

(5)地面人员将1套绝缘子串金具传到塔上，塔上人员将新绝缘子串上端金具安装在横担一侧的挂孔上，线上人员将下端金具安装在下方的导线上做好标记处，地面人员将联板传到导线上，线上操作人员将联板安装好。

(6)线上人员附件安装的同时，地面人员将两根$\Phi 17.5\times 3$ m钢丝绳套传到塔上，塔上人员将其对折分别挂在导线挂点处的两根主材上（注意：钢丝绳套与铁塔接触处应垫上麻袋片，防止磨损塔材）。地面人员将两套链条葫芦、提线钩传到塔上，塔上人员将两套链条葫芦分别挂在两根钢丝绳套上，链条葫芦要倒挂，提线钩钩住导线。

(7)线上人员均匀收紧两套链条葫芦，提起导线。检查受力工具受力良好后，将绝缘子与碗头挂板连接处拆开。塔上人员用尼龙绳将绝缘子绑好后，拆除与铁塔的连接，同时将绝缘子串挂到已安装好的一侧的金具上(或使用新合成绝缘子)，线上人员将绝缘子串线端与碗头挂板连接。

(8)塔上和线上人员分别将上端金具调整到横担另一挂孔上，下端金具调整到另一侧标记处；地面人员将另一支合成绝缘子传递到塔上，高空作业人员将合成绝缘子与金具连接好，恢复绝缘子串。

(9)检查绝缘子串各连接部位，确认各部位连接可靠、状况良好、螺栓紧固，放松链条葫芦，拆除起吊工具。

(10)如有防振锤，将防振锤按原安装尺寸重新量尺，重新安装，安装完毕后线上操作人员上塔后，拆除个人保安线与软梯。

(11)按相同的操作步骤加装完另两相，人员沿对侧脚钉腿下塔，工作结束。

3.竣工

(1)认真检查铁塔及导线上有无遗留物，确认保安线、工器具已全部收回。清理现场，做到工完料净场地清。

(2)办理工作票终结手续。

(3)总结工作中安全、组织等情况，并做好记录。

(4)填写设备变更记录及验收检查记录并交中心技术专责。

(三)注意事项

(1)登塔前必须核对线路双重称号是否与停电线路相符，防止误登带电铁塔，监护人应监护到位，严禁无监护登塔作业。

(2)安全防护用品使用前必须进行外观检查,存在问题的必须更换。上塔前必须检查安全带(绳)各部分连接是否正确牢固。

(3)更换绝缘子作业必须在本作业点加装个人保安线(保安线必须先挂接地端,后挂导线端,接地端必须与铁塔连接牢固,防止作业过程中脱落),以防感应电伤人。

(4)下线人员必须使用二道防线,软梯要仔细检查接头部位,如发现散股、磨损严重的严禁使用。

(5)进入现场必须正确佩戴安全帽。

(6)高空作业人员使用的工具、材料应使用尼龙绳传递,严禁抛扔,工器具应装在工具袋内。

(7)地面人员不得站在高空作业垂直正下方。必须在下方工作的,工作结束后必须立即撤离。

(8)负责人兼顾塔上、地面协调作业,监护人认真监护。

(9)操作人员在工作前必须对受力工器具进行全面检查,规格型号必须符合规定要求,有问题的提前更换,严禁以小代大。作业前认真检查工器具情况,并应按要求正确使用。拆开绝缘子串前要检查受力工具连接情况,拆除受力工具前要检查绝缘子串连接情况。

(10)高空作业人员要防止掉东西,所使用的工器具、材料等应用绳索传递,不得抛扔,绳扣要绑牢,传递人员应离开重物下方,塔下及作业点下方禁止地面人员逗留,作业区内禁止行人进入。

三、500kV 线路带电更换导线间隔棒

(一)工器具及材料准备

绝缘传递绳、绝缘滑车、苫布、屏蔽服、绝缘二道防线、绝缘硬梯、2×2 绝缘滑车组、跟头滑车、消弧绳、软梯、风速仪、湿度仪、绝缘摇表、个人工具、分布电压测试仪、间隔棒扳手、间隔棒。

(二)操作步骤

1.开工

(1)工作申请批准后,由工作负责人办理带电作业工作票。

(2)调度通知已停用重合闸,许可开工。

(3)工作负责人组织全体工作人员在现场列队宣读工作票,交代工作任务、安全措施、注意事项,工作班成员明确后,进行签字。工作负责人发布开始工作的命令。

(4)检查所用工器具、材料是否符合要求。

(5)工器具、材料应做到定置摆放,现场作业符合文明施工要求。

2. 作业流程

(1)普通酒杯塔边相进等电位(双回路塔上中下三相)更换间隔棒作业流程。

①正确佩带个人安全用具:大小合适、锁扣自如,由负责人监督检查,派专人对所需工具进行绝缘检测,检查工具数量。

②1＃电工带传递绳登塔,在导线挂点处横担主材上将传递绳挂好。等电位登塔与1＃电工配合,量好硬梯吊绳的长度(以硬梯顶部低于上导线为宜),并将其在横担端部固定好,2×2滑车组一端由地面电工控制,另一端与硬梯连接好。

③等电位电工进入硬梯,系好二道防线,由地面人员控制,等电位电工报告“转移电位”,距离导线 0.5～1 m 时报告“等电位”,工作负责人许可后,距离导线 0.4 m 时迅速用转移电位棒短接导线进入等电位,自导线侧面子导线间隙处钻入,坐在线夹附近下导线上,系好安全带将硬梯挂钩钩在导线上。等电位带传递绳,安全带系在一根子导线上,走线至需更换间隔棒处,挂好传递绳。

④等电位电工将需更换间隔棒拆除,地面电工将其传至地面。地面人员将新间隔棒传到导线处,等电位人员将其安装在原间隔棒位置,注意各开口销是否齐全、开口。

⑤质量检查完毕后,按相反顺序退出电场,拆除所有工具,人员下塔。

⑥整理工具,人员撤离工作现场,工作完毕。

(2)普通酒杯塔中相进等电位(猫头塔三相进等电位)。

①正确佩带个人安全用具:大小合适、锁扣自如,由负责人监督检查,派专人对所需工具进行绝缘检测,检查工具数量。

②1＃电工登塔将带有绝缘传递绳的跟头滑车挂在导线上,地面电工将跟头滑车拉开离导线线夹 5 m 以上距离,利用跟头滑车上的传递绳将软梯及消弧绳提升至导线位置并挂好。

③等电位电工在消弧绳的保护下攀登软梯上到导线上,进入等电位,走到至需更换间隔棒处。消弧绳的金属部分必须超过等电位作业人员头部 400～500 mm,挂好传递绳。

④等电位电工将需更换间隔棒拆除,地面电工将其传至地面。地面人员将新间隔棒传到导线处,等电位人员将其安装在原间隔棒位置,注意各开口销是否齐全、开口。

⑤质量检查完毕后,按相反顺序退出电场,拆除所有工具,人员下塔。

⑥整理工具,人员撤离工作现场,工作完毕。

(3)沿耐张串进等电位(适用于 32 片及以上绝缘子串)。

①正确佩带个人安全用具:大小合适、锁扣自如,由负责人监督检查,派专人对所需工具进行绝缘检测,检查工具数量。

②地面电工将分布电压测试仪与操作杆绑好,装好电池,1＃电工带操作杆登塔,到达绝缘子串挂线点后,挂好安全带,逐片检测绝缘子,确认绝缘子片数满足要求后,通知工作负责人。(如为玻璃绝缘子可省略此步骤)。

③等电位电工带传递绳登塔,挂好二道保护绳后采用跨二短三方式沿绝缘子进入电场。

④将安全带系在一根子导线上,解开二道保护绳,绑扎牢固,走线至需更换间隔棒处。

挂好传递绳。

⑤等电位电工将需更换间隔棒拆除，地面电工将其传至地面。地面人员将新间隔棒传到导线处，等电位人员将其安装在原间隔棒位置，注意各开口销是否齐全、开口。

⑥质量检查完毕后，按相反顺序退出电场，拆除所有工具，人员下塔。

⑦整理工具，人员撤离工作现场，工作完毕。

3.竣工

①认真检查铁塔及导线上有无遗留物，清理工具及现场，工作负责人全面检查工作完成情况，无误后撤离现场，做到人走料净、场地清。

②办理工作票终结手续。

③总结工作中安全、组织等情况，并做好记录。

④填写设备变更记录并交中心技术专责。

(三)注意事项

(1)安全防护用品使用前进行外观检查。

(2)作业人员必须正确佩戴安全帽。

(3)所有工具必须是在试验有效期内的合格工具，不合格的带电作业工具严禁出库。

(4)作业应在良好天气下进行。

(5)绝缘工具使用前必须用2500 V兆欧表进行分段绝缘检测，电阻不得低于700 MΩ，绝缘绳有效绝缘长度大于3.7 m，绝缘操作杆有效长度大于4 m。

(6)使用工具前，应仔细检查其是否损坏、变形或失灵。操作绝缘工具时应戴清洁、干燥的手套，并应防止绝缘工具在使用中脏污和受潮。

(7)带电作业必须设专人监护，监护人不得直接操作。监护的范围不得超过一个作业点。

(8)高空作业人员的安全带必须系在铁塔主材上，不得低挂高用。

(9)等电位、地电位电工均应穿全套合格的屏蔽服，且各部连接可靠，等电位电工转移电位时人体裸露部分与带电体的距离不应小于0.4 m，禁止等电位电工头部充放电。

(10)带电作业必须设专人监护，监护人不得直接操作。监护的范围不得超过一个作业点。

(11)在带电作业过程中如设备突然停电，作业人员应视设备仍然带电，且仍要按带电作业操作。

(12)地电位作业，人身与带电体的安全距离不得小于3.2 m(海拔500 m以上，不得小于3.4 m)。

(13)地面作业人员将软梯拉紧时要用力适度，消弧绳长度应超过头部400～500 mm，以免等电位电工转移电位时头部充放电。进入电场后注意将消弧绳固定在导线或软梯头架上，且将其绑牢，以防脱落。

(14)等电位电工走线应将安全带系在一根子导线上，过间隔棒时不得失去安全带的保护。

(15)作业人员必须正确佩戴安全帽。

(16)地面作业人员不得站在高空作业垂直下方。

(17)高空作业人员使用的工具、材料应使用传递绳传递,严禁抛扔,塔下防止行人逗留。

四、500 kV 线路接地改造

(一)工器具及材料准备

发电机、电焊机、焊条、焊把、接地线、接地钢筋、接地板、铁锹。

(二)操作步骤

1. 开工

(1)按工器具、材料表准备工器具、材料,并逐项打"√"。

(2)布置安全措施,交代注意事项。所有工作人员明确安全措施后在作业指导书上签字。

(3)检查所用工器具、材料是否符合要求。

(4)得到工作负责人开工令后,开始工作。严禁擅自改变操作项目和顺序。

2. 作业流程

(1)根据图纸划定挖接地沟区域,安排 5～6 人进行挖接地沟作业,沟深 800 mm,宽度 300 mm。

(2)机手组织人员将电焊机抬到塔脚附近位置,放置平稳,将电源线放开与发电机电源连接良好,发电机可靠接地。

(3)将接地钢筋敷设在接地沟内,发动电焊机,待发电机转速平稳后开始进行焊接施工。

(4)接地网焊接完毕,将接地板与框筋进行焊接。根据地形和基础表面情况,将接地板弯曲合适,用五角螺栓与铁塔连接,注意接地板和连接的钢筋一定要紧贴塔脚和基础。

(5)回填接地沟,恢复地貌,进行夯实。

(6)遥测接地电阻值,符合设计要求。完成工作。如不符合应继续添加钢筋延长射线,或打垂直接地体,直至符合要求。

3. 竣工

(1)认真检查有无遗留物,清理工具及现场,工作负责人全面检查工作完成情况,无误后撤离现场,做到人走料净、场地清。

(2)办理工作票终结手续。

(3)总结工作中安全、组织等情况,并做好记。

(4)填写设备变更记录并交中心技术专责。

(三)注意事项

(1)检查电焊机用油,是否足够用,并将油箱盖拧紧。用专用接地线将电焊机接地,接地钎打入地面深度不得小于600 mm,所有接头部位必须连接良好。

(2)电源线接头部位用电工胶布(防水胶布)包裹良好,防止漏电伤人。

(3)挖接地沟时工作人员不得面对面工作,间隔不得小于3 m。土方堆放必须规范,不得到处堆放影响农作物。施工过程中人员不得打闹。

(4)更换焊条时不得直接用手操作,应将焊条放在地上,用焊把直接夹取。焊接操作时必须戴绝缘手套。焊接长度必须符合规范要求:不得小于钢筋直径的6倍长度,双面施焊,焊缝必须平滑。

(5)接地引下线弯折必须规范,安装后必须紧贴铁塔主材和基础表面,弯折部位必须进行防腐处理。回填土必须每300 mm进行夯实一次,回填完毕后,地面必须留有防沉层。回填土不得掺杂砖块、石块等杂物。

第八节　智能化技术应用

一、激光异物清除器

激光异物清除器如图3-8-1所示。

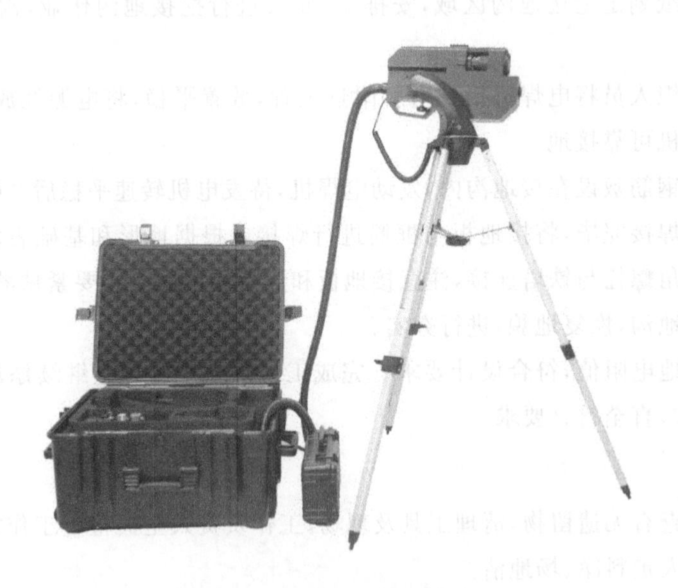

图3-8-1　激光异物清除器

(一)装置原理

电网异物远程清除器是一种陆基定向能远程清除异物的工具,其采用对非金属材料异物作用效果极佳的远红外波段激光,最大有效作用距离可达 200 m,适用于风筝、风筝线、遮阳网、广告布、农用塑料薄膜等架空线路非金属漂浮性异物。通过从地面发射激光束远程切割熔断架空线路异物,实现带电、远程、非接触式作业,具有安全、快速、可带电作业的特点。

500 kV 及以上电压等级输电线路搭挂广告条幅、塑料布等异物时,可使用激光清除异物装置。遇有公司运维变电站架构搭挂异物时、线路保护区内树木需紧急进行削枝处理时,可使用激光清除异物装置。

(二)装置安装及应用

1. 安装与接线

(1)安装发射部件到电动云台三脚架。

发射部件通过侧面的燕尾板与云台固定,使用时,将云台燕尾槽下方的手拧螺丝拧松,使燕尾槽内无阻隔,然后将燕尾板装入云台的燕尾槽(见图 3-8-2),拧紧手拧螺丝,使螺丝将燕尾板(见图 3-8-3)紧固在燕尾槽内,达到固定发射部件的作用。

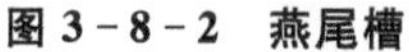
图 3-8-2 燕尾槽

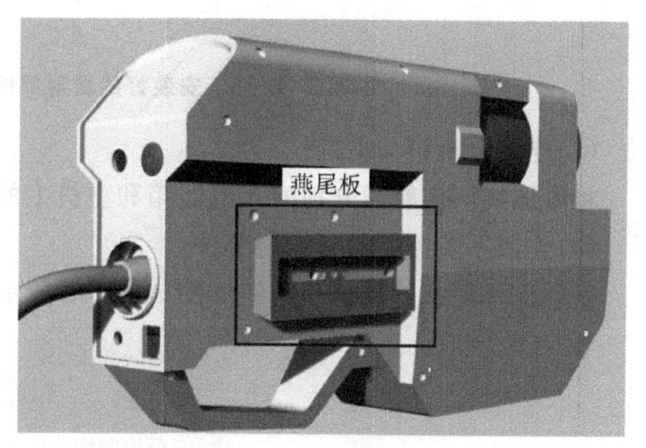

图 3-8-3 燕尾板

安装好的发射部件与电动云台三脚架连接处如图 3-8-4 所示。

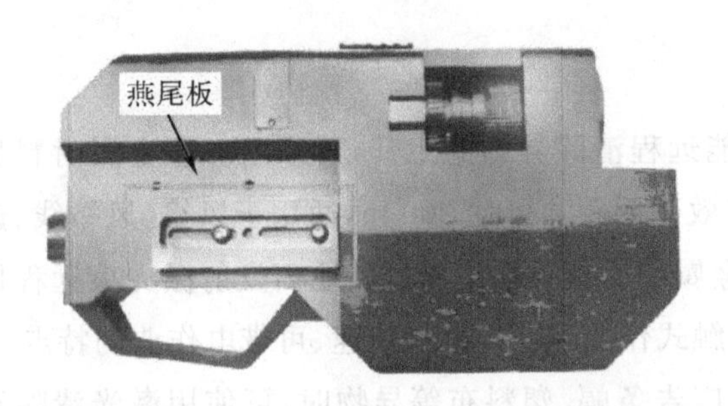

图 3-8-4　安装好的发射部件与电动云台三脚架连接

安装好的发射部件与电动云台三脚架的整体效果如图 3-8-5 所示。

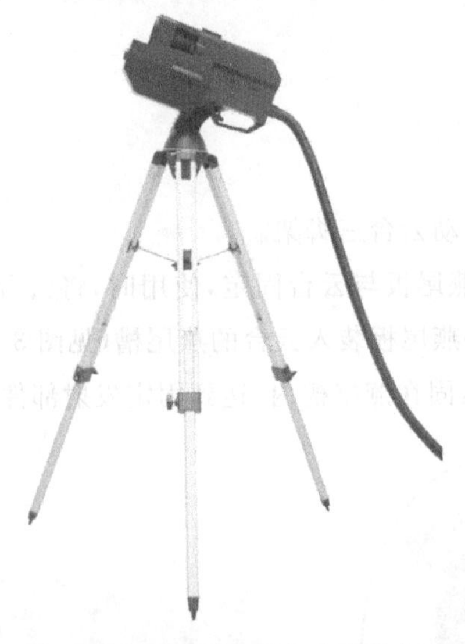

图 3-8-5　安装好的发射部件与电动云台三脚架

(2)连接电池箱与主机。

将电源线两头航插分别插入电池箱和主机上的航插口即可。

(3)连接手持控制器与发射部件。

发射部件尾部的接口和按钮如图 3-8-6 所示。

图 3-8-6　发射部件尾部的接口和按钮

接口和按钮定义如下：

①发射部总开关，控制发射部件的总电源，当此开关开启时，绿色指示光出光，电子望远系统开启，手持控制器显示屏开启并显示望远视野，电动云台上电，可接受手持控制器控制。

②控制器接口，接控制器。

③接云台控制螺旋线接口。云台控制螺旋线一端接在发射部件上的云台控制螺旋线接口，另一端接在云台上的云台控制螺旋线接口。

④备用电源接口，当从主机出来的 12 V 供电线路出现故障时，可用备用电源接口给发射部件供电。

使用时，将手持控制器螺旋线接头插入手持控制器(见图 3 - 8 - 7)接口，将云台控制螺旋线一端接在发射部件上的云台控制螺旋线接口，另一端接在云台上的云台控制螺旋线接口，开启电源，如显示屏亮起，控制键盘 1～5 号按键任意一个按键亮起或闪烁，则表示工作正常，可以开始操作。

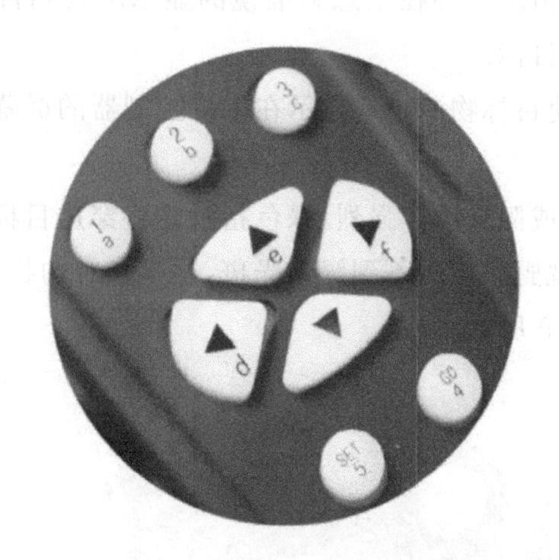

图 3 - 8 - 7　手持控制器按钮

如果开启电源后，发现手持控制器的 4 和 5 两个按键同时闪烁，表示手持控制器与云台之间无法通信，此时请检查发射部件与云台之间的云台控制螺旋线是否连接或接口是否插紧。

2. 设备的调试操作说明

设备的操作主要是瞄准和出光。

(1)瞄准。

安装好设备并连接好线缆后，首先将发射部件三个镜头保护盖取下，然后打开发射部件开关和全息瞄准镜(见图 3 - 8 - 8)开关，此时手持控制器显示屏幕上将会显示视野，激光出口处将会发出绿色指示光，手持控制器键盘上的 5 号按键开始闪烁，此时按动手持控制器键盘上的方向控制键，可调节方向，在手持控制器显示屏中将看到远处的视野。当绿色指示光射到物体上时，可以在显示屏中看到绿色指示光斑。

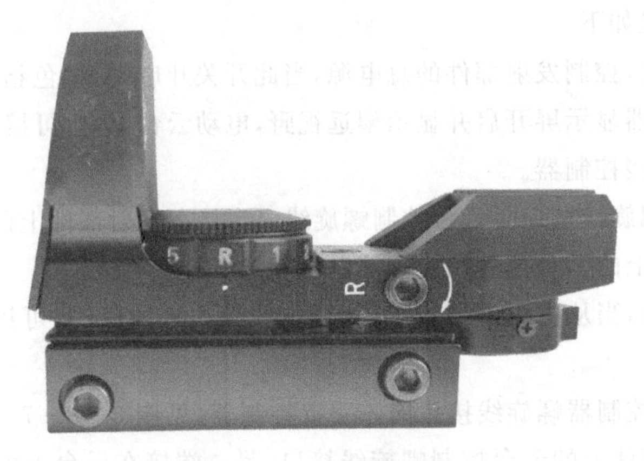

图 3-8-8 全息瞄准镜

瞄准目标的操作方法：

①通过全息瞄准镜中的指示准心在全息瞄准镜的显示屏找到目标，此时手持控制器的显示屏幕上也会出现同样的目标。

②调节望远镜头焦距，使目标物清晰地显示在手持控制器的屏幕中，可清晰看到绿色光斑所瞄准的目标物。

③如果瞄准的异物透明或阳光过于强烈，绿色指示光将穿透目标，没有足够的光线反射回来时，手持控制器显示屏视野中将看不到绿色光斑，这是正常的物理现象。

手持控制器如图 3-8-9 所示。

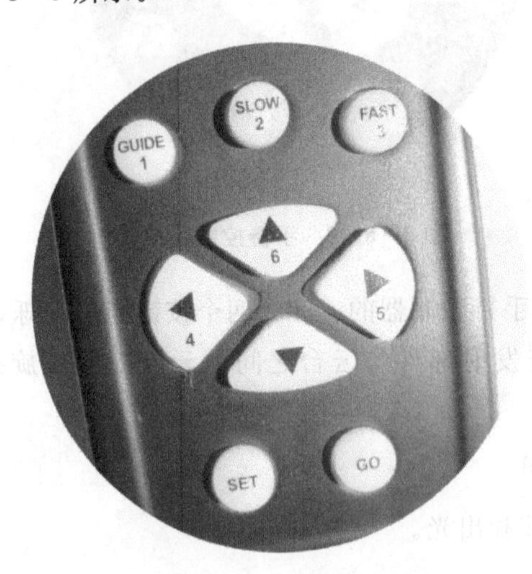

图 3-8-9 手持控制器

手持控制器按键定义如下：

①按键 1～5 表示 5 挡调速，1 挡最慢、5 挡最快，当发射部件需快速瞄准物体时，通过控制云台快速移动来将视野中的绿色指示光点打到物体上，建议采用 5 挡。当指示光点打到物体上时，需慢速切割掉物体缠绕在架空线路上的部分，建议采用 3 挡以下。

②四个方向键表示上下左右调节光束方向。

③按键 1 和按键 2 同时按下时，可以切换工作状态。默认开机时，系统处于自动扫描状态，云台实际处于低速的转动中，按键则显示相应的挡位按键背光不停地闪烁。如果同时按下按键 1 和按键 2，相应的挡位键将不会再闪烁，此时云台将不再自动转动，而是根据用户所按下的方向键转动。

④当所有的按键处于全亮时，表示发生了故障，可以同时按下按键 1 和按键 2 来解决，如果还不能解决，重启一下电源即可。

⑤控制器还有很多复杂的功能，实际我们能够用到的，只有挡位调节和方向控制，因此不必了解太多。

(2)出光。

当瞄准好以后，即可出光。出光控制面板定义如图 3－8－10 所示。

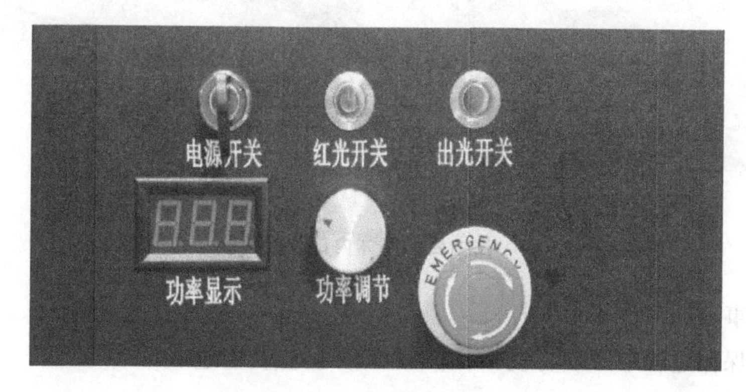

图 3－8－10 控制面板定义

控制面板各按钮功能定义：

①电源开关：总体系统开关；

②红光开关：开启后光源通电，散热风扇启动；

③功率显示：显示 0～10，代表激光功率百分比为 0～100%；

④功率调节：通过旋钮调节激光输出功率；

⑤出光开关：当按下该开关时激光出光，弹起时停止出光；

⑥急停开关：按下时停止出光并锁死光源，如果需要再次出光，必须将急停开关旋起，并重新启动电源。

强烈建议在瞄准阶段，将急停开关按下，将功率调节到 0。需要出光时再将急停打开，调节合适的功率。

(3)设备的指示光调节。

绿色指示光是瞄准系统中最重要的功能部件之一，由于温度变化和强烈震动，可能导致绿色指示光与红外激光偏离，使指示瞄准作用失效。此时可通过调节发射部件前端两侧位置内部的螺丝，将绿色指示光和红光(激光光源中包含了一束与红外激光完全合束的红光，在室内光线不太强烈的情况下可见)重新合束。

设备的收纳：

①使用完毕后，需将镜头盖盖上，将光缆盘在箱子中，将发射部件平放在箱内凹槽中，且光缆不要过度弯曲和按压。

②将电动云台三脚架、云台控制螺旋线、电源线、电池箱及充电器装进配件收纳包中。

请按照如图 3-8-11 所示放置。

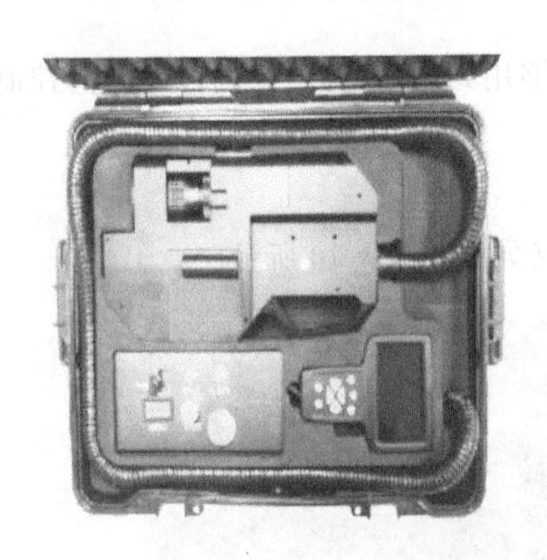

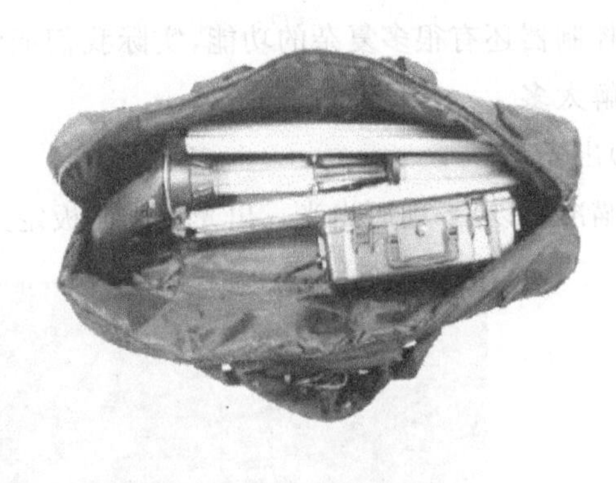

图 3-8-11　收纳后的箱体内部及配件收纳包内部

操作注意事项：

①运输和保存过程中必须将镜头保护盖盖好，防止灰尘进入；

②严禁用手触摸镜头的镜片；

③保持镜片的清洁，做好防水、防尘、防潮工作；

④当镜片上有灰尘时，采用气吹将灰尘吹掉，严禁用嘴吹气，防止唾沫污染镜片；

⑤当镜片被污染时，可使用脱脂棉球蘸无水乙醇轻轻擦拭；

⑥出光使用过程中严禁调节镜头；

⑦使用前务必检查镜片是否干净，镜片上有污渍或灰尘时严禁使用；

⑧镜片污染后，一旦出光，可能损坏镜片，因此请务必保持镜片的洁净。为了确保激光设备的可靠运行，延长设备的使用寿命，提高设备的使用质量，应严格遵守操作规范使用，遵守激光器所有的安全操作规程。严格按照激光器启动程序启动激光器。

(4)异物清除器存放与维护。

①激光清除异物装置应放置在固定库房室内，不准长期存放于阴暗、潮湿地方，设定专人负责保管。

②每周检查电池电量，电量低于 51 V 时进行充电，确保激光清除异物装置始终处于可用状态。

(5)异物清除器使用。

①操作人员需经过异物清除器培训，培训合格后方可使用，未经培训或培训不合格者严

禁使用。

②使用异物清除器作业时，按照操作手册、作业指导书执行，严格按照流程规范现场操作。

③异物清除器使用过程中不得少于3人，1人负责周围环境的检查以及特殊情况处理，1人负责操作手持控制器，1人负责操作出光按钮及功率调节。

④在使用过程中，任何人员严禁在激光清除异物装置前方走动、停留。

二、便携式升降装置辅助带电作业

常规带电作业方法根据塔型不同，主要采取沿绝缘子串进出电场、用吊篮法进出电场、攀爬软梯法进出电场等三种方法，三种方法使用的工器具和操作流程各有不同，但无论采用哪种进出电场作业方法，作业人员均需经烦琐的进出电场流程，携带绳索走线至作业点进行作业，这一流程根据现场情况不同，往往要耗费几十分钟到数小时的时间，大多时候远长于消缺所用时间，并且对作业人员的技能水平和体力要求很高，存在一定的安全隐患。

本章节介绍通过使用电动升降装置进行带电作业消缺工作，提高带电作业安全性及作业效率。

(一)工作要求

(1)作业前进行现场勘查，填写带电作业勘查记录，确保作业现场、气象条件满足本次带电作业要求。

(2)作业前对电动提升装置进行地面自检，对设备运行情况进行检查测试，确保设备安全稳定运行。

(3)作业前对承力绳索、传递绳索等开展绝缘检测盒外观检查，保证各项测量检查合格后方可开展作业。

(4)作业班组在工作中应严格遵守有关规定，认真执行带电作业的工序质量控制卡、安全控制卡，确保本次带电工作的安全及质量。

(5)所有参加高空作业的人员都必须具备高空作业资格，等电位作业人员具备带电作业资质。

(6)工作开工前，作业负责人应向工作组全体成员进行现场交底培训，使之熟知作业危险点及安全预控措施。

(7)工作负责人、安全监护人加强现场安全管理，认真组织并监督现场各项安全技术措施的落实。

(8)作业过程中严格注意电动升降装置的运行状态，发现有特情发生时，立即终止作业，按照流程进行紧急处置。

(9)带电现场工器具摆放整齐有序，做好文明施工，保证带电现场可控、能控、在控。

(10)带电作业现场应严格执行国网公司“十不干”的工作要求。

(二)准备情况

1. 人员资质

作业人员均需取得国网公司输电线路带电作业资格。

2. 工器具

作业所使用工具的机械、绝缘、屏蔽等性能经检测合格,满足带电作业要求。

3. 现场勘查情况

由工作票签发人或工作负责人组织作业人员对现场进行勘察。

(1)地形情况:观察记录现场地形、周边建筑物等情况,核实是否影响现场作业实施,有无其他危险点,杆塔周边具体情况。

(2)天气情况:现场勘察并咨询当地气象部门,该区域未来几天天气情况,是否影响作业实施,作业当天需对现场气象条件进行再次确认,符合带电作业条件再开展相应作业。

4. 措施编审

根据《国家电网公司电力安全工作规程》(线路部分)规定,对于比较复杂、难度较大的带电作业新项目和研制的新工具,应进行科学试验,确认安全可靠,编出操作工艺方案和安全措施,并在本单位批准后,方可进行和使用。

(三)技术措施

1. 电动升降装置及配套设备技术参数

电动升降装置目前广泛应用于高空应急救援作业,经在电力系统超(特)高压输电线路上科学论证与模拟实验,满足输电线路带电作业各项技术要求,可广泛应用于杆塔本体、导线部位的危重缺陷消除工作,可大大降低作业人员劳动强度,提升作业效率,提高带电作业安全系数。

作业电动升降装置经专业机构检测合格,并由其出具合格证;其配备的绳索系统符合EN1981标准要求,且按照规程规定进行绝缘工器具电气试验,试验合格。装置及配套绳索具体参数如表3-8-1所示。

表3-8-1 技术参数表

序号	性能/部件	数值	注释
1	最大工作载荷	250 kg	
2	安全工作载荷	200 kg	
3	上升/下降速率	0~25(m/min)	连续调速(手动状态为同样速率)
4	电池容量	运行高度200 m(载荷120 kg)	
5	承力绳索	静态/半静态12 mm,可承重15 kN(1500 kg)	符合EN1981标准

续表

序号	性能/部件	数值	注释
6	机身重量	15 kg	
7	遥控范围	100 m	可视范围内

作业项目杆塔呼称高为 36 m,作业点高度为 30.5 m<200 m,满足设备电池容量及运行高度要求;带电作业等电位人员体重为 65 kg,携带工具重量为 1 kg,作业人员乘坐的座椅重量为 1.5 kg,故作业时人员及工器具总重量为 65+1+1.5=67.5 kg<200 kg,满足设备安全工作载荷要求;作业时绳索上总体承重为工作载荷 67.5 kg+机身重量 15 kg=82.5 kg<1500 kg,满足绳索承力安全要求。

综上所述,该电动升降器及配套绳索技术参数满足本次作业要求。

2. 作业区域确认

本次作业,高空作业人员需投入 2 人:一名地电位人员,一名等电位人员。

(1)地电位人员塔上作业区域:作业人员攀登铁塔及在横担上作业,作业路径及区域确认如图 3-8-12 所示。

图 3-8-12 地电位作业人员作业路径及作业区域

地电位作业人员挂设电动升降装置承力绳索及后背保护绳工作,可通过无人机进行操作。

(2)等电位人员线上作业区域:作业人员乘坐电动升降器由地面上升至导线缺陷位置,

作业路径及区域确认如图 3－8－13 所示。

图 3－8－13　等电位作业人员作业路径及作业区域

3. 安全距离核算

(1)地电位作业人员与带电体距离。

地电位人员登塔及在横担上作业时与带电导线的安全距离(该处作业位于海拔 1000 m 以下,数据选择依据《安规》海拔 1000 m 以下规定值,下同)。按照《安规》人体占位间隙不小于 0.5 m 考虑,结合作业实际情况本次取值为 0.8 m。因此确认人员登塔时,人体与带电体最近距离为 6.05－0.8＝5.25 m＞3.2 m,满足安全距离要求;人员在横担位置时与带电体的最近距离为 4.95－0.8＝4.15 m＞3.2 m,满足 500 kV 输电线路安全距离要求(塔上作业人员在横担上进行作业时,人员身体部位不能越过横担下沿)。

(2)等电位作业人员对接地体的距离。

作业时,等电位作业人员乘坐电动升降装置由地面上升至导线缺陷位置,经过现场实际测量,等电位人员在进行到导线金具消缺作业时,与接地体距离最近:作业人员在进行导线金具消缺作业过程中,按照《安规》人体占位间隙不小于 0.8 m 考虑。此时,等电位人员对接地体最小距离为 4.95－0.8＝4.15 m＞3.2 m,满足安全距离要求(作业人员在进行导线金具消缺作业过程中,控制好自身动作,头部、手部不准超过导线端均压环)。

(3)绝缘工具最小有效绝缘长度。

本作业方案所使用传递绳索与承力绳索为绝缘蚕丝绳,所用最短绳索为承力绳索,实测绝缘长度为 36 m,远大于规定的 3.7 m 安全要求。

(4)等电位作业中的最小组合间隙。

等电位人员进出电场时,其最小组合间隙为人员等电位前与下部 3＃子导线、杆塔塔身所组成的总间距，故本作业方案最小组合间隙为 5.25＋0.4＝5.65 m＞3.9 m，满足组合间隙大于 3.9 m 的要求。

(5)各项安全距离综合对比。

根据竣工图及上述分析结果，结合现场勘查结果及《国家电网公司电力安全工作规程线路部分》的要求可得表 3－8－2。

表 3－8－2　作业点安全距离控制值

项目	国家电网公司电力安全工作规程线路部分	作业方案现场实测值	是否符合要求
塔上人员与带电体安全距离	3.2 m	4.15 m(塔上人员距带电导线)	符合
等电位作业人员对接地体的距离	3.2 m	4.15 m(等电位人员距离横担下沿)	符合
绝缘工具最小有效绝缘长度	3.7 m	36 m(绝缘承力绳)	符合
等电位作业中的最小组合间隙	3.9 m	5.65 m(等电位人员进出电场过程中)	符合

综合所述计算，该塔可采用电动升降装置开展等电位消缺作业，作业人员在攀登杆塔、进出强电场等各个作业位置的安全控制距离满足规程规范要求。

(四)组织措施

1. 人员分工

本次带电作业主要由带电作业班承担，作业人员职责及分工如表 3－8－3 所示。

表 3－8－3　带电作业人员职责及分工

序号	带电组织		职责	备注
1	总协调人	××	1. 审核批准本次作业的三措一案，协调、指导检修相关工作； 2. 监督各项技术和安全措施的落实，组织对职工进行安全教育，对本次带电作业准备、完成情况进行监督指导； 3. 负责上级相关主管部门的沟通联系以及向领导及时反馈信息	电话：180×××××××
2	技术负责人	××	1. 负责此次带电作业三措一案的审核，对带电作业工作提供技术指导； 2. 负责安全技术交底工作，并监督检查措施的执行情况	电话：180×××××××

续表

序号	带电组织		职责	备注
3	安全负责人	××	1.负责现场安全的监察工作； 2.检查带电现场存在的不安全因素，并提出相应的安全措施； 3.对带电现场的安全生产进行监督管理，有权制止“三违”现象； 4.对安全技术措施和安全防护措施的不妥之处有权提出改进意见	电话：180××××××××
4	属地协调	××	负责协调带电作业过程中青苗赔偿及阻挡协调	电话：180××××××××
5	宣传报道	××	负责组织和督促此次带电作业期间的宣传报道工作	电话：180××××××××
6	工作负责人	××	1.负责提前四个工作日向调度提带电申请票； 2.负责此次带电作业工作票的编写工作，并组织编写“三措一案及两卡”； 3.负责此次带电作业工作的安全、质量及进度，确保现场作业安全； 4.负责对参加此次带电作业的所有工作人员进行安全技术交底、培训； 5.负责现场人员的分工及具体工作安排； 6.不违章指挥，制止违章作业； 7.组织做好带电工作相关记录和技术资料的收集、整理、完善	电话：180××××××××
7	专责安全监护人	××	1.负责作业前交代作业过程的安全措施、告知危险点和安全注意事项； 2.监督作业人员遵守安规和执行本三措一案所列具体安全措施； 3.具体操作前，对作业人员作业过程中可能出现危险点有效提醒，及时纠正被监护人员的不安全行为； 4.及时与作业人员人及工作负责人沟通作业情况	电话：180××××××××
8	等电位电工	××	1.负责电动升降器的地面自检工作； 2.乘坐并操控电动升降器进出等电位； 3.开展缺陷消除作业	电话：180××××××××
9	地电位电工	××	负责完成传递绳索及承力绳索的塔上安装，并检查其连接及承力情况	电话：180××××××××

续表

序号	带电组织		职责	备注
10	地面电工	××	1.负责地面工、器具及材料的准备和传递工作； 2.负责辅助等电位人员进出电场； 3.负责做好等电位人员的后备保护措施	电话：180×××××××××
11	辅助作业	××	按照无人机操作要求开展现场影像资料收集，并配合检查、验收工作。	电话：180×××××

2.项目准备

(1)准备工作。

准备工作及标准如表3-8-4所示。

表3-8-4　准备工作及标准

序号	内　容	标　准	实施人
1	向调度提出带电作业申请	根据消缺计划、提前四个工作日	×××
2	明确作业项目	等电位消除500 kV××线××塔左导线大号侧绝缘子串导线端1#子导线线夹螺栓缺销子	×××
3	查阅有关资料，进行现场勘察	查阅作业线路、塔号相关资料，测量计算作业过程中的各项安全距离、组合间隙，对作业现场进行勘察，了解铁塔结构、周围环境地形状况等，判断能否进行电动升降装置开展带电作业	×××
4	编写并组织全体作业人员学习本方案	根据作业项目编制本方案，作业前组织全体工作人员进行方案交底	
5	准备带电工具、材料及要求	所有工具均为试验周期内的合格品	

(2)作业人员要求。

作业人员要求如表3-8-5所示。

表3-8-5　作业人员要求

序号	内　容
1	带电作业人员应身体健康，无妨碍作业的生理和心理障碍
2	参加带电作业人员，应经专门培训，并经考试合格取得资格、单位批准后，方能参加相应的作业
3	工作人员应正确使用施工机具、安全工器具和劳动防护用品
4	工作人员必须明确作业内容和应遵守的各项安全措施
5	所有作业人员熟知现场使用工器具、材料的性能和使用方法
6	等电位人员需了解电动升降装置的操作注意事项，并进行过实际操作演练，牢记特情处置措施

(3)作业主要工器具。

作业主要工器具如表3-8-6所示。

表3-8-6 作业主要工器具列表

序号	名称	规格	单位	数量	备注
1	绝缘传递绳	Φ14×80	条	1	
2	绝缘承力绳索	Φ12×50	条	1	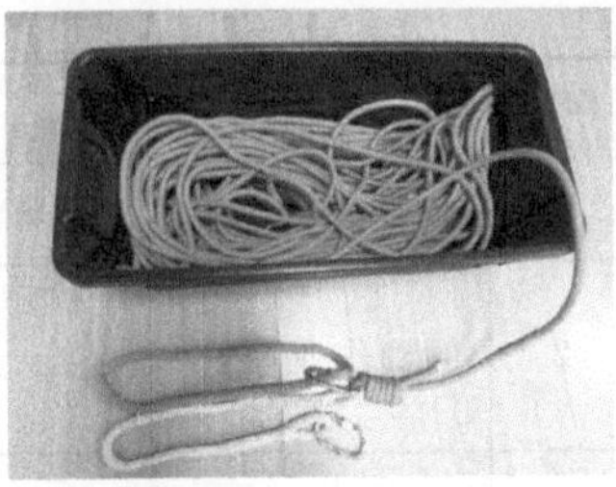
3	绝缘传递滑车及绝缘绳套	1 t	套	1	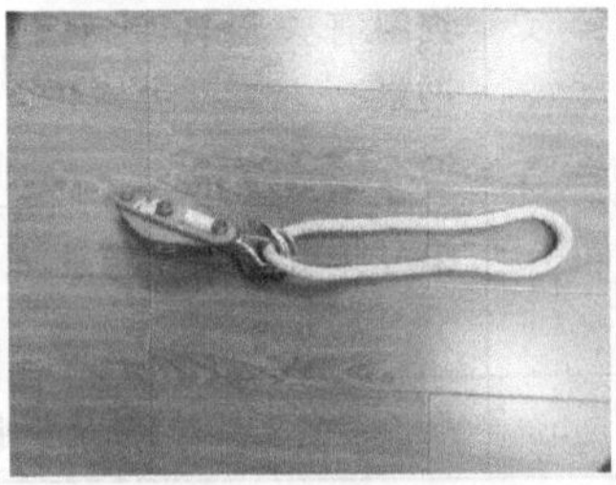
4	绝缘二道保护绳	Φ14×6	条	1	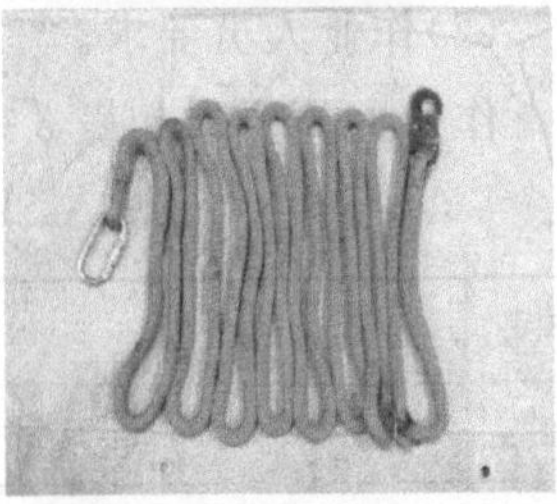
5	绝缘绳套及闭锁钩	Φ12×0.5	套	2	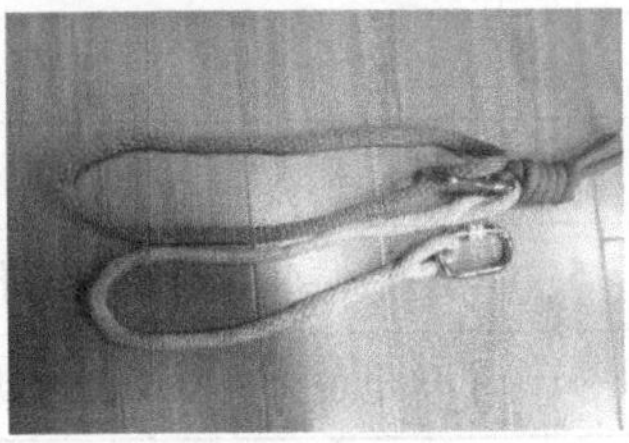

续表

序号	名称	规格	单位	数量	备注
6	电动升降机	ACCⅡ型	台	1	
7	折叠座椅		个	1	
8	屏蔽服	500 kV	套	2	
9	温湿度、风速仪		台	1	
10	万用表		台	1	
11	绝缘电阻表	5000 V	台	1	

续表

序号	名称	规格	单位	数量	备注
12	苫布	3×3	块	1	
13	工具箱		个	1	
14	个人工具		套	3	
15	急救箱		箱	1	
16	对讲机		台	2	
17	线手套		副	10	

(五)技术方案

1.工艺标准要求

消缺后应符合《架空送电线路工程施工质量检验及评定规程》要求。

2.质量控制措施

检修质量应符合《架空送电线路工程施工质量检验及评定规程》要求,带电作业过程中,根据塔上完成情况,安排无人机进行验收,确保缺陷消除后符合规范要求。验收完成后,检查现场是否有遗留物。

3.电动升降装置检修作业流程

根据上述,电动升降装置各项技术参数满足作业要求,作业人员在杆塔、导线、进出电场等各作业位置中各项控制性安全距离满足规程规范要求。结合停电线路电动升降装置模拟试验情况,电动升降装置检修作业流程如下:

(1)准备工作。

①开工前,工作负责人使用风湿度仪进行现场测量,根据测量结果决定是否具备带电作业条件。

②工作负责人向工作许可人申请作业,得到许可之后进行现场工作票交底和人员分工、安全告知,并做好签字确认记录。

③作业前,进行现场安全措施布置。在作业点下方铺设防潮苫布,地面人员将工器具、材料分类放置,对照工器具、材料清单,做好外观检查;对绝缘传递绳、承力绳索、绝缘二道绳绝缘性能进行检测;对屏蔽服进行外观检查;对电动升降器电池电量、运行情况、遥控器工作情况进行地面检测;调试对讲通信设备。将所有测量结果汇报工作负责人。

④等电位及地电位作业人员穿戴屏蔽服、安全带,有专责监护人对安全带各个连接部件进行检查,保证连接可靠;对屏蔽服进行电阻测量,要求衣裤最远端之间的电阻值不大于20 Ω。

(2)设备传递。

①地电位电工安全带冲击试验合格后,向工作负责人申请登塔作业,得到批准后携带绝缘传递绳登塔。登塔过程中应注意控制身体各个部位动作不宜过大,保证与带电体的安全距离;在横担处作业时,应系好后备保护绳。

②地电位电工在距离导线1 m的位置挂好绝缘传递滑车,并旋转使绝缘传递绳不得缠绕,然后汇报工作负责人。

③地面人员将电动升降器的承力绳索固定端传递至塔上,传递过程中应注意传递速度均匀适当。地电位电工在地面电工的配合下,将承力绳索固定端通过双重绝缘绳套固定于距离导线0.5 m位置。

(3)进入电场。

①等电位电工将承力绳索尾端卡进电动升降器的卡绳座内,并检查绳索的绕向是否正确,确认正确绕向后关闭绳索护盖。

②等电位电工打开电动升降器电源开关,按下上升按钮,控制电动升降器上升至地面0.5 m位置。

③地面电工配合等电位电工将折叠座椅与电动升降器进行连接,然后地面人员传递绳作为后备保护绳挂在等电位人员安全带的背环上,等电位电工坐到折叠座椅上,在地面电工的辅助下进行冲击试验,试验合格后汇报工作负责人。

④等电位电工向工作负责人申请进行上升,得到工作负责人许可后,启动电动升降器上升。注意上升速度均匀适当,不得速度过快或忽快忽慢。

⑤在距离3#子导线0.5 m处,等电位电工项工作负责人申请等电位,得到许可后,等电位电工在地面电工的配合下手抓3#子导线,完成等电位。

(4)人员消缺。

①等电位人员完成等电位后,控制电动升降器缓慢上升,使电动升降器上端与导线4#子导线处于基本持平位置,作业人员将安全带系挂在4#子导线上。等电位人员应注意控制身体动作不宜过大,头部不准超过绝缘子串均压环,同时保持身体与导线的稳定连接,防止出现反复拉弧情况。

②等电位作业人员对缺陷进行消除,并保证开口销朝向正确,开口到位。同时对其他部位金具进行检查,确无问题后向工作负责人汇报。

(5)退出电场。

①等电位人员按下电动升降器的下降按钮,缓慢下降至距离3#子导线0.5 m处,然后解开安全带与导线的连接。

②等电位人员再次检查导线上无遗留物,向工作负责人申请退出等电位,得到工作负责人许可后,迅速松开手与3#子导线的接触,完成退出等电位的过程。

③等电位人员控制电动升降器匀速下降至地面。注意下降速度均匀适当,不得速度过快或忽快忽慢。

④等电位电工双脚着地，然后在地面人员的配合下脱离折叠座椅，解开后备保护绳。注意在等电位人员双脚着地前，地面人员不准接触等电位身体，防止发生电击。

⑤人员下塔、工作终结。

⑥地面电工拆除折叠座椅与电动升降器的连接，然后打开电动升降器绳索护盖，将承力绳索从卡绳座内取出，关闭电动升降器的电源开关。

⑦地电位电工在地面人员的配合下，将承力绳索固定端转移至传递绳上，地面人员将其传递至地面。

⑧塔上人员检查塔上无遗留物，汇报工作负责人申请下塔，得到许可后携带传递绳下塔，完成作业。

⑨地面人员整理工具、清理现场，做到“工完、料尽、场地清”。

⑩作业人员列队，进行班后会，对现场作业情况进行点评。

⑪工作负责人向工作许可人报工作终结，办理工作票终结手续，工作结束。

(六)安全措施

1.危险点及控制措施

危险点及控制措施如表 3-8-7 所示。

表 3-8-7　危险点及控制措施

序号	危险点	安全控制措施
1	防止误登杆塔	核对线路名称及塔号、色标，工作负责人确认作业地点正确，防止误登杆塔
2	防止天气突变	1.带电作业应在良好天气下进行，到达现场后，应对作业场所及范围气象条件做出能否进行作业的判断。相对湿度超过 80%不得进行本作业。风力大于 5 级时，不宜进行本作业。 2.作业过程中，注意对天气变化的检测，如遇大风、雨、雪、雾等紧急情况，等电位电工立即退出电场，如不能退出，应迅速远离铁塔至档中并蜷缩身体，确保人身安全
3	防止电动升降机失灵	作业前，对电动升降机的电池电量、运转状态、遥控情况灯进行地面自检，运转良好后方可进行作业。 等电位电工缓慢提升电动升降机至折叠座椅离开地面 0.5 m，同时再次核实电动升降机的运行状态，合格后方可进行提升作业。 等电位电工在操控电动升降机上升及下降时，运转速度应适当平稳，不得产生速度过快或突然加减速情况的发生。 等电位电工应牢记特情处置措施，发现有电动升降机失灵情况，第一时间停止作业，启动应急预案，在地面电动辅助下降落至地面

续表

序号	危险点	安全控制措施
4	防止人身触电	1.等电位及塔上电工必须穿全套合格的屏蔽服并保证各部分连接良好，屏蔽服衣裤最远点之间的电阻不得大于20 Ω，屏蔽服内应穿阻燃内衣。 2.正确使用绝缘电阻表和万用表，接线正确，防止使用中产生电击。 3.地电位电工与带电体的安全距离不小于3.2 m，地电位电工在攀登杆塔及在横担上作业时，注意控制自身动作幅度不宜过大，手部、脚部不准超过横担下沿。 4.等电位电工在进出电位及转移电位过程，其与带电体的安全距离不小于3.2 m，与接地体和带电体之间的组合间隙应保证不小于3.9 m，人员动作不宜过大，作业时头部不准超过绝缘子串导线端均压环。 5.绝缘工具使用前应进行外观检查，并用5000 V绝缘电阻表进行分段绝缘试验，电阻值应不低于700 MΩ；在作业过程中应控制绝缘操作杆、绝缘承力工具和绝缘绳索的有效长度不得小于3.7 m。 6.等电位电工在进出电场和转移电位前，应再次检查屏蔽服确认各部连接良好，并应得到工作负责人的许可。 7.注意在等电位电工双脚着地前，地面人员不准接触等电位电工身体，防止发生电击
5	防止高空坠落伤人落物	1.地电位电工登杆塔前，应先检查登高工具、脚钉等是否完整牢靠，对安全防护用品进行冲击试验，对安全带进行外观检查。 2.等电位电工乘坐折叠座椅前，应再次检查折叠座椅与电动升降机的连接情况，进行冲击试验，连接牢固后方可乘坐。 3.现场作业人员应正确佩戴安全帽。 4.上下传递物件应用绝缘绳索拴牢传递，严禁上下抛扔。 5.地面人员不得站在作业处垂直下方，高空坠物区不得有人通行或逗留。 6.攀登杆塔时，应沿脚钉上下，上下塔、杆塔上移动及作业时采取全过程防护，作业时均应采用双重保护。 7.发现有脚钉、爬梯缺失时，应在安全带的保护下位移。 8.塔上作业时，转移位置不能失去保护，应始终保证安全带（绳）系在杆塔固定件上。 9.塔上监护人员应加强监护，时常提醒，纠正作业人员违章行为
6	防止作业人员自身原因可能带来的危害	1.本次工作的工作负责人，工作期间不得直接操作，应认真担负起安全责任。 2.工作前对工作班成员进行危险点告知、交待安全措施和技术措施，并确认每一个工作班成员都已知晓。 3.查看工作班成员精神状态是否良好，工作班成员变动是否合适等

2.保证安全的组织措施

(1)现场勘查。项目实施前,由工作负责人组织相关作业人员进行现场勘查,并填写《现场勘察记录》。

(2)工作票执行。本次带电作业由刘××担任工作负责人,持带电作业工业工作票,负责作业现场组织指挥工作。

(3)工作许可。工作负责人根据现场气象、气候及工作条件,向调度值班室当值人员申请开工。工作结束后,工作负责人向工作许可人办理工作终结手续。

(4)工作监护。本次作业设专责安全监护人1名,对作业进行安全监护,确保作业人员按照作业方案、技术措施进行现场操作,监护人认真履行监护职责,不得直接参与操作。

(5)工作终结。现场工作结束后,由工作负责人向调度值班室办理工作终结手续,并完成相关记录。

3.保证安全的技术措施

(1)作业人员塔上作业时,人体与带电体的安全距离不应小于3.2 m的安全距离。

(2)等电位电工对接地体的距离不应小于3.2 m的安全距离要求。

(3)作业人员使用的绝缘承力工具和绝缘绳索的有效绝缘长度不小于3.7 m。

(4)带电作业时应使用绝缘绳索,严禁使用非绝缘绳索(如棉纱绳、白棕绳、钢丝绳)。

(5)作业前,应严格按照作业方案对电动升降机进行地面自检工作,并做好记录。

(6)带电作业人员应在衣服外面穿合格的全套屏蔽服(包括帽、衣裤、手套、袜和鞋及面罩),且各部分应连接良好。屏蔽服内还应穿阻燃内衣。

(7)等电位电工在电位转移前,应得到工作负责人的许可,转移电位时,人体裸露部分与带电体的距离不应小于0.5 m的安全距离要求。

(8)等电位电工与地电位作业人员传递工具和材料时,应使用绝缘工具或绝缘绳索进行,其有效长度不准小于3.7 m。

(9)带电作业工具应绝缘良好、连接牢固、转动灵活,并按厂家使用说明书、现场操作规程正确使用。

(10)带电作业工具在运输过程中,应装在专用工具袋、工具箱或专用工具车内,以防受潮或损伤。发现绝缘工具受潮或表面损伤、脏污时,应及时处理并经试验或检测合格后方可使用。

(11)进入作业现场应将使用的带电作业工具放置在防潮的帆布或绝缘垫上,防止绝缘工具在使用中脏污或受潮。

(12)带电作业工具使用前,应仔细检查确认没有损坏、受潮、变形、失灵,否则禁止使用。并使用5000 V绝缘电阻表或绝缘检测仪进行分段绝缘检测(电极宽2 cm,极间宽2 cm),阻值应不低于700 MΩ。操作绝缘工具时应戴清洁、干燥的手套。

(七)注意事项

(1)作业前,应组织所有参加作业的人员学习《国家电网公司电力安全工作规程线路部分》《交流输电线路带电作业技术导则》和三措一案,作业前进行技术、安全交底,带电作业人员应是特高压带电作业培训合格并取得带电作业证的人员。每个参加作业的人员应熟悉并掌握其中的内容和要领。安全工器具在检验周期内并有记录,工器具有检验试验记录,使用前进行外观检查。

(2)作业现场设专责安全监护人1名,现场配穿具有标识的"马甲"。

(3)作业现场工具、材料应堆放整齐、有序,不得乱摆乱放。

(4)等电位电工及地电位电工在高处作业时,应严格注意控制自身动作标准规范,幅度不得过大。

(5)进电场作业前,应再次确认后备保护连接、电动升降装置连接情况,连接良好、牢固后,才能作业。

(6)注意在等电位人员双脚着地前,地面人员不准接触等电位电工身体,防止对地面人员产生电击。

(7)工作负责人、专责监护人应随时关注是否有影响电动升降装置带电作业特殊情况的发生,发现有危及作业安全的情况发生时,应立即宣布停止作业,安排人员退出电场或下塔。

(8)等电位人员在操控电动升降器上升、下降或进出等电位过程中,拥有采取启动应急程序的决定权,在采取特情处置措施的同时及时通报工作负责人,工作负责人安排其他人员配合等电位人员退出强电场或降落地面。

(八)应急预案

1.基本原则

处理事故险情时,首先考虑人员安全,疏散无关人员,最大限度减少人员伤亡;其次应尽可能减少财产损失和环境污染,按有利于恢复生产的原则组织应急行动。

2.应急预案

(1)电动升降机失灵。

若在上升或下降过程中发生升降开关失灵情况,等电位作业人员应立即停止操作,由地面人员通过遥控器控制电动升降机返回地面,使用常规吊篮法进出等电位进行消缺作业;若遥控器操作失效,则由等电位人员通过手动下降控制摇杆缓慢匀速进行下降。返回地面后拆除电源电池,送至有关单位进行检测。

如若等电位人员在等电位发现电动升降器失灵,则等电位人员脱离折叠座椅上到导线上,并顺导线向外移动2～3 m等待,由地电位电工配合地面电工安装吊篮法整套装置,安装完毕检查牢固后,等电位电工通过吊篮法退出强电场,然后塔上人员相互配合将电动升降器与承力绳索仪器传递至地面,并送至有关单位进行检测。

(2)高空坠落、物体打击急救措施。

①各种打击造成的创伤急救,应先使伤员安静平躺,判断受伤程度,如有无出血、骨折和休克等。

②外部出血时应立即采取止血措施——用清洁的布带绑扎伤口,防止失血过多而休克。

③外部无伤,但受伤者呈现休克状态、神志不清或昏迷,表现为面色苍白,脉搏细弱,气促,冷汗淋漓,则可能有内脏破裂出血,应迅速使伤者躺平,抬高下肢,保持身体温暖;在搬运和转送伤者时,绝对禁止一个抬肩一个抬腿的搬法,以免加重病情;搬运时颈部和躯干不能前屈或扭转,而应使脊柱伸直,快速平稳地送医院救治。

④肢体明显有骨折时可用木板或木棍、竹竿等物将断骨上、下两个关节固定,并避免骨折部位移动,以减少疼痛,防止伤势恶化。

(3)触电急救。

①触电急救必须分秒必争;首先要使触电者迅速脱离电源,越快越好。

②触电者如神志清醒,应使其就地躺平,严密观察,暂时不要站立或走动。

③触电者神志不清或呼吸和心跳均停止时,应使其就地躺平,确保气道通畅,立即就地坚持正确抢救(心肺复苏法),并尽快联系医疗部门或医护人员接替救治。

④心肺复苏法抢救的三项基本措施:通畅气道、口对口人工呼吸和胸外按压。

⑤通畅气道:伤员平躺,仰头抬颏,使其舌根抬起,气道畅通。

⑥口对口人工呼吸:救护人员用手指捏住伤员鼻翼,深吸气后与伤员口对口在不漏气的情况下,向被抢救者口腔内吹气。如果看到患者胸部抬起了,说明操作方法正确。进行人工呼吸的速率为12～16次/分。

⑦两次吹气后仍无脉搏,要立即同时进行胸外按压。

⑧胸外按压:使触电伤员仰面躺在平硬的地方,救护人员立或跪在伤员一侧肩旁,两臂伸直,两手掌根相叠,手指翘起,放在伤员肋骨和胸骨接合处的中点;利用上身的重力,垂直将伤员胸骨压陷4～5 cm,每分钟匀速按压100次左右。在医务人员未接替抢救前,现场抢救人员不得放弃现场抢救。

⑨接到事故报告后,应立即向公司相关部门汇报并组织线路上工作人员向事故地点汇集,进行紧急抢修等工作。

三、直升机辅助带电作业

(一)技术方案

1.检修方案

(1)直升机在起吊点用吊篮法吊挂2名等电位检修人员至缺陷附近,吊篮摘钩,直升机飞离。

(2)等电位检修人员出吊篮上线,开展消缺工作。直升机返回起吊点摘除吊索吊篮等,落地等待。

(3)作业点地面设一名专责监护人全程进行地面监护，直升机后舱设一名空中观察员对飞行过程及吊篮进出电位进行观察。

(4)消缺作业完成后，直升机重新返回作业点，利用吊篮接回等电位电工，放至起吊点。

(5)完成作业后，等电位作业人员进行自检，地面工作负责人观察验收。

2.安全距离验算

本次作业不需要转移金具串受力，故本次作业不考虑导线串、金具受力情况，仅对作业过程中安全距离进行验算。

(1)作业安全距离验算。

吊篮法消缺属于等电位作业，作业过程中，共有两个安全距离风险点。

①进、出线过程中吊篮与导线、地线的组合间隙。

地线保护角为负保护角，因此直升机吊挂吊篮进线路径在两根地线之间，从大号侧向作业点沿一定轨迹自上而下匀速降落到缺陷位置前后侧约 5 m 处。

等电位人员及吊篮经过地线进入导线过程中，人体、吊篮与带电体和地线组合间隙：考虑吊篮占位 3.2 m(按最大占位算)，激光点云测距地线与导线上层子导线空间距离 19.29 m，最小组合间隙为 19.29－3.2＝16.09 m，大于 6.7 m(6.6 m)，满足安全距离要求。缺陷位置处距地线距离如图 3-8-14 所示。

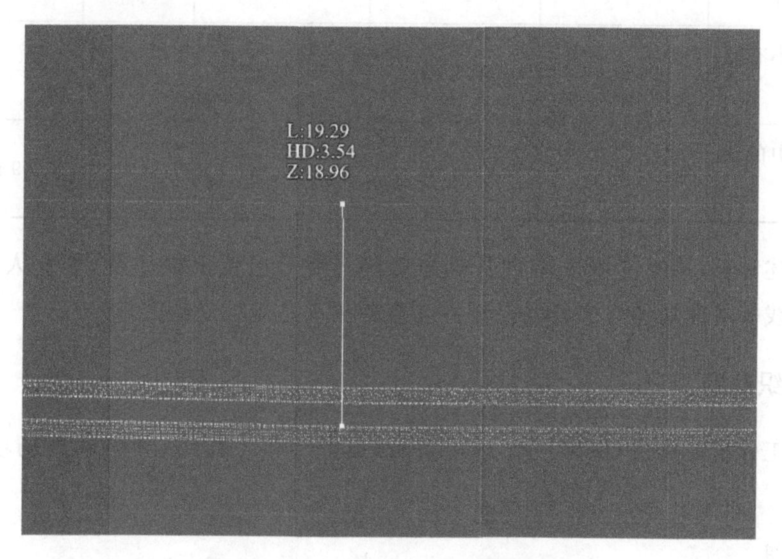

图 3-8-14　缺陷位置处距地线距离

②等电位人员作业时与地线的距离。

激光点云测距得出导线与地线空间距离为 19.29 m，作业时人体活动范围按照 0.5 m 考虑，人员站于下层子导线上，人体超出上层子导线约 1.8－1.4＝0.4 m，因此等电位人员与地线的距离为 19.29－0.5－0.4＝18.39 m，大于 6.8 m，满足安全距离要求。

③绝缘工具最小有效绝缘长度。

本次作业选择使用40 m长度的绝缘绳索，远大于6.8 m，满足安全距离要求。

直升机距离地线距离为吊索长度(40 m)－导地线间距(19 m)＝21 m，大于15 m的飞行安全距离，满足安全距离要求。

④各项安全距离综合对比。

根据上述计算结果，与《国家电网公司电力安全工作规程(线路部分)》《±800 kV直流线路带电作业技术规范》《±800 kV直流输电线路带电作业技术导则》的要求值相比如表3-8-8所示。

表3-8-8　作业点安全距离控制值

距离类别	相关规程及规定			塔头位置	缺陷位置	是否符合要求
	国家电网公司电力安全工作规程线路部分	±800 kV直流线路带电作业技术规范	±800 kV直流输电线路带电作业技术导则			
人体与带电体安全距离	6.8 m	6.8 m	6.8 m	27.18 m	—	符合
等电位作业人员对接地体的距离	6.8 m	6.8 m	6.8 m	—	18.39 m	符合
绝缘工具最小有效绝缘长度	6.8 m	6.8 m	6.8 m	40 m	—	符合
等电位作业中的最小组合间隙	6.6 m	6.7 m	6.6 m	—	16.09 m	符合

综合所述计算，该塔位可采用直升机吊篮法开展等电位消缺作业，作业人员在进出电场、杆塔、导线等各作业位置中各项控制性安全距离满足规程规范要求。

(二)组织措施

为加强工作统筹推进，保障工作取得实效，成立专项工作组，并组建现场项目组，具体如下。

1.工作组

组　长：×××

副组长：×××

工作组成员：×××、×××、×××、×××

主要职责：按照方案中有关规定组织项目组实施作业，对外工作协调；组织“三措一案”的编写签发；检查督促作业中各类措施的落实到位；负责作业区域的外协工作；加强危险点分析并提出预控措施；负责向电网调度申报带电作业计划，并申请停用直流线路再启动；负责提供检修备品备件及专用工器具。

2.现场项目组

项目组长：×××

技术员：×××

安全员：×××

工作负责人：×××

工作负责人助理兼地面控制：×××

飞行员：×××、×××

吊篮法检修人员：×××、×××

专责监护人：×××、×××

空中观察员：×××、×××

地面配合人员：×××、×××、×××、×××

机务人员：×××、×××

司机：×××、×××

保安人员：×××、×××

以上人员中机务、航务、司机、保安依据任务单确定，现场人员共计30人。

3.主要职责

(1)项目组长负责整个任务的全面组织与实施，调配机组资源，制定工作计划。

(2)技术员负责组织安全技术交底，监督指导现场安全措施、技术措施的落实，提出现场事故隐患和存在的安全问题，并及时督促作业机组整改，有权制止违章作业和违章指挥，负责现场技术数据及影像资料的收集、整理、分析、存档工作。

(3)安全员负责监督、检查作业现场的安全文明作业和安规、措施执行情况，协助安全技术负责人开展有关工作。

(4)工作负责人作业期间持工作票，检查工作票所列安全措施是否正确完备，确认退出直流再启动功能，工作前对工作班成员进行危险点告知、交待安全措施和技术措施，并确认每一个工作班成员都已知晓，对作业安全、质量负责。

(5)工作负责人助理兼地面控制负责协助作业现场组织与监护，协助组织安全技术交底。在接到工作负责人指令可以开工后，工作负责人助理负责现场作业全程指挥，其间等电位检修人员离开吊篮进入导线后，至完成线上检修作业即将进入吊篮前，此期间的线上动作听从工作负责人指挥。

(6)飞行员负责直升机的吊挂飞行作业，气象条件监控；责任机长全面负责组织实施飞行，负责飞行安全，与运控人员协调次日飞行计划。

(7)带电作业人员负责认真学习和自觉执行安规、“三措一案”，不违章作业，发现事故隐患立即报告、及时消除，按照作业要求完成带电作业项目。

(8)专责监护人监督被监护人员遵守安规和现场安全措施,按照“三措一案”开展作业,及时纠正不安全行为。

(9)空中观察员负责协助飞行员观察周边净空及吊挂人员状态,及时提醒隐患点。

(10)地面配合人员负责吊挂设备、带电作业设备的准备、检查、检测、维护,负责直升机及带电检修人员落地前的放电。

(11)机务人员负责直升机维护保养、加油工作。

(12)油车驾驶员及押运员负责航油供应保障。

(13)保障员(1名保障车司机兼职)负责机组生活保障、防疫相关工作,负责防疫物资的配置及分发,每天测量机组人员体温并记录,遇到异常情况及时告知项目经理。

(14)保障车司机负责保障车的驾驶及维护。带电作业车司机负责带电作业车的驾驶及车载带电作业库的操作与维护。

(15)安保人员负责航空器、作业现场安全警戒工作。

带电作业人员分工如表3-8-9所示。

表3-8-9 带电作业人员现场分工表

工作分工	编号	姓名	主要工作内容
工作负责人		×××	负责组织检修工作,对带电作业的安全文明作业、质量负责
负责人助理		×××	负责协助工作负责组织检修工作,对带电作业的安全文明作业、质量负责
技术员		×××	检查人员起吊点工器具及材料,测作业点风速、湿度
地面专责监护人		×××	监护消缺作业
吊篮法作业人员	①	×××	等电位消缺
	②	×××	
安全观察员		×××	乘机人员屏蔽服电阻值测量与检查,空中安全观察,配合指挥人员上线
地面人员	①	×××	直升机起吊人员指挥,起吊人员屏蔽服电阻值测量与检查,负责人员、航空器、设备接地
	②	×××	负责摘挂钩操作
	③	×××	在带电作业前对所使用的工器具进行外观检查,核实其规格和型号;检查材料的齐全性和质量;放绳收绳
	④	×××	

4.组织措施

(1)现场勘查。项目实施前,由项目组长组织技术员等进行现场勘查。

(2)工作票执行。

(3)工作交底。项目组长根据“三措一案”组织对现场作业人员进行详细技术、安全交底,并做好记录。作业人员应掌握作业内容、作业方式、技术要点、要求,明确安全要求及注意事项,明白后签字确认。

(4)工作许可。工作负责人根据现场气象、空域、退出再启动等工作条件,向工作许可人申请开工。

(5)工作监护。本次作业设专责监护人1名,确保作业人员按照作业方案、技术措施进行现场操作。同时,本次作业过程中始终有1名机上安全观察员对作业人员进行观察提醒。

(6)工作间断。本次作业原则上不得间断,确有需要时,由工作负责人现场判断提出,报项目组同意,并办理相关手续。

(7)工作终结。现场工作结束后,由工作负责人向工作许可人办理工作终结手续,并完成相关记录。

(三)技术措施

1.作业直升机

本次作业直升机选择国网通航公司自有 Bell429 直升机(主用机号为 B-709Z,备用机号为 B-7601),为双发轻型直升机,满足民航规章对直升机外载荷吊挂人员作业机型要求;配备机腹双钩,已取得中国民航局颁发的适航许可证。

Bell429 直升机可开展外吊挂物资运输、吊索法、吊篮法带电作业等。可在不同环境中,应用 30 m、40 m 等不同长度的绝缘绳索及外吊挂设备,平稳、精准、快速地将作业人员投放至导地线指定位置,如图 3-8-15 所示。

图 3-8-15　吊索法导线带电作业及吊索法吊挂至塔头作业

Bell429 直升机最大悬停重量需根据作业地点相应的海拔、温度进行计算。

直升机吊挂重量＝最大悬停重量－直升机空重－人员重量－工器具设备重量－可用燃油量

作业区域海拔高度约 70 m(不超过 1000 m),经查作业时间段内的最高气温约为 35℃,查询 Bell429 直升机无地效悬停曲线得,作业区域起飞最大悬停重量 3628 kg,直升机空重 2290 kg,机上人员重量 3×80＝240 kg,吊篮及作业配套工器具设备约 150 kg,2 名作业人员及头盔屏蔽服工器具 160 kg,则带电作业时,加油量不受限制。

现场作业时为了给直升机更大的功率裕度以更好地应对紧急情况,飞行员可根据作业时间决定加油量。

2.作业吊篮

本次吊篮采用“特高压交直流输电线路直升机吊索法和吊篮法带电检修作业的研究”科技项目研究成果——马鞍式吊篮。吊篮材质为各杆件材料均选择 LY12 空心铝合金管材,各个部件及管件的链接采用 LC4 军用高强铝合金,零件采用钢材。经核算,吊架、吊篮、滑轮等部件强度符合要求。

构架外形尺寸:2600 mm×920 mm×1420 mm(下方半圆形导轨释放时尺寸为 2600 mm×920 mm×1600 mm),其中吊框尺寸 1200 mm×500 mm×600 mm,吊篮重量为 90 kg。具体部件需求如下所述。

(1)滑轮装置:吊篮中间设置两组四个滑轮,起到吊篮在导线上的支撑作用,采用高强尼龙材质,可以防止滑轮损伤导线,对角加装两个铝合金压轮解决电位差的问题,滑轮宽度满足六、八分裂上项子导线距离要求。

(2)吊篮吊框:吊篮两侧各有一个吊框,容纳一名作业人员及随身工器具,大件检修备品备件可放在吊篮顶部的平台上;作业时两侧吊框承重应保持一致,避免作业过程中发生倾斜。吊框底部铺设防滑铝合金板,吊框周围设有防护网,避免工器具掉落。

(3)导向装置:吊篮整体框架设有两个导向装置,一个是滑轮组下面的导向杆,另外一个是两侧的吊框支撑腿,在吊篮下降过程中可起到导向作用,吊篮起吊前可独立放置于地面。

(4)刹车装置:吊篮设计了 4 组刹车装置,采用线夹式的设计理念,内部垫有橡胶,通过手柄推动弹性滑块压紧导线即可锁住导线,刹车装置通过软铁链与吊篮相连,长度可根据现场作业情况进行调整。

(5)防扭装置:吊篮防扭装置采用软连接,主要由导线挂钩、收紧装置、连接头组成,其中导线挂钩与子导线相连,连接头与吊篮横梁相连,通过操作收紧装置,可以控制吊篮与导线的连接松紧状态,进而起到防扭效果。进入导线前防扭装置可放置在吊框内,避免进入过程中剐蹭导线。目前共设置 4 组防扭装置,在吊篮进入导线后,作业人员可选择合适位置进行连接,保证吊篮不发生倾斜,如图 3－8－16 所示。

图 3-8-16　马鞍形作业吊篮

3. 作业区域平面及航线

项目组前期对作业杆塔及周边环境进行了现场踏勘，选取了作业临时起降点、起吊点、观摩区。

规划的飞行路径由起降点出发，飞至作业塔位附近的起吊点，吊挂带电检修人员后投放至线上作业点。飞行路径尽可能避开了民房、公路等地点，同时尽量缩短吊运点与作业点的距离。

4. 直升机带电作业流程

(1)准备工作。

①作业前，拆掉直升机舱门，检查机舱内部，确认没有可自由移动的物品。拆掉舱门前后均需重新计算重心。

②在人员起吊点处铺设防潮垫，地面人员将作业所有工器具、材料分类放置其上，对照工器具、材料清单清点，做好外观检查；电力公司、国网空间技术公司共同对外吊挂设备、带电作业设备、个人防护用品等进行检测、称重，检测绝缘绳索绝缘性能，并留存记录；绝缘绳索加配重，防止空绳飘摆；调试通信设备。技术员复查。

③技术员使用温湿度仪、风速风向仪进行现场测量，并通报。工作负责人根据测量结果确定是否具备工作条件，风力大于 5 m/s(3 级)以上，或相对湿度大于 80%，不宜进行作业。

④乘机人员及线上人员穿戴屏蔽服，连接衣帽、手套、导电鞋的接头，保证连接可靠。地面配合人员使用万用表测量屏蔽服电阻值，屏蔽服衣裤最远端之间的电阻值均不大于 20 Ω，如图 3-8-17 所示。

图 3-8-17　直升机检修作业屏蔽服

⑤气象条件符合作业要求后，工作负责人向调度申请退出直流再启动；退出直流再启动后，航务人员向军民航进行飞行申请。

⑥直流再启动已退出、军民航飞行申请已批复后，工作负责人向工作许可人申请开工，得到开工许可后告知飞行员和地面作业人员。向作业人员进行工作票交底：根据措施、规程、规范对现场作业人员进行详细技术、安全交底，并做好记录。现场班组交底工作可酌情提前组织实施。

⑦作业人员应掌握作业内容、作业方式、技术要点，明确安全要求及注意事项，明白后签字确认。

(2)吊篮挂钩吊挂。

直升机飞至起吊点，地面配合人员指挥直升机到起吊点 1.5 m 高度处悬停，地面配合人员进行吊篮挂钩操作并检查确认，将吊篮与直升机相连接。

(3)提升高度，飞至作业点。

挂好吊篮后，直升机缓慢提升高度，地面配合人员同步展放绝缘绳索，确保绝缘绳索紧绷，防止绳索缠绕滑撬或互相缠绕。等到吊篮即将离地时，地面配合人员指挥直升机悬停，两名等电位检修人员同步进入吊篮，连接好自身安全带与绝缘绳索后直升机继续提升高度至离地面 1 m，地面配合人员复查吊篮连接情况，并释放、固定半圆形导轨。

按照既定航线，将吊篮飞至作业点附近，飞行员及吊挂人员共同确认线路及杆塔号正确。

(4)吊挂吊篮进入作业点。

直升机根据作业时风向调整进线路径，飞行员逆风控制直升机姿态，飞至作业位置附近上方，控制直升机下方吊篮与杆塔保持至少 15 m 的距离。然后以缺陷位置为目视参照物，缓慢下降高度、斜向切入线路，一次性稳定地将吊篮及作业人员投放至作业点。期间飞行员要持续微调直升机姿态，应对自然风、吊篮自身转动、旋翼下洗气流等不利因素对进线轨迹带来的干扰。

吊篮进入导线之前，等电位人员应握紧电位转移杆使其下端低于吊篮底部，使导线先对电位转移棒放电，从而整体进入等电位。

(5)人员上线检修作业。

进入等电位后，等电位人员先将吊篮通过刹车装置及防扭转装置与导线连接牢固后，将一根安全带防护绳连接到上层子导线上，然后解开吊篮与吊索的连接，以及吊索连接的保护绳，最终确认人员、吊篮与导线连接可靠且与吊索脱离后，指挥直升机飞离作业位置。

直升机在起吊点降低高度，在地面人员的配合下摘机腹钩；地面人员收回吊索系统，避免沾污；直升机在起吊点落地等待。

两名等电位人员同步爬出吊篮朝同一方向上线。作业人员上线后，将二道保护绳连接到整组导线上，检查安全带防护绳与上层子导线连接无误后，两人走线到作业点处。

然后，两人共同配合修复导线间隔棒，同时检查导线是否有损伤。

作业完成后检查现场无遗留物。

(6)人员返航、工作终结。

①吊篮法线上作业完成后，即将进入吊篮时，地面控制人员通知直升机起飞，重新连接吊索系统，返回作业点。

②待等电位作业人员接到吊索后，通知飞行员控制直升机悬停，等电位作业人员分别连好吊篮四角，再连接吊篮安全绳，确认连接可靠后，将安全带防护绳与子导线脱离，解开防旋钮装置和刹车装置，指挥直升机缓慢上升高度，直至完全退出等电位。

③直升机吊挂吊篮返回至起吊点上方缓慢下降，等电位作业人员与飞行员通过作业手势进行沟通，确认距离地面的高度，直至着陆。待吊篮接近地面时，地面配合人员利用接地线对吊篮、作业人员、直升机进行放电，等电位作业人员落地稳定后迅速解除吊索与吊篮的连接。

④直升机吊挂吊篮返回起吊点，释放吊篮并降低高度，在地面人员的配合下摘除外吊挂系统，返回起降点落地关车。

(7)地面人员整理工器具、清理现场，做到“工完、料尽、场地清”。

(8)工作负责人向工作许可人报工作终结，办理工作票终结手续，工作终结。

(9)在正式实施上述作业流程前，现场项目组视情况，若必要，可在正式吊挂吊篮及人员上线前，开展直升机吊挂吊篮及沙袋上线练习。

5.关键技术措施

(1)吊篮法连接方式。

Bell429 直升机配置双钩设备，为外载荷吊挂人员专用设备，吊钩通过预装架构与直升机机腹相连，设置有吊钩及相关释放开关。在外载荷吊挂人员作业时，机腹吊钩通过两个封闭环与 D 型锁、绝缘绳索等连接。

吊篮法连接方式：机腹双吊钩－主钩－封闭环－金字塔架(三角架)－4 根 40 m 绝缘绳索(含支撑架，距绳索底端 10 m)－D 型锁－作业人员，其中，副钩通过吊索与主钩 D 型锁相连。

(2)作业气象条件。

带电作业的气象条件，参照DL/T1720—2017《架空输电线路直升机带电作业技术导则》和MH/T1064.4—2017《直升机电力作业安全规程第4部分：带电作业》规章要求，确定如下：能见度不低于3 km，垂直能见度不低于500 m，云底高度不低于吊挂作业点以及往返航线最高点300 m，风速依据各机型飞行手册的风速限制，但最大不得大于5 m/s(不大于3级风)，相对湿度不大于80%。

(3)检修作业工艺标准。

工艺应符合《±800 kV架空送电线路工程施工质量检验及评定规程》要求。

(4)质量控制措施。

带电作业过程中，根据线上作业完成情况，地面监护人使用望远镜进行检查。验收完成后，检查现场是否有遗留物。

(5)直升机与线路距离控制。

在直升机外吊挂吊篮上线作业中，应控制直升机机腹挂钩至作业线路地线距离不小于15 m。

(6)拍摄记录。

本次作业要进行拍摄记录，留存影像资料，为作业后评估提供支撑，同时也为后续作业、培训积累素材。

在直升机滑撬上或支撑架上安装GoPro，从空中视角采集全过程作业影像。

6.通信指挥(见图3-8-18)

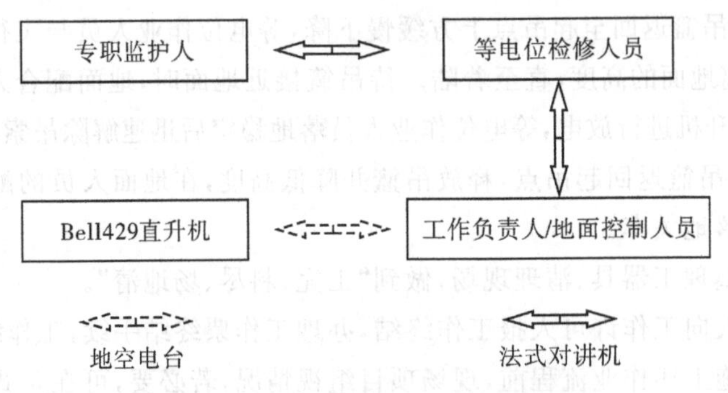

图3-8-18　带电作业通信示意图

(1)带电作业时，等电位作业人员与工作负责人/地面控制人员、专职监护人通过法式对讲机沟通。飞行员与等电位作业人员使用手势进行沟通，同时与工作负责人/地面控制人员通过地空电台沟通，报送实时情况。作业前要进行通信联调，保证作业期间通信畅通。

(2)地面配合各作业环节通信以普通对讲机为主。作业前要进行通信联调，保证作业期间通信畅通。

(3)办理工作票许可手续之后，现场由工作负责人指挥；办理完工作票终结手续之后，现场由项目经理指挥。

(四)安全措施

1. 危险点分析及预控措施(见表 3-8-10)

表 3-8-10　危险点分析及预控措施表

序号	危险点类别	危险点	安全管控措施
1	人身触电	作业前未对屏蔽服、绝缘绳索的外观及阻值进行检查及测量,可能发生危险	等电位作业人员应穿合格全套屏蔽服和导电鞋,采用万用表检测和确认其连接可靠,导通良好。屏蔽服衣裤最远端点之间的电阻值不得大于 20 Ω。工具使用前,应仔细检查确认是否损坏、受潮、变形、失灵。绝缘绳索应使用 2500 V 及以上兆欧表或绝缘检测仪进行分段绝缘检测(电极宽 2 cm,极间宽 2 cm)检测阻值应不低于 700 MΩ
2	人身触电	直升机吊挂人员返回起降点,地面人员未对直升机及吊挂设备放电,导致发生危险	直升机降落时,地面作业人员应利用接地线对直升机及吊挂设备进行放电
3	人身触电	线上人员触电	带电作业前,申请线路退出直流再启动;作业前检查现场温湿度、风速,湿度不大于 80%,风速不大于 5 m/s(3 级);进入线路前,核对杆塔双重名称;塔上、线上作业人员穿戴全套检验合格的屏蔽服,且屏蔽服各连接点连接可靠,作业中严禁脱开;绝缘工器具运输过程中应防止损伤,现场摆放在防潮垫上;现场使用前使用万用表测量衣、裤最远端电阻,电阻值不大于 20 Ω;绝缘工具使用前,仔细检查其是否损坏、变形、失灵;接到工作负责人许可工作的通知后方可开始工作;塔上监护人应始终关注作业人员与带电体的安全距离,提醒并及时制止作业人员的不安全行为
4	人身触电	进等电位过程不稳定,多次进出等电位造成多次拉弧,对等电位人员造成伤害	直升机吊挂人员及吊篮进线应一次完成,若本次进线轨迹不理想,则应及时退出线路,待航空器飞行姿态、航线、进入角度稳定后重新进入等电位
5	人身触电	进出等电位过程中,飞行员操控失误导致带电体对等电位人员直接放电	接近和离开带电体时,等电位作业人员要提前做好电位转移杆准备,以防飞行员操作失误导致放电;副驾驶和空中观察员也应判断吊挂人员的行动轨迹,发现进线趋势不对时立即提醒主驾驶
6	通信不畅	作业前通信设备未检查,可能导致飞行中无法交流,可能导致危险	起飞前,作业人员应认真对通信设备进行检查

续表

序号	危险点类别	危险点	安全管控措施
7	气象条件恶劣	飞行中遇到影响作业的天气变化,如起雾、大风、雨雪等,可能使飞行作业危险性增加	作业应在良好天气下进行。如遇雷电(听到雷声、看见闪电)、雨雾等,禁止进行带电作业;如风力大于3级或湿度大于80%时,不宜进行带电作业。作业过程中加强对天气变化趋势的监控
8	高空坠落	起飞前直升机、绳索、吊挂人员、吊篮之间连接可靠性未检查,可能引起意外坠落	直升机吊挂人员及吊篮离地面0.5 m的高度时,应悬停检查,进一步确认载人吊钩、绳索、人员之间等连接可靠
9		飞行中、作业中工具材料未放置牢稳,可能在飞行中发生高空落物	检修用工器具应固定可靠,作业地点下方严禁人员活动,防止高空坠物
10		吊挂人员上线后,检修人员弄错安全带的连接顺序,失去安全带的保护	吊挂人员上线后,应先用安全带二防连接到导线上,再拆除安全带挂环与绝缘绳索的连接
11		塔上、线上人员高空坠落	始终保证安全带(绳)打在杆塔固定件上,监护人员应加强监护,时常提醒,纠正作业人员违章行为
12		线下、航路下方坠物伤人	在作业时,特别是人口密集区或交通道口和通行道路上,作业地点周围应装设遮拦,必要时,派专人把守
13		配重或支撑架滑移下落伤人	安装配重和支撑架时,双重检查安装质量。直升机避免突然下降或提升高度
14		起飞前直升机机腹载人吊钩释放性能未检查,紧急情况下无法快速释放	作业前应检查直升机机腹载人吊钩释放性能,并通过规格、材质符合要求的强力封闭环与绳索连接,主钩连接绳索长度与副钩连接绳索长度比例应符合相关规定
15		直升机吊挂人员返回起降点,地面人员未对吊挂绳索进行收集整理,导致发生绳索缠绕危险	直升机吊挂人员降落时,收拾好作业工器具并做好吊绳的收集整理工作,绝缘绳索在使用中应避免脏污和受潮,使用完毕后应装在专用袋或专用箱内
16		飞行中作业人员未仔细观察周围环境、障碍物等,未与飞行员及时通报有可能导致飞行发生危险	必要时,抵达作业地点后,飞行员、安全观察员应驾驶直升机空飞勘察,检查可能出现的紧急状况,以及确认可供紧急迫降的区域。飞行员应选好进入和离开作业点的飞行路线,避免发生危险。作业人员进行周边障碍物、作业线路、作业地点识别确认,并需要与飞行人员沟通确认

续表

序号	危险点类别	危险点	安全管控措施
17	人身伤害	塔上作业人员在起吊过程中与横担结构发生钩挂	起吊前，塔上作业人员应坐在横担上平面，检查与横担角铁、构件的钩挂情况
18	身体异常	作业人员及飞行员突感不适，或存在精神或体力疲劳现象，可能引起操作失误	当实际条件、环境或机械自身情况不适宜继续作业时，任何一名机组成员都有责任建议中止操作
19	中暑	作业期间遇高温天气，造成作业人员中暑，带来安全隐患	严格控制现场气象条件，避免高温时作业；现场准备好防暑降温药品；机组人员互相监督身体状况，发生异常时主动报送
20	疫情	1.提前做好预防预想，做好防疫预案，加强机组人员监控状况监控，做好人员防护措施，外出作业时集体出行，避免不必要的出行；作业开始前及结束后，做好人员、航空器、装(设)备消毒工作 2.项目经理安排机组保障员对现场人员进行体温测量，发现有体温达到37.3℃以上的，禁止上岗，并视情况到医院进行检查，出具痊愈诊断报告方可返岗 3.遵守属地管理单位疫情防控管理要求，严格执行落实	

2.作业注意事项

(1)必须遵守工作票流程，履行交底签字确认手续。应明确得到工作票工作负责人通知，告知线路直流再启动已退出，调度许可开工后，方可进行作业。

(2)带电作业人员应为带电作业培训合格并取得带电作业证的人员。安全工器具在检验周期内并有记录，机械、工器具有检验试验记录。

(3)绝缘绳索、屏蔽服等带电作业设备使用前应在带电作业设备运输车内进行烘干，确保绝缘绳、屏蔽服等干燥。

(4)吊篮投放点选在作业点前后5 m左右，入位时应合理利用子导线间距的横向活动余量；篮内人员密切关注吊篮入位情况，如果第一次入位卡顿，及时告知飞行员提起吊篮，调整好后重新入位。

(5)严格把控气象条件，满足要求方可作业。

(6)载人外吊挂作业最大允许空速60节。

(7)现场工作负责人、安全监护人应配穿“红马甲”。

(8)未尽事宜应按照《国家电网公司电力安全工作规程(线路部分)》(Q/GDW1799.2—2013)的相关规定执行。

3.安全监督措施

按照《安全监督工作大纲》要求，项目经理和安全员依据《安全检查参照表》组织各专业人员实施检查，报送检查结果。

(五)应急预案

1.应急处理原则

任何时候遇有危及飞行安全的情况或出于对安全的考虑需要偏离规定的方法、程序或最低标准时,机长应做出紧急情况处置。

任何影响安全飞行的飞机系统或部件故障也应作为紧急情况处置。采取任何紧急程序时,应宣布飞机处于紧急状态。在处置紧急情况时,应遵守《中国民用航空飞行规则》和公司《飞行作业手册》《特情处置预案》程序。

根据具体性质、飞行条件和可供处置的时间,为保证飞行安全,允许机长视情况偏离规定的运行程序与方法、天气最低标准和规章规定,但必须以符合该紧急情况处置需要为原则。

线上作业在飞行中如遇特殊情况,驾驶员应保证外吊作业人员安全或临时选场着陆。此时驾驶员应尽可能在采取行动之前向吊挂人报告,并尽可能降低飞行高度,选择合适的场地,以保证作业人员及财产的安全。

2.应急处置程序的启动

任何时候,机长拥有采取应急程序,保证飞行安全的最终决定权。机组全体成员应听从机长指挥,全力协助机长。但并不意味着机长可以不考虑其他机组成员的意见而独断专行。当机长有与其他机组成员商讨问题的时间时,应尽可能让其参与意见,视当时情况采取最为安全的措施。

只要时间许可,机长应在采取措施的同时,宣布紧急状态,及时将紧急情况和所采取的措施报告,其内容包括:飞机位置、高度和紧急情况的性质、正在或将要采取的措施以及所需帮助。

现场安全监护人为第一应急人,必须有信息联络表,在紧急情况发生时能及时与外部联系;同一作业组人员及时加入急救组参加应急响应。带电作业期间,所有人员通信必须畅通,确保工作持续性。

3.特情处置预案

(1)天气突变。

①机组人员和地面人员加强观察,当发现天气即将变坏时,要及时终止外吊挂作业,飞机尽快落地,结束作业。

②严禁进入危险天气。

③如天气变坏或低于最低气象标准,应终止作业。

④如临时起降点因天气突变不能着陆时,应根据油量飞向临近安全场地备降。

⑤线上检修作业期间,如遇天气突变降雨,线上人员立即退出工作位,返回至上线点,身体收缩进分裂子导线范围内,等待天气转好直升机救援;塔上监护人员立即转移至临近塔身

段，从塔身结构内攀爬下塔。

(2)意外脱钩。

①每次外吊挂飞行选择的路线要选择没有地面人员和车辆的线路。

②如果空中意外脱钩，应立即返回临时起降点关车检查飞机是否受损，检查外吊挂装置安装间隙调整是否在正常范围。

③调整后可以飞行起吊点进行试飞，确认正常后方能进行外吊挂作业。

(3)高处坠落。

同组作业人员大声呼救，求得相关方人员帮助。对坠落人员进行检查，检查是否有意识，如没有意识，进一步检查是否有呼吸及心跳，没有则立即实施心肺复苏；如伤者伤口流血，应立即按压其伤口止血，用现场医疗物品包扎。如出现骨折，应进行骨折固定，万万不可随意拉抱或翻身，以防断骨割断神经造成无法挽回的后果。同组人员及时与现场负责人和外部联系，求得急救中心援助，及时把受伤人员送至就近医院进行抢救治疗。

(4)触电。

对触电人员进行检查，如触电人员已停止呼吸或心跳，立即对其实施心肺复苏，直至触电人员苏醒。同组人员及时与现场负责人和外部联系，求得急救中心援助，及时把受伤人员送至就近医院进行抢救治疗。

(5)突发疫情。

遵循公司突发医疗事件的应急措施，严格落实公司防疫举措，并做到以下几点。

①强化应急指挥。做好人员、设备方面准备，统筹医疗资源和后勤保障供给，防疫物资统一调配、发放。

②确保试点工作安全开工。密切关注疫情防控情况，积极与属地单位沟通，做好计划安排，摸清机组人员来源，对于疫情重点地区的人员，履行属地防疫管理措施。

③做好现场人员管控。严格开展入场测温，作业期间严禁外部人员随意进入驻地，配齐配足口罩等个人防护用品，做好住宿场所通风、消毒，每天对现场人员测量体温，一旦发现有发热、咳嗽、乏力、呼吸不畅等症状人员，立即隔离、送诊。

(6)急救电话 120。

(7)应急联系。

应急联系表如表 3-8-11 所示。

表 3-8-11　应急联系表

部门/岗位	姓名	办公电话	传真	手机	邮箱

(8)工具设备及材料清单。

直升机带电作业工器具如表3-8-12所示。

表3-8-12 直升机带电作业工器具表

序号	大类	名称	单位	数量	规格
1	直升机及配套设备	Bell429	架	1	带鱼泡眼
2		机腹吊钩	套	1	载人双钩
3	生产用车	油车	台	1	
4		全顺车	台	1	
5		皮卡车(类)	台	1	
6		带电作业设备运输车	台	1	
7	绝缘检测装置	绝缘检测仪	台	1	
8		万用表	台	1	
9	气象观测仪	风速风向仪	台	1	
10		温湿度计	台	1	
11	恒温装置	恒温柜	台	1	—
12	通信设备	空地电台	台	6	
13		法式对讲机	台	4	
14		对讲机	台	5	
15	关键连接装置或工具	导线吊篮	个	1	
16		封闭环	个	4	5 T
17		D型锁	个	30	
18	工作绳索及配套工具	绝缘绳	根	4	Φ20×30 m
19		绝缘绳	根	4	Φ20×40 m
20		配重	个	1	15 kg
21		H型支撑架	个	1	

续表

序号	大类	名称	单位	数量	规格
22	安全保护用具	屏蔽服	套	6	特高压专用
23		静电服	套	3	特高压专用
24		工作头盔	个	5	
25		安全带	个	6	
26		二道防护绳	—	—	
27		安全帽	个	20	
28		电位转移杆	个	2	备用
29		接地线	根	3	法式
30		绝缘垫	个	1	4m×10 m
31		安全马甲	套	10	
32		尼龙手套	套	10	
33		应急包	套	1	
34		GoPro	台	3	
35		望远镜	台	5	
36	检修工器具	活动扳手	把	2	
37		钳子	个	1	
38		间隔棒拆装工具	把	2	适应间隔棒型号
39		走线滑轮	套	1	吊运间隔棒，适应导线型号
40		异物收纳袋	个	2	满足装入鸟窝拆除物

(9)直升机吊索法手号。

直升机吊索法手号如表 3-8-13 所示。

表 3-8-13　直升机吊索法手号

手号说明	手号含义	使用人员	备注
手掌向内，往复屈伸	直升机向前	地面指挥	
手掌向外，往复屈伸	直升机向后	地面指挥	
单臂伸过头顶，手掌顺（逆）时针旋转	直升机上升高度	地面指挥	
双臂向两侧水平伸展（单臂时向外侧水平伸展），手心向下，上下摆动	直升机下降高度	地面指挥	
双臂（单臂）从胸前向两侧伸展90°，手心向下，保持不动	直升机悬停	地面指挥	

续表

手号说明	手号含义	使用人员	备注
单臂伸出，手掌重复开合	直升机脱钩	地面指挥	
双臂举过头顶交叉	吊挂点有异常，直升机离开吊挂点	地面指挥	
单臂伸过头顶，手掌顺（逆）时针旋转	直升机上升高度	作业员	
单臂向外侧伸展，手心向下，上下摆动	直升机下降高度	作业员	

续表

手号说明	手号含义	使用人员	备注
单手往复伸出，指向目标点	指示飞行员目标位置	作业员	
单臂从胸前向外侧伸展90°，手心向下，上下缓慢摆动	保持当前趋势	作业员	
单臂伸出，保持静止	保持当前高度	作业员	
双臂举过头顶交叉或单手举过头顶，握拳	直升机立即停止作业	作业员	

续表

手号说明	手号含义	使用人员	备注
举起D型锁或吊索	示意已脱钩，直升机可以撤离	作业员	
双手握拳，大拇指伸出，相向摆动	工作人员挂好安全带两侧安全绳	安全员	
双手握拳，大拇指伸出，相背摆动	工作人员拆除安全带两侧安全绳	安全员	
手臂摆动频率快则直升机快速下降高度 在脱钩前务必打好安全带两侧安全绳 先挂好胸前D型锁，拆除安全带两侧安全绳			

四、直升机吊篮法作业

(一)作业流程

直升机吊篮法飞行流程如图 3-8-19 所示。

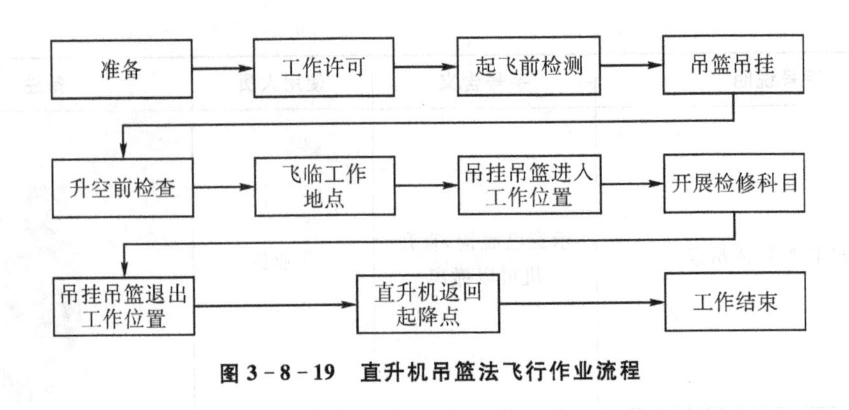

图 3-8-19　直升机吊篮法飞行作业流程

(二)前期准备

(1)查看起降场地(备降场地)、杆塔结构、缺陷部位、作业点周边环境,判断能否采用吊篮法进行带电作业。

(2)核算导地线间距、排列形式、相间距离、相序、杆塔结构等,检查工器具、材料的规格是否满足要求,查验相关产品合格证和试验检测报告。

(3)根据导、地线间距、相间距离、杆塔结构等核查结果,检查直升机吊篮法飞行路径能否满足安全距离要求。

(4)编制作业指导书等技术文件,确定作业人员,准备相应的材料工器具。

(5)若地线检修作业,执飞机长应与上线作业人员明确地线检修作业中直升机的计划悬停时间。

(三)工作许可

(1)工作许可人下达工作许可命令后,工作负责人核对线路双重称号及线路色标等。

(2)申请停用线路重合闸,同时明确若遇本线路跳闸,不经联系不得强送。

(3)工作负责人现场宣读工作票及危险点分析与控制单,对全体作业人员进行安全、技术交底,使所有作业人员清楚工作内容和任务分工,掌握作业项目操作程序、作业方法及技术要求,明确安全措施和安全注意事项,全体工作人员确知后签字确认,工作负责人下达开始工作的命令。

(四)起飞前检查

(1)将苫布铺在合适的位置,依次摆好工器具,检查工器具是否齐全并对其进行外观检查;带电作业人员对吊挂设备、绝缘绳索等进行外观检查,飞行员和带电作业人员穿戴好屏蔽服,对绝缘绳索、屏蔽服电阻进行测量,确认绝缘性能符合要求;飞行员、机务人员进行直升机航前检查,拆卸直升机驾驶舱舱门;地面作业人员检查风速、风向、空气湿度。

(2)地面作业人员检查直升机载人吊钩、绳索、吊篮的连接情况,确认人员安全带连接绳、作业吊篮与绳索系统连接可靠，对屏蔽服电阻进行测量，检查外观，确认各部分连接良好、可靠。

(3)带电作业人员对吊篮内的作业工器具、电位转移棒等进行固定，确认通信设备处于正常的工作状态。

(五)吊篮吊挂

地面作业人员连接吊挂系统和带电作业人员，再次检查人员安全带连接环与绝缘绳索连接可靠，电位转移杆与吊篮连接牢固。确无问题后指挥直升机提升高度，离地面 1.5 m 处悬停等待挂钩，地面作业人员挂钩后缓慢展放绝缘绳索，防止绝缘绳索触地。

(六)升空前检查

(1)直升机吊挂作业吊篮起飞离地面 0.5 m 时，应悬停检查，地面作业人员进一步确认吊钩、绳索、吊篮等连接可靠。

(2)工作负责人观察直升机起吊吊篮的飞行状态，如作业吊篮发生较为严重的旋转，应通知飞行人员进一步调整飞行姿态及飞行速度。

(七)飞临作业地点

直升机吊挂人员飞抵作业线路，飞行员及带电作业人员核实作业线路及杆塔，同时进行航行障碍物识别，目视核实作业地点位置。飞行员根据风向选择行进路径，缓慢、匀速接近作业点。

(八)直升机吊挂吊篮进入工作位置

1. 进入导线作业位置

(1)飞行员需逆风控制直升机姿态，选择作业点最近的间隔棒作为目视参照物，沿指定角度将吊篮直线送至参照间隔棒处。下降过程中带电作业人员通过作业手势及通话设备告知距线高度等信息，调整飞行姿态及下降速度，飞行员应随时观察人员所处的位置及其与周围带电体的距离。

(2)待吊篮进入作业导线位置后，两名检修人员首先将自身安全带防护绳与导线连接牢固后，解开安全带与吊绳的连接，然后将吊篮通过刹车装置及防扭转装置与导线连接牢固后，解开吊篮与吊绳的连接，最终确认人员与吊篮与导线连接可靠及与吊绳脱离后，指挥直升机飞离作业位置。

2. 进入地线作业位置

(1)飞行员需逆风控制直升机姿态，吊挂吊篮缓慢下降，下降过程中检修人员通过通话设备及作业手势与飞行人员进行沟通，调整飞行姿态及下降速度，飞行员应同时观察吊篮所处的位置及其与周围带电体的距离。

(2)待吊篮下降至地线平行处,检修人员通知飞行员稳定悬停,并辅助吊篮滑轮进入地线。

(九)开展检修科目

按照检修科目指导书开展作业。

直升机吊挂吊篮退出工作位置。

1.退出导线工作位置

(1)飞行员接到作业人员作业结束的通知后,驾驶直升机返回至作业位置上空,逆风控制直升机姿态,作业人员通过通话设备及手势与飞行人员进行沟通,确定吊索端距作业地点的相对位置。

(2)待检修人员能够接触吊绳后,通知飞行员控制直升机进行悬停,首先检修人员将吊篮与吊绳进行连接可靠后,解除吊篮的刹车装置和防扭转装置,然后将自身安全带防护绳与吊绳连接,解除防护绳与导线的连接,确认电位转移杆与导线连接良好,通知直升机缓慢上升高度。

(3)直升机吊挂吊篮脱离导线后,检修人员检查吊篮及绳索是否完全脱离,并与飞行员保持通信联络,确认安全后通知飞行员继续上升高度。

2.退出地线工作位置

检修人员完成检修科目后,释放吊篮刹车装置,检查篮内工器具的固定情况,确认吊篮已与地线完成脱离,通知飞行员缓慢提升高度,辅助吊篮平稳脱出地线。

(十)直升机返航

(1)直升机吊挂作业吊篮返回至起降场上方缓慢下降,篮内检修人员与飞行员通过作业手势及通信设备进行沟通,确认吊篮距离地面的高度。

(2)待作业吊篮接近地面时,地面配合人员利用接地线对吊篮、直升机和挂钩进行放电,吊篮在地面接触稳定后,篮内检修人员解除吊绳与吊篮及安全带的连接,地面人员整理吊绳放入工具箱内,防止其受潮。

(十一)工作结束

工作结束后,工作负责人向工作许可人交令,办理完工手续,撤离现场。

第四章　架空输电线路风险防控

第一节　防污闪

一、防范原则

当前对电力系统影响较大，且比较频繁的事故是在运行电压下设备污闪事故。近年来，随着电网防污闪措施的有效实施，污秽闪络有逐年下降趋势。防范原则如下。

(1)根据现场污秽度变化及线路运行情况，定期对污区分布图进行修订。

(2)根据污区分布图对外绝缘配置进行校核，不满足要求的应采取调爬、更换复合绝缘子、涂覆防污闪涂料、加装增爬裙等措施进行改造或修理。

(3)根据线路沿线污染源分布情况，应合理安装污秽在线监测装置，对装置异常的，应进行改造或修理。

(4)针对复合外绝缘表面(复合绝缘子、防污闪涂料涂层)憎水性不满足要求的，应进行改造或修理。

(5)针对易发生雪闪的杆塔绝缘子，应采取加装大盘径绝缘子、涂覆防污闪涂料、加装增爬裙等措施进行修理。

二、防范技术

(一)更换复合绝缘子

将线路原有的瓷质绝缘子或玻璃绝缘子更换为复合绝缘子是防污闪重要的技术措施之一。在同样的爬距及污秽条件下，复合绝缘子(见图 4-1-1)防污闪能力明显高于瓷绝缘子和玻璃绝缘子，其原因如下。

(1)硅橡胶伞裙表面为低能面，憎水性良好，且可迁移，使污秽层也具有憎水性，污层表面的水分以小水珠的形式出现，难以形成连续的水膜。其在持续电压的作用下，不像瓷和玻璃绝缘子那样形成集中而强烈的电弧，表面不易形成集中的放电通道，从而具有较高的污闪电压。

(2)复合绝缘子杆径小,同污秽条件下表面电阻比瓷、玻璃绝缘子要大,污闪电压也相应要高。

(3)与瓷和玻璃绝缘子下表面伞棱式结构不同,复合绝缘子伞裙的结构和形状也不利于污秽的吸附及积累,不需要清扫积污,有利于线路的运行维护。

复合绝缘子除了具有优异的防污性能外,其还具有机械强度高、体积小、重量轻,运行维护简便,经济性高等优点。复合绝缘子属于不可击穿型结构,不存在零值检测问题。

但是,随着复合绝缘子使用量的剧增,其闪络和损坏的事例也日趋增多。复合绝缘子现场损坏原因主要包括:

(1)机械方面的损坏,主要包括脆断、舞动等因素导致的芯棒折断等。这类事故后果严重,可能导致电网发生恶性事故;

(2)绝缘子的电气损坏,如闪络、内击穿等。国内复合绝缘子损坏现象多发生于早期产品,主要原因包括选材不当及工艺不成熟等。

复合绝缘子的年损坏率约为0.005‰,优于世界其他国家的平均水平。但需要指出,复合绝缘子也会发生污闪故障,其原因有表面快速积污或积污过多,造成憎水性难以迁移;气候环境等外因造成绝缘子憎水性减弱或暂时丧失;硅橡胶材料老化造成憎水性及污闪性能下降等。

图4-1-1 复合绝缘子

(二)RTV防污闪涂料

防污闪涂料(见图4-1-2),包括常温硫化硅橡胶及硅氟橡胶(RTV,含PRTV),属于有机合成材料,主要成分均为硅橡胶,主要用于喷涂瓷质或玻璃绝缘子,提高线路绝缘水平。目前防污闪涂料分为RTV-Ⅰ型和RTV-Ⅱ型。

图 4-1-2　防污闪涂料

RTV(PRTV)防污闪涂料均由以硅橡胶为基体的高分子聚合物制成，其防污性能表现在两个方面：憎水性及其憎水性的自恢复性；憎水性的迁移性。在绝缘子表面施涂 RTV 硅橡胶防污闪涂料后，所形成的涂层包覆了整个绝缘子表面，隔绝了瓷瓶和污秽物质的接触。当污秽物质降落到绝缘子表面时，首先接触到的是 RTV 硅橡胶防污闪涂料的涂层。涂层的性能就变成了绝缘子的表面性能。当 RTV 硅橡胶表面积累污秽后，RTV 硅橡胶内游离态憎水物质逐渐向污秽表面扩展。从而使污秽层也具有憎水性，而不被雨水或潮雾中的水分所润湿。因此该污秽物质不被离子化，从而能有效地抑制泄漏电流，极大地提高绝缘子的防污闪能力。

RTV 防污闪涂料具有的优点包括：①长效高可靠性；②良好的适应性；③长期少维护和免维护；④施涂工艺要求简单；⑤投入产出效益高。

RTV 防污闪涂料应用技术将电网防污闪专业工作由传统的多维护、短时效、高成本、低可靠性向先进的少维护、长时效、低成本、高可靠性转变，提供了成功的技术途径。RTV 防污闪涂料在我国已有二十多年成功运行的经验。例如，目前 35 kV 及以上架空输线电路上使用了 RTV 涂料，有效预防了污闪事故的再次发生。

虽然 RTV 涂料的应用对于减少电网污闪事故的发生起到了积极作用，但是由于目前 RTV 涂料在国内电网中运行时间有限，且生产厂家较多，又缺乏有效监管，因此也存在一些问题：①目前我国生产的 RTV 涂料产品质量良莠不齐，缺乏严格的施涂工艺规范，容易出现质量问题。虽然我国已有二十多年成功运行的经验，但是对于 RTV 涂料的有效运行尚无定论，运行中 RTV 涂料质量的有效检测问题也未得到很好解决。②由于长期在风吹日晒的环境中，RTV 硅橡胶会存在龟裂、附着力下降和防污闪性能下降等缺点。如何进一步提高 RTV 硅橡胶涂料的机械性能和电绝缘性能需要进一步研究。③某些产品出现寿命短、附着力不好、龟裂、剥落的现象，运行中存在憎水性消退、生物污染、清除复涂困难且费用高昂等问题。且阻燃性能欠佳是目前国内外产品存在的一个共同问题，虽然近些年的新产品已经在阻燃方面有了初步改进，但所用的多是以含铂络合物的阻燃剂，提高了产品的生产成本。

RTV 防污闪涂料使用时应根据其运行环境进行维护，在以下三类污染源涂覆后应加强涂料的运行监测：①严重化工污染源；②铁锈粉末等金属粉尘污染源；③水泥厂或炼钢厂等矿石粉污染源。

(三)防污闪辅助伞裙

防污闪辅助伞裙(即通常的硅橡胶增爬裙，如图 4-1-3 所示)，指采用硅橡胶绝缘材料通过模压或剪裁做成硅橡胶伞裙，覆盖在电瓷外绝缘的瓷伞裙上表面或套在瓷伞裙边，同时通过黏合剂将它与瓷伞裙黏合在一起，构成复合绝缘。

防污闪辅助伞裙主要优点：①增加原有绝缘子串的爬电距离，提高线路绝缘水平；②有效阻断沿绝缘子表面建立冰桥的通道，防止发生覆冰和覆雪闪络。

但是采用防污闪辅助伞裙的同时应注意合理布置防污闪辅助伞裙的分布间距。对于 500kV 超高压输电线路，防污闪辅助伞裙通常每隔 3～4 片绝缘子粘贴 1 片。

图 4-1-3 防污闪辅助伞裙

由于硅橡胶伞裙与瓷伞裙界面间胶合的黏合剂(RTV 硅胶)作为组合绝缘的一部分，与硅橡胶伞裙一起在污湿状态下起主绝缘的作用，承受相当高的分布电压。因此，要求有很高的绝缘性能、黏结强度和抗老化性能。黏结材料选择不当，会造成瓷伞裙与硅橡胶伞裙之间失去黏接能力；黏接工艺不当，会存在气泡或部分界面没有黏合，失去绝缘的作用。

硅橡胶伞裙套表面应平整光滑，无裂纹、缺胶、杂质、突起，伞套边缘无软挂、塌边等现象，合缝应平整，安装成型后的伞裙套上表面要求具有 18°左右的下倾角。

投入运行后，要注意巡视。如发现搭口脱胶，或在黏接区有放电现象，或硅橡胶伞裙憎水性消失，应及时更换。

运行中巡视检查伞裙套表面有无裂纹、粉化、电蚀情况，黏接区有无脱胶、开裂、放电现象，特别在恶劣天气下，如雨、雪、融雪、雾天等，应加强巡视观察，发现伞裙套黏接区有明显放电火花，或伞裙套表面憎水性消失时应及时更换。对于刚安装的辅助伞裙要求憎水性一般为 HC1—HC2 级。对已经运行的要求一般应为 HC3—HC4 级。憎水性测试方法见《常温硫化硅橡胶防污闪涂料技术管理原则》。

运行中伞裙套出现局部变形，如裙边少量塌边，部分搭口脱胶，不会对瓷件本身的绝缘水平产生负效应，可在适当的机会，对脱胶处作补胶黏合处理。

线路绝缘配置必须兼顾防污、覆冰和覆雪的需要。宜采取绝缘子串中加装若干辅助伞裙；绝缘子串顶部加装大盘径伞裙或封闭型均压环；使用大盘径绝缘子插花串以及复合绝缘子采用一大多小相间隔的伞裙等措施防止发生覆冰和覆雪闪络。

硅橡胶伞裙的电气试验项目：①干湿状态下每片硅橡胶伞裙的绝缘电阻（大于 50 MΩ）；②单片耐受电压大于设计给定值。

（四）瓷复合绝缘子

瓷（玻璃）复合绝缘子（见图 4-1-4）综合了瓷（玻璃）绝缘子和复合绝缘子的优点，一是端部连接金具与瓷（玻璃）盘具有牢固的结构，保持了原瓷（玻璃）绝缘子稳定可靠的机械拉伸强度；二是在瓷（玻璃）盘表面注射模压成型硅橡胶复合外套，又使其具备了憎水、抗老化、耐电蚀等一系列优于瓷绝缘子的特点。

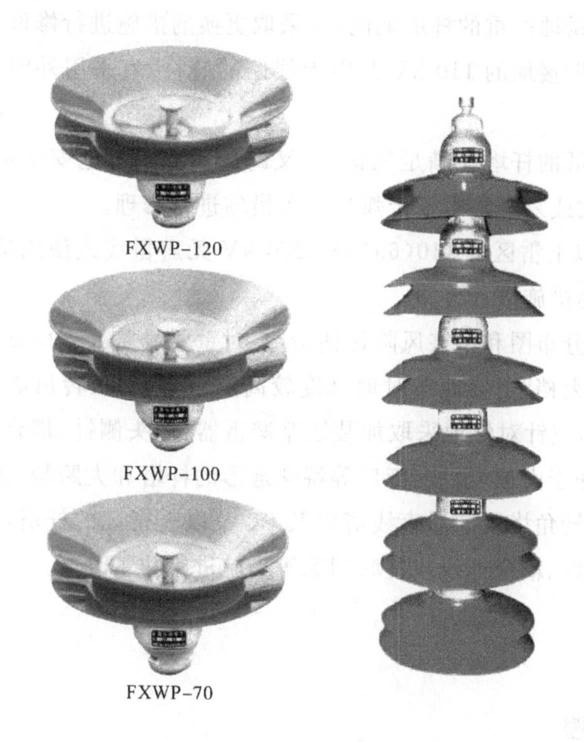

图 4-1-4　瓷复合绝缘子

瓷（玻璃）复合绝缘子端芯棒采用高强瓷（玻璃），很好地解决了悬式复合绝缘子的芯棒“脆断”问题。同时解决了复合绝缘子不能用于耐张串的问题。

瓷（玻璃）复合绝缘子需要考虑的是瓷（玻璃）的劣化问题，复合外套与瓷（玻璃）的连接面的黏合问题，以及如何提高其耐陡波冲击水平。

第二节 防雷害

一、防范原则

架空输电线路的雷击事故以及线路走廊的雷电活动、线路特征等方面都存在差异,因此,输电线路的防雷应充分考虑影响输电线路耐雷性能各因素的差异,如线路走廊雷电活动的差异、线路结构特征的差异以及地形地貌的差异。输电线路差异化防雷评估是以雷电监测为基础,以雷害风险评估为手段,根据线路走廊的雷电活动强度、地形地貌及杆塔结构的不同,有针对性地对架空输电线路进行综合防雷治理。

(1)依据雷电定位系统及雷击故障统计分析,定期对电网雷区分布图进行修订。

(2)针对接地电阻不满足规程及防雷改造指导原则要求的杆塔地网,应采取更换或延长接地线、加装垂直接地极等降阻措施进行修理。

(3)针对开挖检查锈蚀严重的杆塔地网,应采取更换的措施进行修理。

(4)针对未采用明设接地的 110 kV 及以上线路的砼杆,宜采用外敷接地引下线的措施进行修理。

(5)对绝缘配置较低的杆塔在满足风偏、交叉跨越和导线对地安全距离的前提下,应采取适当增加绝缘子片数或复合绝缘子干弧长度等措施进行修理。

(6)对处于 C1 及以上雷区的 110(66)kV、220 kV 无避雷线或使用单根避雷线的线路,宜采取架设双避雷线的措施进行改造。

(7)依据电网雷区分布图和雷害风险评估情况,对重要线路处于山顶、边坡、垭口等特殊地形的杆塔和大跨越、大档距、导地线对地高度较高的杆塔、耐张转角塔及前后直线塔以及 C1 及以上雷区的杆塔,应针对性地采取加装线路避雷器、塔头侧针、耦合地线等措施进行防雷改造。对一般线路处于山顶、边坡、垭口等特殊地形的杆塔和大跨越、大档距、导地线对地高度较高的杆塔、耐张转角塔及前后直线塔以及 C2 及以上雷区的杆塔,可针对性地采取加装线路避雷器、塔头侧针、耦合地线或并联间隙等措施进行防雷改造。

二、防范技术

(一)架空地线防控

1.重要线路

重要线路应沿全线架设双地线,地线保护角一般按表 4-2-1 所示选取。

表 4-2-1 重要线路地线保护角选取

<table>
<tr><th>雷区分布</th><th>电压等级</th><th>杆塔型式</th><th>地线保护角/(°)</th></tr>
<tr><td rowspan="8">A～B2</td><td rowspan="3">110 kV</td><td>单回路铁塔</td><td>≤10</td></tr>
<tr><td>同塔双(多)回铁塔</td><td>≤0</td></tr>
<tr><td>钢管杆</td><td>≤20</td></tr>
<tr><td rowspan="3">220 kV～330 kV</td><td>单回路铁塔</td><td>≤10</td></tr>
<tr><td>同塔双(多)回铁塔</td><td>≤0</td></tr>
<tr><td>钢管杆</td><td>≤15</td></tr>
<tr><td rowspan="2">500 kV～750 kV</td><td>单回路</td><td>≤5</td></tr>
<tr><td>同塔双(多)回</td><td><0</td></tr>
<tr><td>C1～D2</td><td colspan="3">对应电压等级和杆塔型式可在上述基础上，进一步减小地线保护角。</td></tr>
</table>

对于绕击雷害风险处于Ⅳ级区域的线路，地线保护角可进一步减小。两地线间距不应超过导地线间垂直距离的 5 倍，如超过 5 倍，经论证可在两地线间架设第 3 根地线。

2. 一般线路

除 A 级雷区外，220 kV 及以上线路一般应全线架设双地线(见表 4-2-2)。110 kV 线路应全线架设地线，在山区和 D1、D2 级雷区，宜架设双地线，双地线保护角需按表 4-2-2 配置。220 kV 及以上线路在金属矿区的线段、山区特殊地形线段宜减小保护角，330 kV 及以下单地线路的保护角宜小于 25°。运行线路一般不进行地线保护角的改造。

表 4-2-2 一般线路地线保护角选取

<table>
<tr><th>雷区分布</th><th>电压等级</th><th>杆塔型式</th><th>地线保护角/(°)</th></tr>
<tr><td rowspan="8">A～B2</td><td rowspan="3">110 kV</td><td>单回铁塔</td><td>≤15</td></tr>
<tr><td>同塔双(多)回铁塔</td><td>≤10</td></tr>
<tr><td>钢管杆</td><td>≤20</td></tr>
<tr><td rowspan="3">220 kV～330 kV</td><td>单回铁塔</td><td>≤15</td></tr>
<tr><td>同塔双(多)回铁塔</td><td>≤0</td></tr>
<tr><td>钢管杆</td><td>≤15</td></tr>
<tr><td rowspan="2">500 kV～750 kV</td><td>单回</td><td>≤10</td></tr>
<tr><td>同塔(多)双回</td><td>≤0</td></tr>
<tr><td>C1～D2</td><td colspan="3">对应电压等级和杆塔型式可在上述基础上，进一步减小地线保护角。</td></tr>
</table>

(二)绝缘子防控方式

线路绝缘子的配置首先应满足一般杆塔的设计要求,即使线路能够在工频持续运行电压、操作过电压及雷电过电压等各种条件下安全可靠地运行,对海拔不超过 1000 m 地区的输电线路,操作过电压及雷电过电压要求的悬垂绝缘子串绝缘子片数不应小于表 4-2-3 所列数值。耐张绝缘子串的绝缘子片数应在最少片数。的基础上增加,对 110 kV、220 kV 输电线路增加一片,500 kV 输电线路增加两片。跳线绝缘子串的绝缘水平应比耐张绝缘子串低 10%。

表 4-2-3　线路悬垂绝缘子每串最少片数和最小空气间隙

标称电压/kV	110	220	500
雷电过电压间隙/mm	1000	1900	3300(3700)
操作过电压间隙/mm	700	1450	2700
持续运行电压间隙/mm	250	550	1300
单片绝缘子的高度/mm	146	146	155
绝缘子片数/片	7	13	25(28)

注:500 kV 括号内雷电过电压间隙与括号内绝缘子片数相对应,适用于发电厂、变电所进线保护段杆塔。

90%以上的直击雷为负极性雷,在雷电冲击电压作用下,当雷击塔顶或地线时,相当于在导线上施加正极性雷电冲击电压于绝缘子上,所以线路绝缘子串应采用正极性雷电冲击击穿电压的数据。根据大量试验资料表明,绝缘子串的雷电冲击闪络电压和绝缘子型式关系不大,而主要由绝缘子串长决定。一般说来,绝缘子串的 50%放电电压可用下式求得:

$$U_{50\%} = 533L_x + 132$$

式中,$U_{50\%}$ 为绝缘子串 50%冲击放电电压,单位为 kV;L_x 为绝缘子串长度,单位为 m。

可以通过以下方式提高线路的绝缘水平。

1.加强绝缘

加强绝缘配置能直接提高输电线路的耐雷水平,使线路反击耐雷水平得到提高,对绕击耐雷水平也有改善,降低线路总体雷击跳闸率。但是,除经济因素外,加强绝缘还会受杆塔头部绝缘间隙及导线对地(或交叉跨越)安全距离的限制,故只能在有限的范围内适当增加绝缘子片数或复合绝缘子干弧长度来提高绝缘水平。处于 C1~C2 雷区的线路使用复合绝缘子时,干弧距离宜加长 10%~15%,或综合考虑在导线侧加装 1~2 片悬式绝缘子;处于 D1~D2 雷区的线路,在满足风偏和导线对地距离要求的前提下,使用复合绝缘子时,干弧距离宜加长 20%,或综合考虑在导线侧加装 3~4 片悬式绝缘子。

2.使用复合绝缘材料

相比传统的瓷(玻璃)绝缘材料,硅橡胶复合绝缘材料制作的伞群耐受雷击闪络后的工频续流电弧性能更好,电弧灼烧引起局部温度升高不会破坏复合绝缘伞群,雷击不易造成复合绝缘子掉串掉线、发生永久性接地故障,重合闸成功概率高,而瓷/玻璃伞群则容易发生应力破碎。线路绝缘复合化对线路防雷保护是有益的。多雷区若使用复合绝缘子,宜加长10%～15%,并注意均压环不应大幅缩短复合绝缘子的干弧距离。对于电压等级 110 kV 及以下的棒形悬式复合绝缘子,一般未安装均压环,应关注雷击闪络后工频续流电弧烧损绝缘子端部金具、护套和密封胶的问题,可能造成芯棒密封破坏,长期运行后潜在芯棒脆断或端部金具锈蚀抽芯的安全隐患,宜对雷区等级 C1 及以上地区的复合绝缘线路易击段加装线路避雷器或并联间隙。

3.设置不平衡绝缘

(1)同塔多回输电线路由于导线多采用垂直排列,杆塔较高,除引雷概率增加外,当雷电流足够大时,可能会发生同塔多回线路的绝缘子相继反击闪络,造成多回同时跳闸故障,对电网产生较大的冲击,影响系统运行的可靠性,严重时甚至可引起系统的解列。因此,为减少多回同时跳闸率,330 kV 及以上同塔多回线路宜采用平衡高绝缘措施进行雷电防护;220 kV及以下同塔多回线路宜采用不平衡高绝缘措施降低线路的多回同时跳闸率;对于 220 kV 及以下同塔双回线路,较高绝缘水平的一回宜比另一回高出 15%。需要注意的是,不平衡高绝缘对同塔多回线路单回反击闪络率几乎没有改善。

(2)不同电压等级同塔多回线路可以视作是不平衡绝缘方式,低绝缘线路易反击闪络,闪络后增强了耦合作用,提高了高绝缘线路的反击耐雷水平。

(三)接地装置防控

杆塔接地电阻直接影响线路的反击耐雷水平和跳闸率。当杆塔接地装置不符合规定电阻值时,针对周围的环境条件、土壤和地质条件,因地制宜,结合局部换土、电解离子接地系统、扩网、引外、利用自然接地体、增加接地网埋深、垂直接地极等降阻方法的机理和特点,进行经济技术比较,选用合适的降阻措施,甚至组合降阻措施,以降低接地电阻。

降低杆塔接地电阻技术是通过降低杆塔的冲击接地电阻来提高输电线路反击耐雷水平的一种输电线路防雷技术,其原理是当杆塔接地电阻降低时,雷击塔顶时塔顶电位升高程度降低,绝缘子承受过电压减小,提高了线路的反击耐雷水平,降低线路的雷击跳闸率。具体使用原则如下:

(1)对于接地电阻值的要求,分为重要线路和一般线路。

①重要线路。

新建线路:每基杆塔不连地线的工频接地电阻,在雷季干燥时不宜超过表 4-2-4 所列数值。

运行线路:对经常遭受反击的杆塔在进行接地电阻改造时,每基杆塔不连地线的工频接地电阻，在雷季干燥时不宜超过下表 4－2－5 所示所列数值。

表 4－2－4　重要线路杆塔新建时的工频接地电阻

土壤电阻率/(Ω·m)	≤100	100～500	500～1000	1000～2000	2000
接地电阻/Ω	10	15	20	25	30
注：如土壤电阻率超过 2000 Ω·m，接地电阻很难降到 30 Ω 时，可采用 6～8 根总长不超过 500 m 的放射形接地体，或采用连续伸长接地体，接地电阻可不受限制。					

表 4－2－5　重要线路易击杆塔改造后的工频接地电阻

土壤电阻率/(Ω·m)	≤100	100～500	＞500
接地电阻/Ω	7	10	15

②一般线路。

新建线路：每基杆塔不连地线的工频接地电阻，在雷季干燥时，不宜超过表 4－2－6 所列数值。

运行线路：对经常遭受反击的杆塔在进行接地电阻改造时，每基杆塔不连地线的工频接地电阻，在雷季干燥时应小于下表 4－2－6 所列数值。

表 4－2－6　一般线路杆塔的工频接地电阻

土壤电阻率/(Ω·m)	≤100	100～500	500～1000	1000～2000	2000
接地电阻/Ω	10	15	20	25	30

注：(1)如土壤电阻率超过 2000 Ω·m，接地电阻很难降到 30 Ω 时，可采用 6～8 根总长不超过 500 m 的放射形接地体，或采用连续伸长接地体，接地电阻可不受限制。

(2)重要同塔多回线路杆塔工频接地电阻宜降到 10Ω 以下。

(3)一般同塔多回线路杆塔宜降到 12Ω 以下。

(4)严禁使用化学降阻剂或含化学成分的接地模块进行接地改造。

(5)对未采用明设接地的 110 kV 及以上线路的砼杆，宜采用外敷接地引下线的措施进行接地改造。

(四)线路避雷器

线路避雷器通常是指安装于架空输电线路上用以保护线路绝缘子免遭雷击闪络的一种避雷器。线路避雷器运行时与线路绝缘子并联，当线路遭受雷击时，能有效地防止雷电直击和绕击输电线路所引起的故障。

线路避雷器的分类如图 4－2－1 所示。从间隙特征上讲，线路避雷器大体上分为无间隙线路避雷器(带脱离器)和带串联间隙线路避雷器两大类，带串联间隙线路避雷器又有外串间隙和内间隙之分，由于产品制造和运行方面的综合原因，内间隙避雷器在线路上几乎不用，因此带串联间隙线路避雷器通常是指外串间隙避雷器。外串间隙避雷器作为主流的线路避雷器，又有两种主要形式，不带支撑件间隙（即纯空气间隙）避雷器和带支撑间隙避雷器。

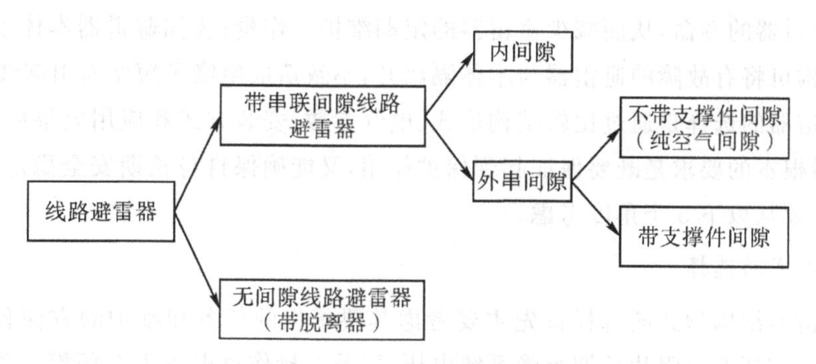

图 4-2-1　线路避雷器分类

无间隙线路避雷器主要用于限制雷电过电压及操作过电压；带外串联间隙线路避雷器由复合外套金属氧化物避雷器本体和串联间隙两部分构成，主要用于限制雷电过电压及(或)部分操作过电压。近十几年来，国内外采用带外串联间隙金属氧化物避雷器，大大提高了金属氧化物避雷器承受电网电压的能力，又具有更好的保护水平，因此带外串间隙线路避雷器如图 4-2-2 所示，是应用最广泛的线路避雷器。

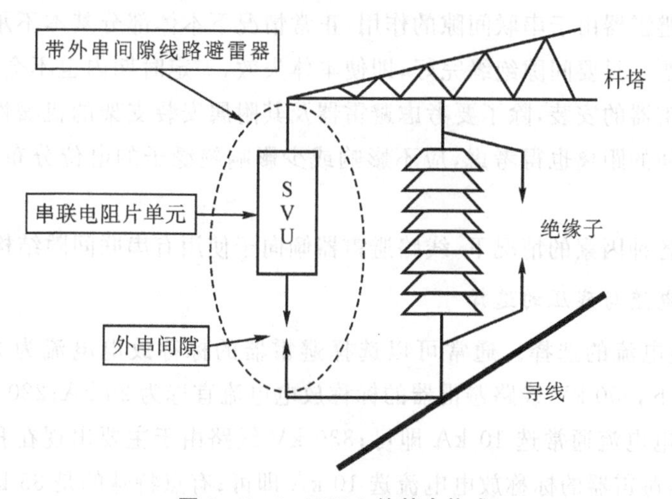

图 4-2-2　EGLA 的基本构成

我国在 20 世纪 90 年代开发出了带脱离器的无间隙避雷器，在 35 kV～500 kV 线路型避雷器方面有多年应用经验，最长运行时间已有十多年之久，取得了良好的防雷效果，但是其多安装于交通不便的野外，特别是山区，维护是一个普遍的问题。另外，由于目前国内绝大多数脱离器的性能、质量和可靠性不好，屡次发生避雷器还是完好的脱离器却动作了，或者避雷器已损坏了但脱离器仍未动作的现象。鉴于这些原因，近些年的线路避雷器的安装应用普遍集中于有串联间隙避雷器上。

相对而言，带串联间隙避雷器的优点比较明显，具体体现在：①通过选择间隙距离，可使线路避雷器的串联间隙只在雷击时才击穿，而在工频过电压和操作过电压下不动作，从而减少避雷器的不必要的动作次数；②带串联间隙使避雷器的电阻片几乎不承受工频电压的作用，延长了避雷器的寿命，从而减少避雷器的定期维护工作量；③如避雷器本体发生故障，带串联间隙结构可将有故障的避雷器与本体隔离开，不致造成绝缘子短路而引起线路跳闸。

线路避雷器的选择是通过比较结构形式、电气参数、安装方式和应用效果后的一种综合选择结果，最根本的要求是既要保证起到保护作用，又能确保自身长期安全稳定运行。避雷器的选型，主要从以下 5 个角度考虑。

1.结构型式的选择

线路避雷器结构型式的选择首先主要考虑其要承担的任务和维护的方便程度等因素。无间隙线路避雷器的电阻片长期承受系统电压，以及在操作过电压下会频繁动作，因此对电阻片的通流容量以及老化特性要求相对要高，而且由于安装在输电杆塔上，与无间隙电站避雷器相比，会长期面临塔头微风振动、导线风摆，甚至于舞动、更高的风压力等更不利的运行环境和条件，因此对于制造工艺和质量的要求更高，否则极易出现机械结构破坏进而引起密封出现问题，最终导致避雷器事故。运行条件恶劣且又不易维护，使得无间隙线路避雷器的应用一直存在隐患。不过由于其结构高度与被保护绝缘子串长度相近，安装起来会更加方便。

有间隙线路避雷器由于串联间隙的作用，正常情况下本体部分基本不承担电压，避免了电阻片老化的问题。只要间隙绝缘完好，即使本体失效，一定时期内也不会影响到线路正常供电。有间隙避雷器的安装，除了要考虑避雷器及其附属安装支架的机械性能外，其与被保护绝缘子(串)之间的距离也得考虑，应不影响或少影响绝缘子的电位分布和绝缘耐受水平为宜。

在综合考虑各种因素的情况下，线路避雷器倾向于使用有串联间隙结构。

2.标称放电电流与残压的选择

(1)标称放电电流的选择。通常可以选择避雷器的标称放电电流为 20 kA、10 kA 或 5 kA。一般情况下，500 kV 线路避雷器的标称放电电流宜选为 20 kA；220 kV、110 kV 线路避雷器的标称放电电流通常选 10 kA 即可；330 kV 线路由于主要出现在我国西北地区，雷电强度相对较弱，避雷器的标称放电电流选 10 kA 即可；有点特殊的是 35 kV 线路广布于我国的广大地区，尽管对于感应雷而言通常选择 5 kA 即可，但对于特殊的强雷活动区且有可能遭受直击雷的地区，往往建议选择为 10 kA。

(2)残压的选择。通常 35 kV、110 kV、220 kV、500 kV 线路绝缘子串的雷电冲击 50% 闪络电压分别不低于 300 kV、600 kV、1000 kV 和 2000 kV，在标称放电电流下的残压很容易做到远低于其对应值，例如 150 kV、300 kV、600 kV 和 1400 kV。而且与电站避雷器相比，使用更小直径的电阻片仍可以满足要求。

3.额定电压及直流参考电压的选择

选取无间隙避雷器额定电压的原则：避雷器的额定电压必须大于避雷器安装可能出现

的最高工频过电压。对于 110 kV 线路,额定电压通常取 96～108 kV;对于 220 kV 线路,额定电压通常取 192～216kV;对于 500 kV 线路,额定电压通常取 396～444 kV。在实际工程中,具体选择方案还要随工程实际情况和标准化的要求来调整。

对于带串联间隙线路避雷器的额定电压而言,35 kV 避雷器可以选 42～51 kV,110 kV 避雷器可以选 84～102 kV,220 kV 避雷器可以选 168～204 kV,500 kV 避雷器可以选 372～420 kV。

额定电压通常与直流参考电压有密切的对应关系,即直流参考电压等于 $\sqrt{2}$ 倍的额定电压。如此一来,35 kV、110 kV、220 kV 和 500 kV 线路避雷器本体的直流参考电压大致可以选为分别不低于 60 kV、120 kV、240 kV 和 526 kV 即可。

4.避雷器通流容量或电荷处理能力的选择

无间隙线路避雷器在操作过电压作用下动作,其能量吸收可以根据典型的线路参数和典型的避雷器伏安特性曲线,由 EMTP 程序精确确定。

与无间隙避雷器相比,带串联间隙避雷器由于通常只通过雷电冲击电流,因此其实际的能量吸收要小许多。对于 35 kV、110 kV、220 kV 和 500 kV 线路避雷器而言,其折合的方波冲击电流一般不超过 200 A、300 A、400 A 和 600 A。但是 35 kV 线路避雷器有些特殊,在线路无架空地线的情况下也是会遭受直击雷的,此时的能量吸收基本与 110 kV 相似。

5.间隙距离的选择

目前,我国对带串联间隙线路型避雷器的设计和选择主要基于两点:第一,避雷器应能耐受系统正常的操作过电压,即串联间隙不放电或达到可接受的放电概率。由此而选择避雷器的最小间隙距离。第二,确保当出现一定幅值的雷电冲击过电压时,避雷器间隙能可靠放电。而且正负极性雷电冲击放电电压的差异要尽可能小。为使避雷器放电而绝缘子不闪络(或达到可接受的闪络概率),需使避雷器放电的伏秒特性低于绝缘子闪络的伏秒特性。由此选择避雷器的最大间隙距离。

通常可以认为 35 kV、110 kV、220 kV、330 kV 和 500 kV 的操作过电压倍数为 4.0 p.u.、3.0 p.u.、3.0 p.u.、2.2 p.u.、2.0 p.u.。对应的过电压幅值分别为 132 kV、309 kV、617 kV、652 kV 和 898 kV,原则上避雷器应耐受对应电压等级操作过电压。以棒—棒间隙为例,其对应的最小间隙距离分别为 120 mm、450 mm、900 mm 和 1650 mm。当然,由于实际的间隙结构形式与棒—棒间隙有些出入,因此要根据具体的结构通过试验来精确确定。

研究表明,避雷器雷电冲击 50%放电电压至少应比绝缘子雷电冲击 50%闪络电压低 16.5%。不同的绝缘子形式(瓷绝缘子、玻璃绝缘子、复合绝缘子)以及不同的串长(或片数),其雷电冲击放电电压是不同的。以瓷绝缘子为例,35 kV、110 kV、220 kV 和 500 kV 一般的最少片数分别为 3 片、7 片、13 片和 25 片,其正极性的 50%雷电冲击放电电压分别为 300 kV、600 kV、1100 kV 和 2000 kV,因此对应避雷器的最大 50%雷电冲击放电电压分别为 240 kV、525 kV、900 kV 和 1760 kV。以棒—棒间隙为例,其对应的最大间隙距离分别为

140 mm、550 mm、950 mm 和 1750 mm。当然，由于实际的间隙结构形式与棒—棒间隙有些出入，因此要根据具体的结构通过试验来精确确定。

作为一个参考，35 kV、110 kV、220 kV、330 kV 和 500 kV 有间隙线路避雷器的间隙尺寸大致为 120～140 mm、450～550 mm、900～950 mm、1650～1750 mm。

第三节 防冰害

一、防范原则

覆冰使输电线路发生如倒杆（塔）、绝缘子串闪络等严重危害系统安全运行的事故。据《国家电网公司 2003 年生产运行情况分析》，仅 2003 年，我国 500kV 线路冰闪跳闸 79 次。500 kV 线路跳闸故障中，冰闪仅位于外力破坏、雷击闪络之后而居第三位。尤其在 2008 年初，我国南方部分地区经受了历史罕见的持续低温、雨雪冰冻灾害，电网设施因此损毁严重。

从气象特征看，较大范围的降雪导致的冰雪、雾凇、雨凇和区域性的持续大雾，是一种特殊形式的污秽，对于输电线路来说是一种自然灾害，易形成大范围的绝缘子冰凌冰闪故障。

二、防范技术

(1)根据冰情变化及线路运行情况，定期对冰区分布图、舞动区域分布图进行绘制与修订。

(2)针对冰害易发地区，应建设输电线路覆冰预报预警系统，并根据技术发展及电网运行需要，进行改造或修理。

(3)针对规划的特高压交直流输电线路路径，应沿线建立气象观测站或观冰点。对站点异常的，应进行改造或修理。

(4)针对不满足防冰闪要求的杆塔，应采取改为“V”或倒“V”串、插入大盘径绝缘子、更换防冰闪复合绝缘子、安装增爬裙等措施进行修理。

(5)针对轻、中、重冰区输电线路冰区耐张段长度分别大于 10 km、5 km、3 km 的，宜采取增加耐张塔的方式进行改造。重要线路结构重要性系数取 1.1。

(6)对覆冰情况下导地线纵向不平衡张力不满足要求的杆塔，应采取更换构件、换加强型杆塔、增加杆塔或开断等方式进行改造。

(7)对覆冰较重、连续上下山的线路区段，可采取将导线更换为钢芯铝合金绞线或少分裂大截面导线，地线适当加大截面，并相应提高地线支架强度的措施进行改造。

(8)对单侧高差角大于 16°或两侧档距比达到 2.5 倍的直线塔，应采取绝缘子串金具提高一个强度等级的措施进行修理。

(9)针对重、中冰区的线路区段，宜采取防松措施进行修理。

(10)针对实际覆冰严重的线路，宜采取配置融冰装置、建设融冰电源点和融冰短路点等措施进行改造。对融冰装置异常的，应进行修理。

(11)针对冰害易发区段，重要线路宜安装覆冰、舞动在线监测装置，一般线路可安装覆冰、舞动在线监测装置，对装置异常的，应进行改造或修理。

第四节　防舞动

一、防范原则

舞动产生的危害多种多样，可以概括为电气和机械两个方面。轻者会发生闪络、跳闸，重者发生金具及绝缘子损坏，导线断股、断线，杆塔螺栓松动、脱落，甚至倒塔，导致重大电网事故。

(1)根据冰情变化及线路运行情况，定期对舞动区域分布图进行绘制与修订。

(2)对处于1级舞动区且已发生舞动，以及处于2级及以上舞动区存在舞动可能性的线路，应采取缩小档距，加装线夹回转式间隔棒、相间间隔棒、双摆防舞器等措施进行改造或修理。对紧凑型线路如采用防舞措施后仍然无法满足运行要求的，可改造为常规线路或更改路径。

(3)针对处于3级舞动区的线路悬垂绝缘子串的联间距不满足要求(110(66)～220 kV线路不小于450 mm，330～750 kV线路不小于500 mm，特高压线路不小于600 mm)的，宜进行修理。

(4)针对处于2级及以上舞动区的杆塔，宜采取防松措施进行修理。

(5)针对处于3级舞动区的耐张塔跳线金具，应采用抗舞动性能好的金具进行修理。

(6)针对舞动区已发生过舞动且存在较大档距的线路，可采取缩小档距的措施进行改造。

(7)针对处于3级舞动区的500 kV及以上线路重要交叉跨越段耐张塔，可改造为钢管塔。

(8)500 kV同塔双(多)回输电线路优先采用相间间隔棒、线夹回转式间隔棒或其组合应用，双回线路宜采取差异化防舞措施，考虑在主导风侧选择相间间隔棒和线夹回转式子导线间隔棒组合防舞，背风侧按相间间隔棒防舞；单回输电线路采用线夹回转式间隔棒；紧凑型输电线路优先采用相间间隔棒、其次是线夹回转式间隔棒或将其组合应用。

二、防范技术

500 kV及以上输电线路应用相间间隔棒、线夹回转式子导线间隔棒均达到了抑制舞动效果。220 kV和110 kV输电线路防舞全部应用的是双摆防舞器，双摆防舞器是在间隔棒上装有双摆的一种防舞装置，其防舞机理基于动力稳定性理论，旨在提高导线系统的动力稳定性，同时也有压重防舞的功能，但现场观测发现仍有部分220 kV和110 kV线路存在大幅舞动现象，分析原因是双摆防舞器伴随导线舞动过程中，摆锤位置空气间隙最短，成为放电有效通道发生相间闪络短路。

(一)导线线夹回转式间隔棒安装

线夹回转式间隔棒数量及布置位置与线路原有导线间隔棒一致，采用的是 FJZH4－450/400A 型线夹回转式间隔棒，如图 4－4－1 所示。

图 4－4－1　线夹回转式间隔棒置附图

(二)相间间隔棒安装原则

依据《架空输电线路防舞设计规范》(Q－GDW 1829—2012)对同塔双回输电线路相间间隔棒布置方法进行设计。针对不同档距采用间隔棒数量及位置原则如表 4－4－1 所示。

表 4－4－1 同塔双回输电线路相间间隔棒布置

档距/m	数量/只	布置数量/m(与小号侧的距离)	
		上相一中相	中相一下相
$L\leqslant 300$	2	$\frac{1}{3}L$	$\frac{2}{3}L$
$300<L\leqslant 500$	3	$\frac{1}{4}L$、$\frac{3}{4}L$	$\frac{1}{2}L$
$500<L\leqslant 800$	5	$\frac{2}{9}L$、$\frac{1}{2}L$、$\frac{7}{9}L$	$\frac{2}{5}L$、$\frac{3}{5}L$
$L>800$	7	$\frac{1}{7}L$、$\frac{2}{5}L$、$\frac{3}{5}L$、$\frac{7}{8}L$	$\frac{1}{4}L$、$\frac{1}{2}L$、$\frac{3}{4}L$

根据国网相关要求：500 kV 同塔双(多)回输电线路优先采用相间间隔棒、线夹回转式间隔棒或其组合应用，双回线路宜采取差异化防舞措施，考虑在主导风侧选择相间间隔棒和

线夹回转式子导线间隔棒组合防舞，背风侧按相间间隔棒防舞。

（三）相间间隔棒安装说明

(1)安装相间间隔棒(见图 4-4-2、图 4-4-3)中间连接点采用 U 型环进行连接。

(2)安装位置点是从杆号小的杆塔侧排起。安装时尽量将相间间隔棒安置于配置方案确定的位置点附近，误差不超过 3 m。

(3)杆塔螺栓防松紧固。

耐张塔、紧邻耐张塔的直线塔，重要交叉跨越段杆塔，应全塔采用双螺母防松螺栓。采用质量可靠的防松螺栓螺母，防止舞动造成铁塔螺栓松脱而引发杆塔损坏。

图 4-4-2　加装相间间隔棒

图 4-4-3　更换线夹回转式间隔棒

第五节 防风害

一、防范原则

(1)根据气象变化及线路运行情况,定期对风区分布图进行绘制与修订。

(2)针对防风偏不满足要求的杆塔,应采取双串、"V"串绝缘子、棒式绝缘子支撑、加装重锤、硬跳线连接、加装斜拉式绝缘拉索等方式进行修理。

(3)针对处于强风区、飑线风多发区的杆塔,应采取增加耐张段、加装防风拉线、松软地基增加拉线盘埋设深度、杆基周围砌护坡加固等方式进行修理。

(4)针对风振严重地区,应采取提高塔材、金具、导地线强度及防松防振的措施进行修理。

二、防范技术

阻拦式防风偏技术是通过加装的绝缘拉索限制导线在大风时的风偏角度来达到防风偏的目的,如图4-5-1所示。主要技术方案为,本工程单回路直线塔边相加装斜拉阻拦式防风偏绝缘拉索。

图4-5-1 斜拉阻拦式防风偏绝缘拉索示意图

1.绝缘拉索型式

(1)为保证线路运行安全和绝缘拉索使用寿命,导线在常见风速下不碰撞绝缘拉索。考虑绝缘配置,绝缘拉索总长度至少为10.02 m。

(2)绝缘拉索采用1根拦阻索,一端挂点悬挂于横担绝缘子串挂点或横担主材挂线点内侧附近,另外一端悬挂在塔身处。

(3)为增加拦阻索与导线碰撞时的受力面积,拦阻索与导线碰撞位置处增设硅橡胶的防撞击套。

(4)根据绝缘配置要求,拦阻索采用复合绝缘子。复合绝缘子由芯棒、护套和伞裙组成;

拦阻索与导线碰撞位置为绝缘子芯棒，由玻璃纤维增强树脂棒制成，应具有较好的耐酸腐蚀性能，外加装硅橡胶的防撞击套，长度1000 mm。

(5)从导线碰撞点至塔身侧金具和从导线碰撞点至横担侧金具的爬电距离不小于14 250 mm(按照e级污区上限配置)。

(6)横担侧和下曲臂侧金具均采用U型挂环与铁塔连接。

第六节　防鸟害

一、防范原则

鸟害一般分为鸟巢类、鸟粪类、鸟体短接类和鸟啄类四大类，其中鸟粪类又可分为鸟粪污染绝缘子闪络故障和鸟粪短接空气间隙。各类鸟害机理如下：

(1)鸟巢类是指鸟类在杆塔上筑巢时，较长的鸟巢材料减小或短接空气间隙，导致架空输电线路跳闸。

(2)鸟粪类是指鸟类在杆塔附近泄粪时，鸟粪形成导电通道，引起杆塔空气间隙击穿，或鸟粪附着于绝缘子上引起的沿面闪络，导致的架空输电线路跳闸。

(3)鸟体短接类是指鸟类身体使架空输电线路相(极)间或相(极)对地间的空气间隙距离减少，导致空气击穿引起的架空输电线路跳闸。

(4)鸟啄类是指鸟类啄损复合绝缘子伞裙或护套，造成复合绝缘子的损坏，危及线路安全运行。

二、防范技术

针对鸟害易发区，应采取防鸟刺、驱鸟器、防鸟挡板、大盘径绝缘子、防鸟型均压环等措施进行修理。主要防鸟措施的优缺点对比如表4-6-1所示。

表4-6-1　主要防鸟措施的优缺点对比表

装置名称	优点	缺点
防鸟刺	制作简单，安装方便，综合防鸟效果较好	1.不带收放功能的防鸟刺会影响常规检修工作 2.小鸟会依托防鸟刺筑巢
防鸟盒	使鸟巢较难搭建于封堵处，且能阻挡鸟粪下泄	1.制作尺寸不准确可能导致封堵空隙 2.拆装不方便 3.不适用500(330)kV及以上线路
防鸟挡板	适合宽横担大面积封堵	1.造价较高 2.拆装不方便 3.可能积累鸟粪，雨季造成绝缘子污染 4.不适用于风速较高的地区

续表

装置名称	优点	缺点
防鸟粪绝缘子	有一定防鸟效果,还可以提高绝缘子串耐雷、耐污闪水平	保护范围不足
防鸟针板	1.适用各种塔型 2.覆盖面积大	1.造价较高 2.拆装不便 3.容易异物搭黏
防鸟绝缘包覆	增大绝缘强度,有一定的防鸟粪效果	1.须停电安装 2.造价高 3.安装工艺复杂 4.存在老化问题
旋转式风车、反光镜等惊鸟装置	使用初期有一定防鸟效果	1.易损坏 2.随着使用时间延长,驱鸟效果逐渐下降
声、光驱鸟装置(见图 4-6-1)	有一定防鸟效果,单个声、光驱鸟装置的保护范围较大	1.电子产品在恶劣环境下长期运行使用寿命不能得到保障 2.故障后需依靠设备供应商进行维修 3.随着使用时间延长,驱鸟效果逐渐下降
人工鸟巢	环保性较好	1.引鸟效果不稳定 2.主要适用于地势开阔且周围少高点的输电杆塔
电容耦合式驱鸟板	驱鸟效果明显	1.安装较复杂 2.降低了线路绝缘水平 3.增加塔上作业难度

(1)防鸟装置不应存在影响线路安全运行的隐患,尽量不影响线路的维护检修工作,并方便安装固定。不宜采用结构复杂、易损坏或防鸟效果不持久的防鸟装置。

(2)防鸟装置应能长期耐受紫外线、雨、冰、风、雪、温度变化等外部环境和短时恶劣天气的考验。

(3)防治鸟巢类故障以防鸟盒、防鸟挡板封堵为主,杆塔构件尺寸较小的部位应采用防鸟盒封堵,杆塔构件尺寸较大的部位宜采用防鸟盒封堵或采用防鸟挡板覆盖横担下平面的构架。

(4)防治鸟粪类故障应根据需要合理配置防鸟刺、防鸟盒、防鸟挡板、防鸟针板,并可考虑配置防鸟粪绝缘子。对于鸟巢类和鸟粪类故障风险均存在的杆塔,两类措施均应实施。可采用人造鸟巢平台,合理引导鸟类在远离防护范围的安全区筑巢。电子类驱鸟产品(见图 4-6-1)、风车式、旋转式反光镜等惊鸟装置的防鸟效果有待进一步积累运行经验,尚未大范围推广。

图 4-6-1 声光驱鸟器

(5)防鸟装置的防护范围。

防鸟巢类装置保护范围:110 kV、220 kV 线路边相横担头封堵长度不小于 0.8 m;导线水平排列时,中相封堵范围不小于悬挂点两侧向外各 0.6 m。

防鸟粪闪络的保护范围:以 110 kV、220 kV、500 kV 线路导线挂点金具正上方为圆心,半径分别为 0.25 m、0.55 m、1.2 m 的圆。其他电压等级线路可依据运行经验及研究成果确定防护范围。高海拔地区(>1000 m)防护范围应适当扩大。

(6)防鸟装置的型式尺寸要求。

①防鸟刺的型式尺寸要求。防鸟刺安装在导线挂点金具正上方的横担周围,应根据防鸟刺的长度和安装位置的限制合理调整间距,满足反措要求的保护范围。

防鸟刺应方便收放,单根鸟刺直径不小于 2 mm,非耐腐蚀性材料应采用热镀锌、电泳双重防腐工艺。弹簧刺弹簧弹性良好,90°弯折后能恢复原状。防鸟刺底座及固定件宜采用不锈钢或铝合金材质,紧固螺丝可采用双螺栓。防鸟刺张角应不小于 190°。

防鸟刺的支数应满足防护范围的要求,当横担顺线路方向较宽时,应在顺线路方向增加防鸟刺数量。

对单回路线路中相横担,应在横担上下平面均安装防鸟刺。在导线横担上加装防鸟刺前,应校核防鸟刺与上方导线间的电气距离。

②防鸟盒型式尺寸要求。防鸟盒尺寸应满足:110 kV、220 kV 线路边相横担封堵长度不小于 0.8 m;导线水平排列时,中相封堵范围不小于悬挂点两侧向外各 0.6 m。杆塔横担顺线路宽度大于 1.8 m 时,可采用两个防鸟盒并排封堵。对于 220 kV 线路拉门杆,边相横担头封堵长度宜选 1.2 m,防鸟盒可做成 0.8 m 和 0.4 m 两节。

防鸟盒不应留有封堵空隙，应根据具体塔型在防鸟盒上开槽(孔)，保证封堵效果。

防鸟盒材料厚度应为2～3 mm。防鸟盒应一次成型，不宜采用多块板组装的型式。预先加工好绑扎用安装孔，孔内壁应有金属或塑料护套。底部加工若干个排水孔，以防止积水。

③防鸟挡板。防鸟挡板(见图4-6-2)宜选用厚度2 mm及以上的PC(聚碳酸酯)板。110(66)kV、220 kV线路上的防鸟挡板可采用厚度3 mm及以上的玻璃纤维板。

图4-6-2　加装防鸟挡板

防鸟挡板的固定可采取L形支架、金属压条配装螺丝固定的方式，防止防鸟挡板脱落和位移。支架应满足防腐要求。

④防鸟绝缘包覆。绝缘包覆应选用高分子材料，满足长期运行要求，能耐受线路最高运行相电压。绝缘包覆包裹长度及厚度必要时应根据试验及运行经验确定。

线夹两端导线上安装防鸟绝缘包覆，相应区域绝缘子高压端金具及均压环等也应安装异形绝缘包覆，形成绝缘包覆的封闭保护。绝缘包覆应安装牢固。

⑤防鸟针板。挂点水平主材上用大小能够覆盖挂点及附近大联板的防鸟针板进行封堵，横担主材上根据主材宽度采用三排刺或双排刺防鸟针板，横担辅材上根据辅材宽度采用双排刺或单排刺防鸟针板。

防鸟针板采用热轧钢板并经热镀锌处理或304号不锈钢钢板，厚度一般应在2～3 mm。防鸟针长度一般应控制在50～100 mm，针与针的间隔为50 mm。不同塔型防鸟针板的长度和宽度，应根据铁塔横担尺寸具体确定。

防鸟针与防鸟针板底座应采用压接、焊接联接。应采用专用夹具，紧固牢靠。所有铁件、螺栓均应热浸镀锌。

第七节　防外破

一、通道隐患风险防控策略

Ⅰ级风险隐患应在现场当即处置，对危及输电线路安全运行的行为立即制止，事后组织现场调查并根据调查结果采取相应防控策略；Ⅱ级风险隐患、Ⅲ级风险隐患、潜在风险隐患可先组织现场调查，之后根据调查结果采取相应等级的风险防控策略。

（一）Ⅰ级风险防控策略

1.联合政府下发违章通知书或签订安全协议；

2.指定专人定点进行驻守看护；

3.危急区段巡视周期至少2次/天；

4.采取相应技术措施防止危害发生；

5.联合政府采取强制措施消除隐患；

6.编制针对性的现场应急处置方案；

7.确认山火将引起输电线路跳闸时，向调控中心提出线路停运申请。

（二）Ⅱ级风险防控策略

1.联合政府下发违章整改通知书和签订安全协议；

2.涉及区段巡视周期至少1次/天；

3.采取相应技术措施防止危害发生；

4.联合政府采取强制措施消除隐患；

5.山火发展较快并向输电线路方向蔓延时，向调控中心提出退出重合闸（交流线路）或降压至70%运行（直流线路）申请。

（三）Ⅲ级风险防控策略

1.联合政府下发违章通知书或签订安全协议；

2.涉及区段巡视周期至少1次/周；

3.采取相应技术措施防止危害发生；

4.继续跟踪和及时汇报山火火势情况。

（四）潜在风险防控策略

1.线路运维人员进行跟踪调查；

2.涉及区段巡视周期至少2次/月；

3.做好隐患详细记录；

4.采取必要的山火隔离措施。

二、通道隐患风险防控组织体系

输电线路通道隐患防范治理工作是电力设施保护的重要组成部分。各单位密切联系政府相关职能部门建立完善外部工作体系；公司各部门、线路运检单位和属地供电公司建立责权明确的内部工作体系；线路运检单位建立职责明确和流程清晰的专业工作体系。通过划分输电线路责任区段，落实责任人，开展防外力破坏巡视检查、隐患排查治理和监督检查。

(一)风险防控制度

宣传和贯彻国家和地方政府有关法律法规及行业、公司有关标准、制度、规范、规定等，相关法律法规如表 4-7-1 所示。

表 4-7-1　电力相关法律法规

序号	法规名称	文号
1	《中华人民共和国电力法》	中华人民共和国主席令第 60 号
2	《中华人民共和国刑法》	中华人民共和国主席令第 83 号
3	《电力设施保护条例》	中华人民共和国国务院令第 239 号
4	《电力设施保护条例实施细则》	国家经贸委、公安部令第 8 号
5	《电力供应与使用条例》	中华人民共和国国务院令第 196 号
6	《关于加强电力设施保护工作的通知》	国务院办公厅国办发〔2006〕10 号
7	《最高人民法院关于审理破坏电力设备刑事案件具体应用法律若干问题的解释》	法释〔2007〕15 号
8	《公安部关于进一步加强废旧金属收购业治安管理工作的通知》	公通字〔2007〕70 号
9	《国家工商行政管理总局、公安部关于开展废旧金属收购站点专项整治工作的通知》	工商个字〔2008〕58 号
10	《国家能源局关于加强施工安全管理保护电力设施安全的通知》	国能局电力〔2009〕13 号
11	《关于进一步加强电力电信广播电视设施安全保护工作的通知》	公通字〔2011〕6 号
12	《架空输电线路运行规程》	DL/T741—2019
13	《关于进一步加强电力设施保护工作的意见》	国家电网生〔2012〕118 号

续表

序号	法规名称	文号
14	《国家电网公司十八项电网重大反事故措施(修订版)》	国家电网设备〔2018〕979 号
15	《国家电网公司关于印发提升电力设施保护工作规范化水平指导意见的通知》	国家电网运检〔2012〕1840 号
16	《国家电网公司电力安全工作规程(电力线路部分)》	Q/GDW 1799.2—2014
17	《电力电缆及通道运维规程》	Q/GDW 1512—2014
18	《国家电网公司电力设施保护管理规定》	国家电网企管〔2014〕752 号
19	《国家电网公司架空输电线路运维管理规定》	国网(运检/4)305—2014

(二)风险防控管理机制

依托三个体系的建立,构建输电线路防外力破坏工作“五个机制”,即与政府职能部门构建政企合作机制,与各级公安机关构建警企联动机制,与企业内规划、建设、营销、安监、法律等部门构建企业内部协作机制,与属地供电公司构建通道属地化管理工作机制,与社会群众构建群众护线机制,切实落实输电线路防外力破坏工作责任。

1.风险防范与治理政企合作机制

(1)参加各级“三电”设施安全保护联席会议,加强与地方政府有关部门汇报沟通,努力营造良好的输电线路防外力破坏社会环境。

(2)推进各级电力设施保护行政执法队伍建设,加大电力行政执法力度。

(3)加强输电线路保护区内施工作业许可管理,促请政府行政管理部门出台输电线路保护区内施工申报、许可制度,加大对违法违章作业、野蛮施工等外力破坏输电线路行为的查处力度。

(4)配合政府相关部门严格执行可能危及输电线路安全的建设项目、施工作业的审批制度,预防施工外力破坏输电线路事故的发生。

(5)建立沟通机制,强化信息沟通,预先了解各类市政、绿化、道路建设等工程的规划和建设情况,及早采取预防措施。

2.警企联动机制

(1)推进各级电力警务室建设,配合公安机关加大打击整治力度,遏制盗窃破坏输电线路违法犯罪行为。

(2)对故意破坏输电线路案件及时向公安机关报案,积极配合案件侦破工作,严厉打击犯罪行为。

(3)对盗窃破坏案件高发、废旧金属收购站点泛滥的重点地区和造成电网重大事故、输电线路重大损失的案件,促请公安部门挂牌督办。

3. 企业内部协作机制

(1)充分发挥公司系统内部资源,联合公司安监、营销、规划、建设、法律等部门,相互协作防范输电线路外力破坏事故。

(2)线路运检单位发现可能危及输电线路安全的行为,立即加以制止,并向当事人发送《安全隐患告知书》限期整改,同时抄送本单位营销部、安监部。营销部配合线路运检单位与用户沟通,督促用户整改隐患。重大隐患,安监部报备政府相关部门。

(3)在用电申请阶段组织各有关单位和部门,对用户拟建建筑物、构筑物或拟用施工机具与输电线路的安全距离是否符合要求等进行联合现场勘察,必要时在送电前与用户签订电力设施保护安全协议,作为供用电合同的附件。安全协议规定双方在保护输电线路安全方面的责任和义务,以及中断供电条件,包括保护范围、防护措施、应尽义务、违约责任、事故赔偿标准等内容。

(4)对于用户设施可能危及供电安全,确需中断供电的情况,按照《供电营业规则》《电力供应与使用条例》《供用电合同》及其所附安全协议等有关规定制定内部工作程序,履行必要的手续。

(5)线路规划设计符合《电力设施保护条例》要求,尽量远离人员密集及机械作业频繁的区域,尽量避免跨越建筑物和构筑物,保证通道内无影响输电线路安全运行的建筑物、构筑物。

4. 通道属地化管理机制

(1)线路运检单位明确输电线路的设备主人为隐患排查治理的第一责任人,由其负责协调输电线路保护区内通道隐患治理工作,建立通道隐患档案,并及时更新。

(2)输电线路防外力破坏工作推行属地化管理,建立线路运检单位、属地供电公司、群众护线组织相结合的三级护线组织。线路运检单位作为设备主人,负责组织开展专业巡视工作;属地供电公司在所管辖的供电营业区域内,负责协调线路运检单位在通道属地化工作中与当地政府和群众的关系,协助线路运检单位发现、处理输电线路保护区内通道隐患。

(3)线路运检单位将需要重点巡视的设施和发现的隐患等及时通知属地供电公司协调解决;属地供电公司对发现的隐患及时通知线路运检单位,并协助线路运检单位进行处理。

(4)属地供电公司明确本单位相关工作的主管领导、牵头职能部门和专业人员,制定工作制度、岗位职责、工作质量标准。

(5)属地供电公司定期开展输电线路通道隐患排查治理专项活动,发现线路保护区内存在施工作业,异物挂线,违章建(构)筑物,违章树木,堆放易燃易爆物品、矿渣、腐蚀性物质等隐患时,向违章责任人下发隐患通知书,并责令限期清除。对排查出的隐患要及时与线路运检单位沟通处理,必要时报请政府相关部门依法处理。

5. 群众护线机制

(1)属地供电公司具体负责群众护线的日常管理工作,组织群众护线人员开展通道隐患排查。

(2)加强护线队伍建设，根据输电线路运行特点，酌情聘用沿线地方群众或志愿者配合做好防外力破坏工作。通过划分就地责任区段，按“定人员、定设备、定职责”原则，将输电线路群众护线工作落实到具体人员，做到无漏洞、无死角。

(3)制定群众护线和巡防工作标准，及时掌控输电线路运行环境，防范树竹放电、山火、爆破等外力破坏事件的发生。

三、通道隐患风险防控措施

(一)防止盗窃及蓄意破坏措施

(1)建立警企联合打击盗窃的工作机制，积极配合当地公安机关及司法部门严厉打击破坏、盗窃、收购输电线路器材的违法犯罪活动。对重大盗窃、破坏输电线路案件及时组织强有力的警力侦破。

(2)会同当地公安、工商部门加强对废旧物资收购站点的巡查和管理，如图 4-7-1 所示，严格监控收购电力设备的收购点，从源头上堵塞销赃渠道。

图 4-7-1　联合巡查废旧物资收购点及联合排巡查旧物资收购点

(3)健全和完善护线网络，积极动员输电线路沿线群众参与打击盗窃输电线路的行动，大力推广通道属地化管理，建立群防网络，及时发现和阻止盗窃事件发生。对发现和举报盗窃、破坏输电线路行为的人员进行适当奖励，激发广大群众积极性，营造良好的社会氛围，如图 4-7-2 所示。

图 4-7-2　发展群众护线员及对护线员进行培训和奖励

4.在重要保电时期及“春节”“国庆”等重要节日,需指定专人在重要线路、重要区段不间断看守,缩短巡视检查频次,防止盗窃及人为蓄意破坏导致严重后果;在一般时段可结合普通线路日常巡视进行,一般每月至少1次。

5.重要输电线路对其塔材、拉线(棒)采取安装防盗螺母、防盗割护套、防盗报警装置等防盗措施,可在盗窃易发区(段)安装视频监控系统。

6.结合线路巡视检查,补充完善输电线路特殊区段防盗窃、防蓄意破坏的安全警告标识。

7.线路运检单位发现线路被盗窃或蓄意破坏直接威胁线路安全运行,随时可能发生故障及停运的危急情况时,立即汇报上级组织应急抢修,同时报警、报险,启动外破事件处理流程,配合公安机关完成案件侦破及保险理赔。

(二)防止施工(机械)破坏措施

(1)针对杆塔基础外缘15 m内有车辆、机械频繁临近通行的线路段,针对铁塔基础增加连梁补强措施,配套砖砌填沙护墩、消能抗撞桶、橡胶护圈、围墙等减缓冲击的辅助措施。对于易受撞击的拉线,采取防撞措施,并设立醒目的警告标识,如图4-7-3所示。

图 4-7-3　基础防护护基及基础防撞护墩

(2)针对固定施工场所,如桥梁道路施工、铁路、高速公路等在防护区内施工或有可能危及输电线路安全的施工场所推广使用保护桩、限高架(网)、限位设施、视频监视、激光报警装置,积极试用新型防护装置,如图 4-7-4 所示。

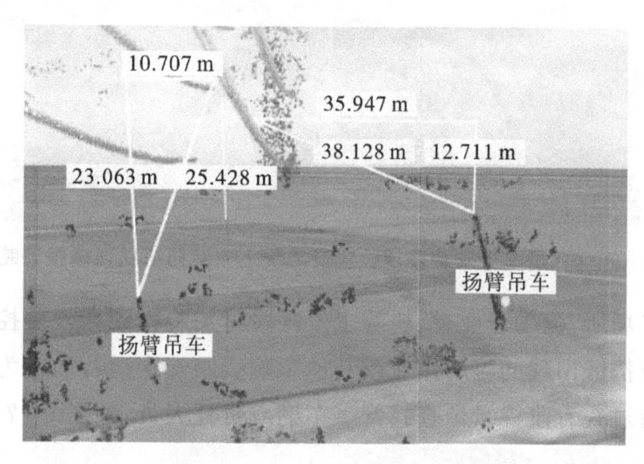

图 4-7-4　三维激光扫描限高告警系统及跨路夜光警示装置

(3)针对移动(流动)施工场所,如道路植树、栽苗绿化、临时吊装、物流、仓储、取土、挖沙等场所可采取在防护区内临时安插警示牌或警示旗、铺警示带、安装警示护栏等安全保护措施。

(4)加装限高装置时与交通管理部门协商,在道路与输电线路交跨位置前后装设限高装置,一般采取门型架结构,在限高栏醒目位置注明限制高度,以防止超高车辆通行造成碰线;或在固定施工作业点线路保护区位置临时装设限高装置,注明限高高度,防止吊车或水泥泵车车臂进入线路防护区,如图 4-7-5 所示。

图 4-7-5　设置限高栏及设置限高架

(5)有条件时,可以在吊车等车辆的吊臂顶部安装近电报警装置,提前设定与高压线的安全距离,当吊车等车辆顶部靠近高压线时,立即启动声响和灯光报警,提示操作人员立即停止作业操作,如图 4-7-6 所示。

图 4-7-6　吊车上安装警示装置及导线上安装防机械误碰报警装置

(6)在大型施工场所，流动作业、植树等多发区段可加装视频在线监控装置，通过人员监视，及时了解线路防护区出现的流动作业或其他影响线路安全运行的行为。同时，在发生外力破坏故障后，可通过查看监视录像查找肇事车辆或责任人员，如图 4-7-7 所示。

图 4-7-7　安装在线视频监控装置及在线视频监控装置

(7)针对邻近架空电力线路保护区的施工作业，采取增设屏障、遮栏、围栏、防护网等进行防护隔离，并悬挂醒目警示牌(见图 4-7-8)。

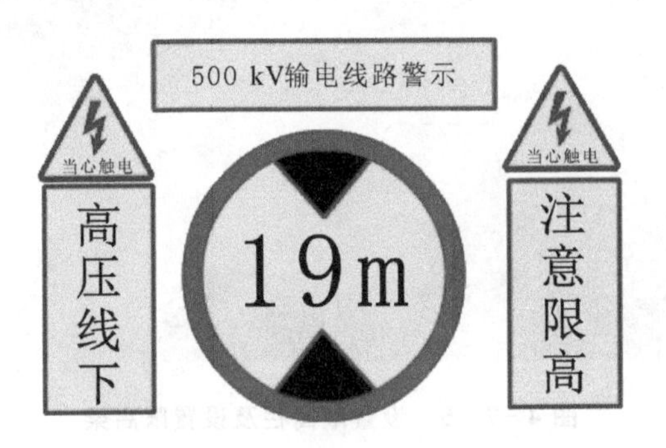

图 4-7-8　线路保护区内警示牌

(8)建立输电线路防外力破坏专职护线队和群众护线队，加强线路巡视检查和宣传。一般 5 月—11 月为施工密集期，重点区段通道巡视每天不少于 1 次，护线员每日巡视不少于 2 次(见图 4-7-9)。定期主动与施工单位联系，了解工程进度，必要时进行现场驻守。

图 4-7-9 对重要隐患点巡视及现场驻守监督安全

(9)与质量技术监督局等政府相关职能部门协商,在每年大型机械年检及操作人员进行培训考试时,将输电线路防外力破坏内容纳入考试范围。针对性开展采砂企业和采砂船输电线路保护主题培训,有条件的纳入年度采砂证年审培训中,提高相关从业人员保护输电线路意识。

(10)规范电力法规行政审批制度,建立沟通机制。通过主动与地方政府相关部门联系,预先了解各类市政、绿化、道路建设等工程的规划和建设情况,及早采取预防措施。

(11)建立并完善政企联动机制,通过对隐患单位采取安全告知、签订协议、中止供电、经济处罚、联合执法、挂牌督办等有效的手段,对外破隐患进行综合治理。

(12)对运行环境差、导线对地(河道)距离不良的线路杆塔,针对性地通过技术改造予以杆塔加高及更换,提高线路运行标准,消除安全隐患。

(三)防止异物短路措施

(1)对电力设施保护区附近的彩钢瓦等临时性建筑物,运行维护单位应要求管理者或所有者进行拆除或加固。可采取加装防风拉线、采用角钢与地面基础连接等加固方式(见图4-7-10)。

(2)针对危及输电线路安全运行的垃圾场、废品回收场所,线路运检单位要求隐患责任单位或个人进行整改,对可能形成漂浮物隐患的,如广告布、塑料遮阳布(薄膜)塑、锡箔纸、气球、生活垃圾等采取有效的固定措施。必要时提请政府部门协调处置。

(3)架空输电线路保护区内日光温室和塑料大棚顶端与导线之间的垂直距离,在最大计算弧垂情况下,符合有关设计和运行规范的要求,不符合要求的进行拆除。

(4)商请农林部门(镇政府和村委会等)加强温室、大棚、地膜使用知识宣传,指导农户搭设牢固合格的塑料大棚,敦促农户及时回收清理废旧棚膜,不得随意堆放在线路通道附近的田间,地头,不得在线路通道附近焚烧。

(5)针对架空输电线路保护区外两侧各 100 m 内的日光温室和塑料大棚,要求物权者或管理人采取加固措施。夏季台风来临之前,线路运检单位敦促大棚所有者或管理者采取可靠加固措施,加强线路的巡视,严防薄膜吹起危害输电线路。

图 4-7-10　焚烧、掩埋锡箔纸条及对大棚进行加固

(6)线路运检单位在巡线过程中,配合农林部门开展防治地膜污染宣传教育,宣传推广使用液态地膜,提高农民群众对地膜污染危害性的认识。要求农民群众对回收的残膜要及时清理清运,避免塑料薄膜被风吹起,危及输电线路安全运行。

(7)根据线路保护区周边垃圾场、种植大棚、彩钢瓦棚、废品回收站等危险源,在线路通道周边设置相关防止异物短路的警示标识,发放防止异物短路的宣传资料,及时提醒相关人员做好输电线路保护工作。

(8)加强线路防异物短路巡视工作(见图 4-7-11),针对不同异物类型分别采取以下措施。

①针对有锡箔纸、塑料薄膜等易发生漂浮物短路的区段,春、秋两季为巡视重点时段,通道巡视每周不少于两次,护线员每日巡视不少于 1 次,及时发现制止通道周边的危险行为,对于直接威胁安全运行的危险物品要立即清理。

②针对防风筝挂线方面,一般 3 月—5 月、9 月—10 月为巡视重点时段,重点区段通道巡视每周不少于两次,护线员每日巡视不少于两次,及时发现制止通道周边放风筝行为。

③针对通道附近的彩钢瓦等临时性建筑物、垃圾场、废品回收场所的隐患巡视,重点区段通道巡视每周不少于 1 次,护线员每周巡视不少于 3 次。每月向隐患责任单位或个人发放隐患通知单,要求进行拆除或加固,对未按要求进行处理的单位和个人及时报送安监部门协调处理。

图 4-7-11　沿线护线员进行巡视及逐户走访建立危险源台账

(四)防止树竹放电措施

(1)加大对输电线路保护区内树线矛盾隐患治理力度,及时清理、修剪线路防护区内影响线路安全的树障(见图 4-7-12),加强治理保护区外树竹本身高度大于其与线路之间水平距离的树木安全隐患。针对直接影响安全运行的树竹隐患,立即告知树主严重情况及相关责任,要求其立即进行砍伐或剪枝处理并监督处理情况;对于一般隐患,下达隐患告知书明确处理意见限期整改,督促其进行移栽或砍伐,处理前加强巡视。

图 4-7-12 树木修剪前及树木修剪后

(2)线路运检单位在每年 11 月底前将树枝修剪工作安排和相关事项要求等书面通知各级园林部门、相应管理部门(如公路管理单位、物业等)和业主,并积极配合做好修剪工作。对未按要求进行树枝修剪的单位和个人及时向政府电力行政管理部门或政府有关部门汇报。

(3)建立输电线路保护区涉及的森林、竹区、苗木种植基地、大型绿化区域等台账和主要负责人通信记录;依据台账在线路通道周边设置相关防止树竹砍伐放电的安全警示标识。

(4)线路运检单位排查建立输电线路保护区外超高树木档案明细,标明树种、树高、距线路水平距离、地点等,落实责任人,加强巡视检查。在此基础上,在每棵树木上装设警示标识,提示树木的管理单位在正常养护树木时控制树高,注意自身及周边线路安全,同时,警示树木砍伐人员,超高树木砍伐易造成线路故障或人员伤亡,使其主动联系供电企业。

(5)一般 3 月—5 月春季植树造林和 7 月—8 月夏季大负荷时期为防树线放电易发时段,制定针对性巡视计划,重点区段通道巡视每周不少于两次,护线员每日巡视不少于 1 次。3 月—5 月密切注意线下违章植树情况,重点注意保护区附近农田、道路两旁的新植树情况,及早予以制止;7 月、8 月夏季大负荷时期,加大树木隐患巡视频率(见图 4-7-13)。

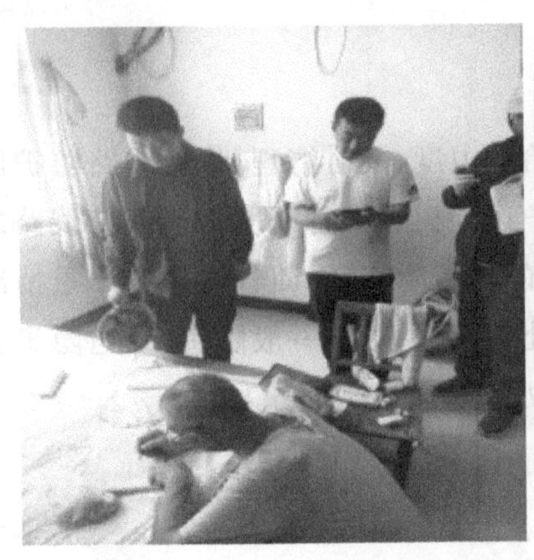

图 4-7-13　向群众护线员进行宣传讲解及与群众护线员进行树竹区特巡

(6)加强与政府有关职能部门的联系沟通，及时汇报树竹生长造成的线路重大安全隐患，争取各级政府支持，依法处置影响输电线路安全运行的各种树竹隐患。

(7)与当地林业部门、市政园林单位、绿化建设及养护单位建立长效的联络机制，定期召开相关绿化工作会议，宣贯输电线路与所经过区域绿化树木(竹)存在的安全隐患问题，提醒有关单位做好输电线路保护工作。

(8)促请地方政府将电力通道以及预留通道规划纳入城市绿化规划。输电线路通道尽量规划在空旷地带，对线下的道路绿化带，保证树木自然生长最终高度和架空线路的距离符合安全距离的要求。

(9)严格按照《国家电网公司电力安全工作规程》进行树竹的修剪工作，做好相应安全措施，确保不发生因树竹倾倒、弹跳等情况造成的线路故障跳闸。

(五)防止钓鱼碰线措施

(1)对重点部位加强巡视频次，线路运检单位、属地供电公司落实好状态巡视工作。防线下钓鱼，一般5月—10月为重点时段，加强对线路周边河流、鱼塘巡视，重点区段通道巡视每周不少于2次，护线员每日巡视不少于1次。及时发现制止线下钓鱼行为(见图4-7-14)。

图 4-7-14　设立禁止垂钓警示标志及劝离线路附近垂钓人士

(2)提请安监、工商部门要求垂钓用具商店在钓竿上粘贴警示标语,并通过垂钓用具商店、垂钓协会发送宣传资料。

(3)线路运检单位与鱼塘主签订安全协议,告知在输电线路下方钓鱼的危害性和相关法律责任,督促鱼塘主加强管理,共同防范钓鱼触电事故的发生。

(4)线路运检单位按照规定在架空输电线路保护区附近的鱼塘岸边设立安全警示标识牌。对存在的大面积鱼塘或鱼塘众多、环境复杂的乡镇,可在村头、路口等必经之处补充设立警示标识,提高警示效果。

(5)定期测量线路对地净空距离,及时对交跨距离不足或安全裕度小的线路进行升高改造。

(六)防止火灾措施

(1)根据当地习俗及气候特点划分防山火重点时段,山火高发期主要包括春节、春耕、上坟祭祖(清明、中元、冬至等)、秸秆焚烧(夏收、秋收)、其他特殊(易发山火节日庆典、连续晴热干燥天气等)等时段。针对重点区段,在重点时段,通道巡视每日不少于1次,护线员每日开展不间断巡视,对于重要输电通道,安排专人24小时驻守。

(2)结合线路巡视,调查统计保护区内及周边可能造成输电线路故障的各类火灾隐患,与相关管理部门、单位及个人签订安全协议并建立档案。

(3)对保护区内及周边存在火灾隐患的林场、建筑物、构筑物以及违章堆放易燃易爆物品的情况,向相关管理部门、单位及个人下达“安全隐患告知书”,明确整改要求,限期消除安全隐患。

(4)对下达整改通知的隐患加强巡视检查,督促相关单位和个人限期整改,直至隐患消除;针对存在较大火灾隐患但拒不整改的单位及个人,联合政府电力设施管理部门依法对其中止供电并予以处罚。

(5)在春季大风、夏季高温、“清明”祭祀等特殊季节和特殊时段,针对线路周边的林场、垃圾场、废品收购站、木材厂、村庄等重点部位开展防火特巡,检查防风防火措施的落实情况。

(6)加强输电线路通道运行维护管理。杆塔周围、线路走廊内的树木及杂草要清理干净,对线路走廊内不满足规程要求的树木,要坚决砍伐。

(7)全面清理线路保护区内堆放的易燃易爆物品,对经常在线路下方堆积草堆、谷物、甘蔗叶等的居民宣传火灾对线路的危害及造成的严重后果,并要求搬迁。

(8)山火的发生受野外工农业用火习俗影响非常大,输电线路跨越山区林地、灌木、荆棘、农田等,存在严重的山火隐患。防山火重点突出“避、抗、改、植、清、新”六项技术措施。

①“避”:各级运检部门和线路运检单位参与新建线路的可研评审与路径选择,督促线路尽量避开成片林区、竹林区、多坟区、人口密集区及农耕习惯性烧荒区等易发山火区段,落实

山火隐患避让措施。

②“抗”:各级运检部门和线路运检单位参与新建线路的初设评审与工程验收,督促落实防山火高跨设计,提高重要输电通道树竹清理标准,增强线路抵抗山火的能力。

③“改”:线路运检单位结合运行经验,开展线路隐患排查,对导线近地隐患点等防山火达不到要求的线路区段,宜采取硬化、降基、杆塔升高及改道等措施进行技术改造。

④“植”:对于经过速生林区的线路区段,线路运检单位协商当地林业部门或户主,采取林地转租、植被置换等措施,在线路通道外侧种植防火树种,形成生物防火隔离带,必要时修筑隔离墙或与林业部门同步砍伐防山火隔离带。在线路保护区内将易燃、速生植物置换成低矮非易燃经济作物。

⑤“清”:运检部门根据线路地形、植被种类及相关技术要求,按照线路重要性制定差异化通道清理标准,落实资金投入。根据通道清理标准开展通道隐患排查,建立防山火重点区段及防控措施档案。

资金投入:各级运检部门和线路运检单位要确保通道清理资金投入,优先将通道清理列入大修技改项目,通道清理费用出现缺口时要自主筹措资金确保通道清理实施。

人员投入:采取线路运检单位自行清理和属地供电公司、外委企业、护线员和信息员受托清理等多种方式开展通道清理,确保人员足额投入。

树竹砍伐:线路运检单位建立树竹砍伐标准,及时开展树竹砍伐并运离通道现场,确保砍伐效果(见图 4-7-15)。

图 4-7-15　某线路树竹砍伐前后对比

灌木茅草清理:线路运检单位严格落实通道清理标准,及时将通道内的灌木茅草清理干净(见图 4-7-16),特殊晴热时段适当增加防火清障次数。

图 4-7-16　通道灌木清理前后对比

设置隔离墙:线路运检单位对输电线路线下毛竹区域进行清理,并修筑隔离墙,在每年春季及时清理隔离墙内新发竹笋(见图 4-7-17),阻止毛竹连片生长。

图 4-7-17　清理毛竹后设置隔离墙

设置防山火隔离带:必要时设置防山火隔离带,砍伐隔离带时积极争取政府支持,与森林防山火隔离带同步砍伐(见图 4-7-18)。

图 4-7-18　砍伐防山火隔离带

⑥“新”:各级运检部门和线路运检单位探索推广山火监控(见图 4-7-19)、新型灭火装备等新技术的应用。

视频监视:在山火高发区域安装山火视频监测装置,利用计算机终端可实时观察监测图像,当出现疑似山火时,系统自动报警,提醒线维人员注意防范。

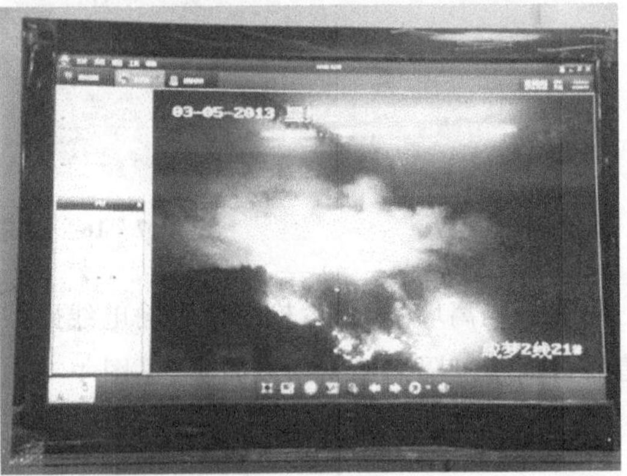

图 4-7-19　山火在线监测系统

人工降雨:山火高发时段、高发地区采用人工干预降雨的方式增加植被湿度,防止山火的发生;或在山火发生后,使用人工干预降雨扑灭山火。

防火瞭望哨:在山火高发地区建立防山火瞭望哨,采用人工驻守监视的方式进行山火监测,如发现山火,第一时间通知线维人员采取相关紧急措施。

初发山火扑灭:山火高发时段、高发地区在保证安全的前期下开展初发山火扑灭工作,合理安排防山火装备配置,统一调配。山火易发省份,重要输电通道每 100 km 配置不少于 1 套大型防山火装备,承担山火高、中风险区段的运维班组配置不少于 3 套小型防山火装备。跨区线路根据线路走廊历史火点密度、线路重要程度和历史山火跳闸情况按需配置。

(9)建立健全应急预案,确保人员、车辆、设备落实到位。加强与消防、公安、林业部门的联系,山火发生时,立即主动与当地政府、警方、消防部队联系,并及时组织扑灭火灾。

(10)防止山火做好系统性的预测、监测及预警。

①山火预测工作指监测预警中心在山火高发时段,开展线路中、短期山火预测并发布报告。山火中期预测指对未来 7 天线路附近山火发生可能性(概率)进行预测;山火短期预测指对未来 3 天线路山火发生可能性(概率)进行预测。

②山火监测工作指监测预警中心开展山火卫星监测值班、卫星数据接收、热点数据分析与判识等工作。监测预警中心每日开展山火卫星监测,在山火高发期时开展 24 小时山火卫星监测值班。值班员通过输电线路山火卫星监测系统对国网山火高发省份输电线路山火进行实时监测;省设备状态评价中心通过客户访问端或省级山火监测子站系统开展相应值班工作;监测预警中心对卫星监测系统实时监测到的火点进行告警计算,通过电话或短信向省

设备状态评价中心或线路运维人员发布火点对线路的告警信息(见图 4－7－20)。

一级告警:山火热点与线路距离小于或等于 500 m。

二级告警:山火热点与线路距离大于 500 m,且小于或等于 1000 m。

三级告警:山火热点与线路距离大于 1000 m,且小于或等于 3000 m。

不发告警:山火热点与线路距离大于 3000 m。

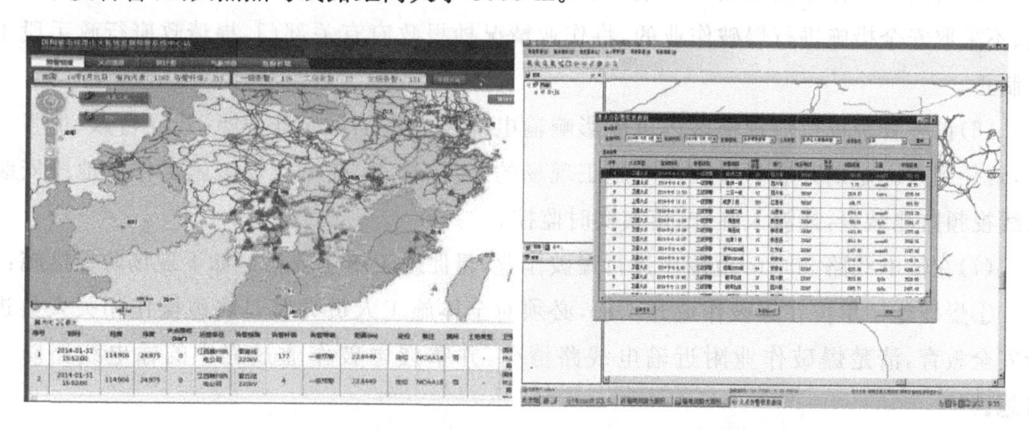

图 4－7－20　山火监测预警系统客户端及火点告警列表显示

③山火预警工作包括山火预警级别判定,山火中、短期预报、山火预警建议和电网预警发布。监测预警中心在山火高发期定期开展山火中、短期预报,编制国网跨区电网和各省线路山火中、短期预报结论及山火预警建议,上报国网运检部和各省公司运维检修部;省公司根据山火监测预警建议,综合现场山火反馈情况,发布电网山火预警;运检单位根据山火预警以及现场山火实际情况,及时采取相应的处置措施。

预警等级:预警等级由高至低依次为红色、橙色、黄色、蓝色。

红色预警:某省当日监测山火热点数大于等于 300 个。

橙色预警:某省当日监测山火热点数大于等于 200 个且小于 300 个。

黄色预警:某省当日监测山火热点数大于等于 100 个,且小于 200 个。

蓝色预警:某省当日监测山火热点数大于等于 50 个,且小于 100 个。

不发预警:某省当日监测山火热点数小于 50 个。

(七)防止爆破作业破坏措施

(1)严禁在架空输电线路水平距离 500 m 范围内进行爆破作业,因工作需要必须进行爆破作业的,要求作业单位按照国家有关法律法规,采取可靠的安全防范措施,并征得设施管理单位书面同意,报经政府有关管理部门批准。

(2)积极构建政企合作机制,地方政府已出台输电线路保护区施工许可制度(办法)的地方,促请政府将爆破作业纳入许可内容。

(3)加强与建设单位、爆破施工单位联系,了解清楚施工计划、施工范围、进度要求等,提前制定应对措施。

(4)对线路保护区内的爆破作业点开展特殊巡视,开展现场施工安全把关,建立隐患信息点档案,制定各项应急预案,同时将现场情况上报调度,做好线路负荷转移预案,增强线路运行管控能力。

(5)发现爆破作业安全隐患,线路运检单位及时送达书面隐患整改通知书。对不听劝阻、不采取安全措施进行爆破作业的,将作业情况抄报政府有关部门,提请政府行政手段予以制止。

(6)设施管理单位清理辖区内可能影响输电线路的施工爆破作业点,建立台账,加强监控,责任到人。定期开展对爆破作业施工现场的巡视、检查,在重点爆破施工作业地段安装在线视频监测装置,或派人驻守,落实实时监控。

(7)在输电线路 500 m 范围内进行爆破作业,督促施工单位要做好如下现场防控措施:

①爆破施工单位在爆破作业开工前,必须对全体施工人员尤其是爆破操作相关人员进行安全教育,清楚爆破作业附近输电线路情况,并掌握爆破作业过程中的输电线路防护措施。

②爆破施工单位必须安排专人管理爆破现场。爆破当日开工前,必须将用于爆破时覆盖炮眼的胶皮、铁板等摆放在施工现场。开始爆破前,管理员必须检查爆破数量、炮眼覆盖情况和其他安全措施落实情况,无安全隐患后方可进行爆破施工。

③在电杆、铁塔、拉线等线路保护区禁止爆破开挖施工,在靠近线路保护区爆破按照《微差控制爆破技术》,采取浅孔、少药松动爆破措施。

④在导线下方边导线水平向外延伸 10 m 区域内爆破,必须采取浅孔、少药松动爆破措施,每次起炮不超过 4 炮,爆破前先进行试炮,确对高压线安全不构成威胁后方可进行爆破。

⑤在距离边导线 50 m 内 10 m 外的区域爆破,在采取覆盖的同时每次起炮数量可以适当放宽,但禁止一次性大面积成片起炮。

⑥爆破作业中,炮孔的深度和装药量要严格按照要求施工,禁止先装雷管后装炸药。

⑦爆破作业时必须采用胶皮、铁板对炮眼、炮线进行有效覆盖后,方可进行爆破施工,防止飞石、炮线破坏输电线路。

⑧爆破作业后,及时清收现场废弃的炮线同时检查导线是否挂有炮线,发现问题立即向供电企业汇报。

(八)采空区(煤矿塌陷区)隐患防治措施

(1)加强线路采空塌陷区段隐患排查,建立隐患台账,掌握矿山巷道走向,走向与线路有交叉或邻近的要加强特殊巡视,密切关注铁塔设备异常情况,发现导地线线夹等不正常偏移后要及时找到原因。在可能进行开采的附近区域加装警示标识。

(2)规划部门在输电线路选址时,尽量避开采空区(塌陷区),确实难以避开,要认真了解掌握地下采空区范围,掌握煤矿采深、采厚及比例等基本参数、开采企业的开采规划和进度,合理选择相对安全可靠的位置。

(3)输电线路经过采空区，避免使用孤立档，尤其是小档距的孤立档。尽可能减少转角塔的使用数量，避免采用大转角，并尽量缩短耐张段长度。宜采用根开小的自立式铁塔，不宜选用带拉线的铁塔。所经煤矿采厚比小于100的输电线路，不应采用同塔双(多)回线路。

(4)线路运检单位要加强与煤炭局、国土局的沟通联系，力争使各煤矿、矿山等地下开采企业对其采区范围内所有的输电线路及杆塔进行排查、定位，并布置在采掘工程平面图上。掌握煤矿开采计划及动态情况。要与各煤矿、矿山企业建立常态沟通机制，及时掌握输电线路在采空区、压煤区、压矿区的实际情况，建立采空区台账，纳入日常运维管理。

(5)对于处于采空区的输电线路，要与各煤矿、矿山等企业签订相关协议，要求相关企业及时向线路运检单位通报开采计划和开采信息，确保线路运检单位能提前采取防范措施，防止输电线路发生倒杆断线等突发事件。同时要积极创造条件进行迁移，并取得地方规划的支持，列入地方规划范围。

(6)线路运检单位要加强处于采空区设施的动态监控，通过在线监测装置和人工测量等方式，加强对处在采空区和计采区的杆塔进行监测，并做好详细记录。春季气温回升、夏季雨后要安排特巡，及时掌握采区内地质、环境、杆塔等变化情况。

(7)采空区杆塔倾斜度在规程允许范围内的，可采取释放导地线张力、打四方拉线控制铁塔倾斜、下沉基础加垫板、补强等应急处理措施。采空区杆塔倾斜度超出规程最大允许值时，采取更换可调式塔脚板的措施，及时调整杆塔倾斜度。同时，要根据现场监测数据及现场塌陷发展变化，杆塔倾斜加剧并进一步恶化时，要及时改变运行方式，并考虑安排进行技术改造。

(8)对于设备区段内已经存在塌陷、滑坡等现象，立即进行迁址，输电线路可采取改变路径或地下电缆等方式。

(9)线路运检单位对于因外界条件，可能危急位于采空区杆塔安全稳定运行的线路区段调整状态巡视周期。当位于采空区线路杆塔遇到以下情况时，应立即组织特巡：

①降雨(雪)过程之中或稍滞后；

②地震或余震后；

③开挖坡脚过程之中或稍滞后；

④水库蓄水初期及河流洪峰期；

⑤强烈的机械及大爆炸振动之后。

四、输电线路通道隐患处理应对措施

(一)防机械外破

1.事前管理

(1)主动向政府发改委、公安局、应急局等有关部门汇报输电线路风险情况。组织与派出所对接沟通公司系统的防外破和索赔报警机制，明确阐述需要警方在出警处置、笔录制作过程中提供的法律法规支持，警企联动共保安全。积极促请当地政府出台电力设施保护相关文件，进一步在输电线路通道风险管控方面给予政策支持。

(2)梳理落实现有有利政策，依托发改委等政府部门文件政策优势，明确专人负责对接政府部门相关人员，争取建立协同办公或联合审批机制，固化近线作业审批报备流程，优化输电线路通道防机械外破环境。

(3)与各级营销部门联动，针对保护区范围内施工，不执行安全规定的企业或用户，依法采取有效避险措施。与各级调控中心沟通，建立快速停运避险处置流程，责任到人。

(4)按照“30分钟应急处置圈”要求，持续增加内部护线人员力量并大力发展群众护线员，加密护线网络。常态化对线路机械外破风险重点区域开展外破处置应急演练工作，以练促培，确保关键区域内的处置人员应急能力提升、处置路线熟知明确、处置措施严格落实、处置流程有效运转。

2.事前执行

(1)强化隐患排查。通过专业巡视、监控巡视(制定错峰主动巡视计划)、属地巡视等方式，全面排查线路通道保护区内可能危及线路运行的各类施工风险。

(2)更新隐患台账。将外破风险按风险程度和发展趋势分级，建立隐患台账，内容应包含隐患描述、隐患坐标、发现日期、业主、施工负责人姓名及联系方式，设备主人和属地责任人等信息，动态更新通道隐患台账，导入移动巡检 App 并在可视化平台进行隐患标注。

(3)落实风险告知要求。全部外破风险点应逐处下发隐患告知书，对线路机械外破危险区域的各类警示牌进行排查。如有缺失，立即组织人员进行安装，对已安装的各类警示牌进行详细核对。

(4)每周对固定施工点进行入户走访。专业和属地人员对辖区内 220 kV 及以上线路通道固定施工点主动进行上门交流，做到 1 次走访开展 8 项工作：一是对施工现场进行隐患再排查。查看现场是否存在由于环境变化产生的新增隐患。二是对业主、施工负责人、大型车辆司机进行安全再告知。下发隐患告知书，并告知当前用电形势、专业安全要求和公司依法避险处理机制。三是对现场施工安全措施进行再检查。重点检查塔吊、吊车、泵车等大型机械位置是否满足安全要求、是否设置物理防护措施或划定安全区。四是对现场警示措施进行再核对。核对警示措施内容、数量、位置是否满足现场施工实际警示效果。五是对施工点关键风险工期进行再确认。了解常态化大型机械施工计划，节假日等特殊时段的停工时间和复工计划。六是对固定施工点可视化装置功能进行再试验。使用手机平台启动附近杆塔声光告警装置，试验可视化装置是否存在故障或视听盲区。七是对现场人员进行护电再宣传。讲解裸导线施工距离要求、宣传 24 小时护电服务电话、“护电 100”奖励机制。八是对业主或施工负责人合理施工需求进行再梳理。了解施工方在施工准入、安全施工、线路迁改等方面希望得到哪些专业帮助和安全指导，并提供帮助和服务。

(5)开展企业集中警示培训。搜集系统内外事故案例，联合施工单位开展施工人员安全培训和实例教育，通过人身伤亡等事故案例引起吊车司机重视，通过事故索赔、政府处理等案例引起企业主重视并留存相关培训资料。

(6)做好护电宣传。由台区经理按上级护电工作要求，在微信群里定时发布电力防外破安全知识。台区经理收集护电信息后，按流程推动落实护电100奖励，让更多的大型车辆司机在施工前主动进行护电报备。

3. 事前技术

(1)制定有效措施。提前审查施工方案，针对施工区域塔吊、吊车等长期固定点位的大型机械，需检查核实塔吊最大转臂、吊车最大净空距离，确认是否存在外破风险，并提出更改机械施工位置等安全施工整改意见。

(2)外破风险区域均应安装夜视喊话监控设备，设备主人根据现场情况分析监控盲区，申请增加可视化布点，确保施工风险实时监控。

(3)在苗圃等外破风险区域必经道路和两侧杆塔对侧增装具备夜视喊话功能监控设备，杜绝监控盲区。

(4)监控中心对季节性的关键外破风险点进行动态更新，将风险区段杆塔监控装置单独分组，确保平台预警信息精细推送。

4. 事中管理

(1)监控坐席对隐患实施“工单式”管理，实行隐患告警信息“三电一推”(电话通知班组人员、电话通知属地人员、电话通知护线员，推送告警信息至微信群)，固定施工点还要电话通知隐患责任人。

(2)监控坐席督办专业、属地人员30分钟快速到位处置，每10分钟跟进人员到场情况，根据处置人员反馈信息更新外破工单闭环进度。

5. 事中执行

(1)处置人员一是检查施工现场安全措施是否完善，如不具备条件应协调各方资源对施工现场立即采取停工措施，待满足安全要求情况下方可再次开工。二是与施工方进行现场沟通，协调远离线路作业。三是现场宣贯护电100奖励和施工报备机制，收集外破隐患各项信息(现场作业性质、内容、周期、时间、车辆信息、业主、施工负责人、司机等信息)，由设备主人在可视化平台上进行标注。四是执行同进同出，直至作业结束。

(2)对于施工方野蛮施工且拒不配合安全指导工作的作业，现场处置人员在讲解防外破处置工作流程无效后，立即以恶意破坏电力设施为由拨打报警电话，并根据现场实际情况向设备部、安监部和调控中心报送相关信息，提出退出重合闸、停运避险和直流线路降压运行等需求，确保人员、设备安全。

6. 事中技术

(1)人员未抵达施工作业现场前，监控中心或设备主人不间断启动声光报警装置，持续远程声光警告。

(2)对于符合条件的线路附近施工作业，现场处置人员应用移动巡检 App 严格执行盯守任务。

(3)现场处置人员使用测距仪测量导线对地、车辆高度及水平距离。

(二)防春季植树

1. 事前管理

(1)积极争取政府支持。促请政府把供电公司纳入绿化委员会，了解绿化规划和种植树木的规模、品种，实现在绿化管理工作中与政府主要领导、主要部门及实施单位等各层面的直接对接、全方位参与。

(2)与地方政府、单位、乡镇进行沟通协调，联合开展专项宣传工作，及时联系户主妥善移植，纠正违规植树行为。

2. 事前执行

(1)及时发现植树隐患。监控坐席和设备主人重点依靠可视化装置，根据植树计划和现场挖坑情况，对线路进行主动巡视并应用移动巡检 App 派发计划巡视工单任务。使用可视化装置主动巡视发现植树苗头，依托智能运检管控中心形成隐患工单下发专业或属地公司进行处置。

(2)运维单位应建立通道隐患台账，实施“一患一档”，内容应包含树障位置、发现日期，树木整体情况，所在县市，专业和属地责任人等信息并动态更新，将关键隐患信息标注在可视化平台上。

(3)全程跟踪隐患防控。通过参加绿化方案的设计和审批工作，提出合理避开电力线路通道或改为低矮树种的意见，深入分析各阶段(植树期吊车隐患、成长期树障风险、油脂类树种火灾风险)对输电线路的安全隐患和潜在风险，落实施工报备、树障砍伐移栽等防控措施。

(4)建立输电线路保护区涉及的森林、苗圃种植基地、大型绿化区域等台账和负责人通信记录；依据隐患台账在线路通道周边设置相关安全警告标识。

(5)加强护电宣传工作。每年春季植树多发季节前至少定期开展两次专项宣传，通过进校园、进社区、进村庄进行宣传。

3. 事前技术

(1)根据植树计划，组织监控和设备主人按照已知的树木种植计划，开展远程巡视，发现异常立即使用移动巡检 App 平台派发巡视工单。

(2)加大力度开展无人机多通道快速巡视，及时发现通道内植树迹象。

4. 事中管理

(1)各级管理人员立即沟通，争取与当地政府相关部门开展现场联合执法，零距离打击违法种植行为。

(2)视现场处置人员反馈情况，及时组织属地县公司主管领导亲自调度协调，确保植树隐患限期销号。

5. 事中执行

(1)现场处置人员协调树主对保护区内新栽树木一周内进行移栽,经现场核实如无移栽条件,需说明保护区不能种植超高树木和油脂类树木。若树主拒不配合,应对涉及的树木归属单位或个人下达隐患告知书,同时向政府报备,留存相关证据,启动法律诉讼程序。

(2)植树隐患现场处置人员对植树工程的甲方和施工方同时进行植树安全距离交底。

(3)现场处置人员在现场第一时间向输电监控中心反馈植树隐患信息,信息主要包括树种、树线距离等信息,并根据措施落实情况反馈是否下发隐患告知书、树主移栽计划等信息。

(4)在植树高峰期,每周沿线入村开展专项宣传。

(5)坐席人员督导专业或属地公司动态反馈隐患处理进度,确保隐患闭环管控和销号。

6. 事中技术

(1)输电监控中心持续对种植树木情况进行远程监控,检查现场施工机械与线路距离变化,适时启动声光告警装置。

(2)现场处置人员到达现场对新栽树木隐患进行查看,携带测距仪、无人机对树线距离进行核实。

(3)将植树隐患现场信息(现场照片、告知书照片、地理位置、处理周期)录入移动巡检App,提醒现场人员隐患销号验收。

(三)防火灾

1. 事前管理

(1)建立 3335 运维保障体系。明确三级责任(市公司领导、设备部主任、输电运检中心主任定点分包区域内一、二、三级防控区,县公司分包线路段,设备主人分包设备),强化三级督导(市级督导:每两个月或四级以上预警时;县公司督导:每月或二级以上预警时;设备主人:每周开展特巡),聚焦三个重点(通道及周边易燃物,树线矛盾,电气设施本体隐患),抓好五个重点时段(森林火险预警时段,春节、清明等祭祀日,冬春季,麦收前后,秋收后烧荒高发时段)。

(2)建立火灾联动机制。与当地政府、消防部门建立健全防山火联动机制,将电力走廊附近林区火灾隐患纳入政府火灾防控网格源,归入综合行政执法体系。

(3)对于跨越成片林区的线路区段,要依托当地政府和林业部门及时对通道内林木进行砍伐、修剪或采取林地转租、植被置换等措施。

(4)与各级调控中心沟通,建立快速停运避险处置流程,责任到人。

(5)新建线路要严格执行相关线路设计规程规范,投运前要完成线路通道清理,避免前治后乱。因地制宜通过对林区高火险区段采用高杆塔跨越、线路迁改等专业管理措施,逐步做好隐患治理工作。

(6)组织专业、属地人员与森林防火部门开展输电线路专项联合应急演练,编制应急预案。提高本单位山火应急指挥、应急抢险、协同配合等应急能力。

2.事前执行

(1)全面排查火灾隐患。对途径山区、墓地、旅游风景区、树木集中区段、垃圾场的线路开展拉网式排查,及时清除线路走廊及周边堆积的易燃易爆物,彻底清除线路保护区油脂类树种,形成一患一档。

(2)落实隐患治理要求,由设备主人向相关属地公司下发隐患处理通知书,尤其是垃圾堆、秸秆堆积等火灾隐患应限期治理,并做好验收,对属地公司处理不到位要报送设备管理部门进行通报考核。

(3)在祭祖前后、春季大风和山火高发等重要时段,应提前设置现场观火哨,对穿越林区风险线路做好盯防、值守,通过无人机、高倍望远镜随时观察火情发展趋势,必要时申请停电避险。

(4)强化现场人员培训。各单位要组织人员参加山火处置工作应急演练及灭火培训,确保处置过程中的人员和设备安全。

(5)强化宣传引导。结合护电宣传月,开展输电线路防山火宣传,倡导文明祭祖、规范用火,大力营造群防群治的良好氛围。

3.事前技术

(1)在隐患重点区域加装图像(视频)、山火在线监测装置,强化实时巡视盯守,及时发现和劝阻线路通道范围内的放火烧荒、焚烧秸秆等行为。

(2)加强山火预警监测。根据国网山火监测预警中心预警信息,做好线路周边火点的监测工作,并根据天气情况,提前做好重点区域、重点线路预警工作,运维单位和属地公司要快速响应,高效处置,及时反馈。

(3)选择重点区域的易燃油脂类植物,试点应用新型长效阻燃剂,开辟防火隔离带。

(4)在火灾多发时期,深化应用复合翼无人机或多旋翼无人机开展多线路通道隐患快速排查工作。

(5)完善火灾应急装备。各单位应配备足够数量的灭火器、风速仪、鼓风机、防火拖把、灭火弹、铁锹等消防器材,并定期梳理、检查、更换,确保火灾应急装备有效可用。

4.事中管理

(1)各级管理人员提醒处置人员进行火情处置时,注意人身安全。

(2)各级管理人员根据预警图片和现场反馈信息决策组织加派人员灭火,设备部电话通知属地公司主管领导,增派灭火人员,并向当地政府报备寻求支援。

(3)若现场火情不可控,各级管理人员需强调现场人员不准强行抢险。设备部主管主任在人员到场前结合可视化现场情况组织输电运检中心做好紧急避险准备及资料收集,做好与调度沟通,随时做好线路退出运行准备。

(4)收到火灾事故信息后，在做好火灾应急处置的同时要联系本单位宣传部门，有序做好正面舆论宣传引导工作，避免发生舆情事件。

5.事中执行

(1)发现火情，设备主人或属地责任人要第一时间根据火灾地点，联络村电工、沿线群众报火警，根据监控图片中的火情，携带应急工器具，如灭火器、风速仪、鼓风机、防火拖把、灭火弹、铁锹等应急装备及个人安全用品，在30分钟内到场，引导消防队伍快速到达现场，配合消防部门对火情火势进行有效控制。

(2)500 kV及以上输电线路火情，应由县公司主管领导组织处置。

(3)处置人员到场后应首先进行研判分析，提供现场视频照片、火情趋势、烟雾情况、燃烧物、过火面积、现场风速风向、隐患对线位置、线下是否存在可燃易燃易爆物品，是否危及附近线路，现场是否有救援。

(4)处置人员综合研判，可能造成线路故障时，要立即向设备部、安监部和调控中心报送相关信息，提出退出重合闸、停运避险和直流线路降压运行等需求。

(5)开展初期火灾扑救。在确保人员安全的情况下，组织属地人员和群众护线员携带灭火器材，参与灭火和火情监控，如火情较大，现场人员要立即撤离至安全位置。

(6)火灾扑灭后，现场防火巡视员应在现场观察30分钟，直至火源、火星全部熄灭，并通知专业人员对设备进行检查，无问题后向调度报告恢复正常运行方式。同步对附近2 km范围火灾隐患源开展排查，列入隐患台账并限期治理。

6.事中技术

(1)监控坐席视火情严重情况，应用可视化装置每1～5分钟抓拍现场火情图片，并拍摄短视频，实时了解现场火情。

(2)针对山区火情，专业人员使用无人机搭载红外摄像头，多通道快速排查，协助确认着火点和过火面积。

(四)防异物

1.事前管理

(1)争取政府支持，依靠社会监督，常态化开展彩钢瓦、垃圾堆等异物专项风险治理工作。

(2)持续与气象部门保持沟通联系，密切关注天气变化，及时发布天气预警，大风等恶劣天气前后组织巡护人员开展异物清理、掩埋、加固和异物上线缺陷排查，要求重点区段的特巡过程中随车携带激光器等装置，确保异物上线缺陷快速处置。

(3)各级管理人员采用“电话抽查＋台账核实＋现场检查”的方式，对现场异物源管控情况进行督导评价。

2.事前执行

(1)做好隐患排查。按照防异物管控思维导图，梳理防尘网、大棚等6类异物源，及时发现并更新隐患点情况，形成一患一档。隐患台账内容应包含隐患位置、发现日期，风险等级，隐患责任单位(个人)姓名及联系方式，专业和属地责任人等信息，逐处下发隐患通知书。

(2)做好隐患提前处置。春夏交替季节大棚拆除覆膜期间，加强现场监管，督促和协助户主将拆除的塑料薄膜进行处理，对破损的小块薄膜采取就地掩埋等措施。对于防尘网、大棚、广告布等异物区，应每周检查一下压实情况；锡箔纸等易漂浮物异物源应立即掩埋和清理；对于线路附近垃圾堆，要积极协调当地政府部门采取填埋等措施彻底消除。

(3)做好护电100宣传，联系台区经理、村委会负责人、村镇小超市店主等当地人员协助开展护电宣传。

3.事前技术

(1)根据线路重要程度及线路周边环境，分轻重缓急，部署安装"$1+N$"多摄像头可视化装置，深化应用多旋翼无人机自主巡检技术，提高细小异物识别率，做好风筝线等细小异物防控。

(2)监控坐席和设备主人利用可视化平台预警分类功能，对春季异物上线风险开展异物预警专项排查，特别是在可视化视距范围内的放风筝行为，一经发现，立即不间断启动全部附近杆塔声光告警装置，并下发异物工单现场处置。

(3)使用无人机对厂房院内、垃圾站点等人工不易检查的隐蔽性异物风险点进行空中巡视排查，重点检查大块异物隐患的压盖和加固措施是否牢靠。

(4)针对春季异物多发时期，各类人员开展监控远程主动巡视，制定巡视计划，每天上午、下午各错峰巡视一次。对并行线路进行可视化互补巡视，消除可视化巡视盲区。

4.事中管理

(1)各级管理人员根据异物上线种类、位置、预警图片和现场反馈信息决策组织应急消缺工作。

(2)设备部电话通知属地公司主管领导，针对危害公共安全的紧急异物隐患，向当地政府报备寻求共同治理。

5.事中执行

(1)针对监控发现的线路附近放风筝，防尘网、塑料布、锡箔纸等易漂浮物隐患异常情况，监控坐席应督办专业、属地人员立即前往现场核实，对监控视距范围内的放风筝人员进行劝离，对漂浮物进行压盖或处理，并进行图片验证和销号。

(2)各级人员通过监控预警图片或现场实际进行充分研判，根据异物上线缺陷的危急性、环境温湿度等因素科学提出线路停电申请并消缺。

(3)专业应急人员应确保激光炮和照明工具电量充足，排查现场异物缠绕设备情况，尤其是单一风筝线应仔细核对，确保消缺后无遗留风险，方可报送消缺结束信息(消缺前照片、人员消缺过程照片、消缺后照片、异物照片、文字说明)。

6.事中技术

(1)应用多旋翼无人机、高倍望远镜，在现场多角度核实确认异物上线隐患残留情况，确保消缺完毕。

(2)激光清除异物装置,要根据异物多发区及覆盖线路半径合理布置,一旦发现异物上线,能够迅速处置。

(五)防鸟害

1.事前管理

(1)设置重点线路区段,重点针对省间联络线、电厂送出线、高危及重要客户供电线等重要输电线路;三跨区段;鸟窝位于导线挂点正上方;重载和 $N-1$(同杆线路 $N-2$)过载线路。

(2)电科院每年对上年度线路涉鸟故障情况进行分析,掌握涉鸟故障活动分布及变化情况,并对防鸟措施有效性进行评估,及时修订涉鸟故障分布图。每3年进行一次涉鸟故障分布图的修编绘制,更加有效地指导防鸟工作。

(3)各单位结合近年来涉鸟故障情况和日常运维经验,定期协助修订公司涉鸟故障风险分布图。

2.事前执行

(1)做好鸟窝排查工作。通过监拍装置、人工巡视,及时发现杆塔鸟窝,对不在绝缘子上方风险区的鸟窝,可结合鸟窝专清工作清除,对于绝缘子上方风险区鸟窝,应按照"鸟窝全清除"原则,三天内拆除。

(2)开展防鸟装置现场检查。根据《架空输电线路防鸟装置安装指导意见》,对不符合安装规范的防鸟装置实时开展恢复或补装。

(3)各单位根据公司鸟图,及时设置重点部位清单,内容应包括鸟害类别、鸟害等级、治理情况、设备主人信息和涉及杆塔的明细和里程,并动态更新。

(4)各单位重点排查鸟类迁徙通道、鸟害历史故障点前后各5基杆塔,肉食鸟类鸟窝(与喜鹊等鸟窝外观差异明显)历史位置前后各5基杆塔,河流等水源点半径500 m范围内杆塔,检查防鸟措施落实情况。

3.事前技术

(1)Ⅰ级鸟害区全部完成鸟刺检查补装。

(2)Ⅱ级鸟害区采取防鸟挡板(防鸟罩)、鸟刺双重防护。

(3)Ⅲ级鸟害区采取防鸟挡板(防鸟罩)、鸟刺、惊鸟器三重防护。

(4)结合管理人员一人一周一线、监控坐席、设备主人主动巡视、告警照片检查等方式,排查杆塔挂点鸟窝并进行记录。

(5)按照监控排查情况,利用无人机、高倍望远镜现场检查挂点鸟窝下探情况,纳入缺陷处理流程。

4.事中管理

(1)发现挂点鸟窝后,各单位组织专业人员按照工作票管理要求,组织开展带电、停电检修等消缺工作。

(2)现场发现大型鸟类后,各单位组织专业或属地人员对周边群众进行走访,询问近期鸟类活动情况,现场排查留存相关影像资料,并检查、补装防鸟措施。

5.事中执行

(1)针对重点线路(区段),各单位组织专业人员在每年3月份开展1次鸟窝专项清除工作(8月份也需开展1次),并根据巡视结果立查立清,实现鸟窝全清除。

(2)针对一般线路及结合线路检修工作,视线路现场实际情况每年开展一次鸟窝专清。

6.事中技术

(1)针对现场鸟类种类、数量、威胁程度,试点增装夜视喊话功能的监控设备,定期远程切换告警声音。

(2)针对经查在线路杆塔上停留的大型鸟类,差异更换使用加长型鸟刺(长度在0.8～1 m)。

五、架空输电线路保护区施工作业防外破管控流程

架空输电线路保护区施工作业防外破工作是通过对架空输电线路保护区施工作业的现场勘察,隐患告知,宣传培训,签订相关安全协议,采取人防、物防、技防及责任约束等一系列措施,经过技术审查许可,使架空输电线路保护区施工作业项目有序、安全、高效开展。避免盲目、违章、甚至于野蛮施工造成大型机械或异物上线对在运输电线路放电跳闸,发生电力设备故障及人身伤害事件。

具体管控项目流程见附件2:架空输电线路保护区施工作业防外破管控流程。

(一)现场勘察

设备运维管理单位接报和发现架空输电线路保护区有危及安全运行施工作业时,应立即制止、及时报告并组织现场勘察。现场勘察目的是掌握现场第一手资料,进行联系和方便前期介入。应掌握施工项目联系方式、施工设计规模规划的初步情况、施工作业交叉档导线对地最小净空距离、施工作业所使用的机械种类及最大高度,初步评估施工作业可能存在的隐患及安全风险级别。现场勘察内容应做好记录并签字。见附件3:电力设施保护现场勘察记录表。

(二)隐患告知

根据现场勘察情况及隐患评估,填写安全隐患告知书,隐患告知内容应明确、详尽并具有针对性。描述不清、表达不准确、用词泛泛的情况应视为无效告知。告知书一般应采用国网统一格式文档,盖本单位电力设施保护部门章。见附件4:安全隐患告知书

(三)培训宣传

根据现场作业的实际情况及施工项目单位的需要,开展由施工项目单位组织的涉及高

大机械等现场施工作业人员的培训宣传活动，制作有针对性的宣传教育课件和音像资料，从现场状况、大型机械特点、电气安全要求、工器具使用检查、不当处置危害及以往事故案例等方面进行相关安全知识交底。通过宣传教育，从根源提升现场作业安全意识。

(四)签订施工安全协议

施工安全协议是与架空输电线路下方保护区施工项目工程的施工方签订的协议，主要内容包括隐患关注重点和隐患管控主要措施及保证金约定等，通过协议约束使施工单位在分包、转包过程中起到统一管理，加强对挖掘机、吊车、砼泵车、井架、吊装机车等大型机械及施工现场防尘多目网压覆的主动管控作用。从现场作业重要管控层面达到直接管控管理的目的。见附件5:架空输电线路保护区内施工作业安全协议书

(五)签订通道交叉互不妨碍协议

架空输电线路下方保护区内施工项目业主(即建管单位)是项目的发起单位，对项目前期规划设计及后期投运有全过程管理责任。同时考虑到后期项目投产后可能对线路产生的影响，应签订公共设施互不妨碍协议。协议重点是约定项目投产后输电线路通道内绿化带植树的处置原则。通过协议，确定后期规划中在线路保护区绿化的设计原则，即种植低矮树种或高杆树木、高大构筑物避开输电线路保护区，其中业主方起到配合联络和宣传作用。见附件6:架空输电线路与重要公共设施交跨互不妨碍协议

(六)安全保证金

通过施工项目总包单位对各分包、转包企业或业主收取安全保证金，提高各施工工序责任部门的责任意识，是最直接有效的管控措施。这种方式通过协议把安全风险共担，各分包工序施工部门就会主动做好自我管控。考虑项目可能涉及输电线路迁改的实际情况，对遇有迁改线路情况时可以由业主项目单位在前期迁改合同中约定交纳安全保证金，施工项目部不再重复交纳安全保证金，但应加以说明。

(七)限高警示与限高杆(架)

由项目施工单位主动在输电线路保护区施工作业点醒目位置安装警示牌、警示条幅、限高门杆(架)提示作业人员及通行高大机械车辆限高，是直接有效防外破措施之一。特种机械司机操作前或高大机械通过关键地带时看到“高压线下，注意限高”并醒目提示具体限高值，就可以立刻采取措施，起到警示作用。见附件7:一种限高警示牌制作安装图。

(八)视频监拍预警

使用智能监拍或视频进行防外破预警是当前及未来架空输电线路防外破巡视的重要技术手段。目前监拍预警装置技术已逐渐成熟，是目前主流装备，能基本满足现场需要，但其

可视方向固定性及可视有限范围有很大局限性。视频设备以其连续性、实时性、多视角、多焦距的特点在防山(林)火、防流动吊车方面具有优异的表现,但当前图像识别预警技术尚不能满足现场的需要,是未来发展的方向。施工现场智能视频预警应根据现场情况配置或临时安装,应由施工项目部负责安装和运维视频设备,并按要求分时段发送现场照片。专业运维人员及属地运维人员应通过后台系统对监拍视频预警动态进行实时监控,及时掌握现场情况。

(九)专人盯守监护

专人盯守监护是现场防外破重要“人防”措施之一,一般由经专门培训的当地群众担当。施工单位在输电线路保护区内的施工应按计划调整在时间较为集中的工期内进行。施工单位应先完成保护区两侧施工工序,再集中时间完成保护区段施工工序。施工前,施工方应通知监护人到现场配合盯守,相关监护要求应按盯守看护明白卡所列措施执行。监护人的劳务费用由施工项目单位负责按期发放。监护人每日按“四时段”看护法进行轮巡,保证施工期间安全有序开展作业。专业运维人员及属地运维人员应掌握现场情况,并有针对性地安排特巡,检查现场施工是否按已审核的施工方案进行,现场安全措施是否落实到位。一经发现不安全的异常情况,应立即制止并通报施工项目单位管理人员。见附件 8:架空输电线路护线盯守措施卡。

(十)审查许可

1.组织专题会议

外部施工项目防外破审查许可手续是通过组织专题会议的形式,对项目所涉及的外破隐患和相应安全措施的落实情况进行审查。项目在通过相关审查,履行许可手续后,施工单位方可开工。

专题会议的参会人员应包括项目审查专家(应由负责电力设施运维的护电、运行及检修人员担任,一般至少有专业运维 4 人和属地运维 2 人),外部施工项目建管单位负责人,施工单位负责人,项目设计单位负责人(如设计输电线路迁改,还应包括电力线路设计单位相关人员)。

2.审查内容

审查内容包含一是审查电力设施运维单位的现场勘察报告中所列危险点分析、关键隐患是否全面,二是审查外部施工项目建管单位的施工方案是否存在危害电力设施的安全风险,所列安全措施是否正确完备,相关“人防”和“技防”是否落实到位,已拟定协议是否需要补充和修改,是否已履行协议签订手续。

3.许可形式

许可手续是通过电力设施保护区施工作业防破许可审查表的形式,并由项目业主及施工方、专业运维单位、属地运维单位三方签字确认(采用视频会方式审查可代参会人员签字),运维单位的电力设施保护部门盖章生效。见附件9:电力设施保护区施工作业防外破许可审查表

(十一)监督检查与应急跟踪处置

1.监督检查与到岗到位

外部施工项目在线路保护区内施工期间,应加强现场监督,检查施工现场安全措施和外破隐患管控情况,对现场施工负责人和关键部位的施工人员进行危险点告知和护电宣传。施工现场检查工作应履行到岗到位手续,并执行"双到位"制度,即施工项目建管单位和线路运维单位均应现场进行监督检查工作。

2.应急跟踪处置及索赔

对线路保护区施工现场通过检查或监拍发现的违章作业和危重隐患应立即启动应急跟踪处置机制。一是对违章作业,应立即制止并责令停工整改,未经线路运维单位允许不得开工,并根据现场对设备造成的影响扣罚保证金或进行索赔。二是对发现的危重隐患,应立即要求施工单位对于此类隐患进行消除,未消除前不得开工。

第五章 输电线路突发应急事件处置

输电线路是电网的动脉，为确保电网及设备安全稳定运行，就需要不断提高预防和控制突发事件的能力，建立紧急情况下快速、有效的事故抢险救援和应急处置机制，这样才能最大限度地减少人员伤亡、经济损失和社会影响，维护正常生产秩序。

应急处置应坚持"安全第一、预防为主"的原则，对突发事件的预防和控制，应定期进行安全检查，及时发现和处理设备缺陷及设备隐患。组织开展有针对性的应急演练，提高对突发事件的应急处置以及快速恢复电力生产正常秩序的能力。

第一节 输电线路应对雨雪、冰冻灾害现场处置

一、事件特征

输电线路发生雨雪、冰冻灾害时，可能造成的线路跳闸故障。

二、现场应急处置

(一)现场应具备条件

(1)无人机、屏蔽服、卡具、绝缘杆、传递绳、照相机、报话机、温度仪、风速仪、软梯、带电作业工具、线路明细表及相关技术资料、滑车、应急灯、验电器、接地线、苫布、拔销钳、PRTV涂料、毛巾、口罩、稀料、干擦剂、合成绝缘子、瓷绝缘子、开口销、弹簧销、R销。

(2)屏蔽服、安全带、安全帽等安全工器具。

(二)现场应急处置程序及措施

现场人员应对设备覆冰等情况进行评估，若人员无法到达现场时，应通过线路监拍、覆冰观测等远程监控装置对现场情况进行评估判断。线路覆冰情况较为严重，有可能发生倒塔断线等情况时，应向相关上级部门申请停电避险，若发生跳闸，则应进行相应处置。

(1)重合闸成功。如果发现绝缘子表面污秽或覆冰严重，在现场天气状况允许的情况

下，派另一名地电位电工带绝缘操作杆和清扫工具，沿脚钉腿上塔，到达位置后，系好安全带，塔上两名电工互相配合，对绝缘子进行由下向上逐片清扫或除冰，注意操作人员的手始终握持绝缘杆保护环以下部位。

(2)重合闸不成功。如果绝缘子为瓷或玻璃的，向调度申请停电，待批准后，第二名电工携带传递绳上塔，到达位置后，系好安全带，挂好传递绳，地面电工将验电器传递至塔上，验明该线路确无电压后，地面电工将接地线传递至塔上，塔上电工按正确顺序挂好接电线，塔上电工沿绝缘子串进行清扫作业，完毕后用毛刷将涂料均匀涂在绝缘子表面上。

三、注意事项

(1)清扫线路时，一人工作，一人监护，不得单独高处作业。

(2)带电作业时，进出电场必须穿用合格的屏蔽服并各部分连接牢固。停电作业时要封好接地线再进行工作。

(3)不得用手直接触摸没有接地的绝缘地线。

(4)高空作业点下方严禁站人。

(5)避免双重作业和交叉作业。

(6)现场工作人员必须戴好安全帽。

(7)车辆在冰雪上行走，提前采取防滑措施，不开斗气车、带病车、超速车。

四、输电线路雨雪、冰冻灾害标准化应急处置流程图

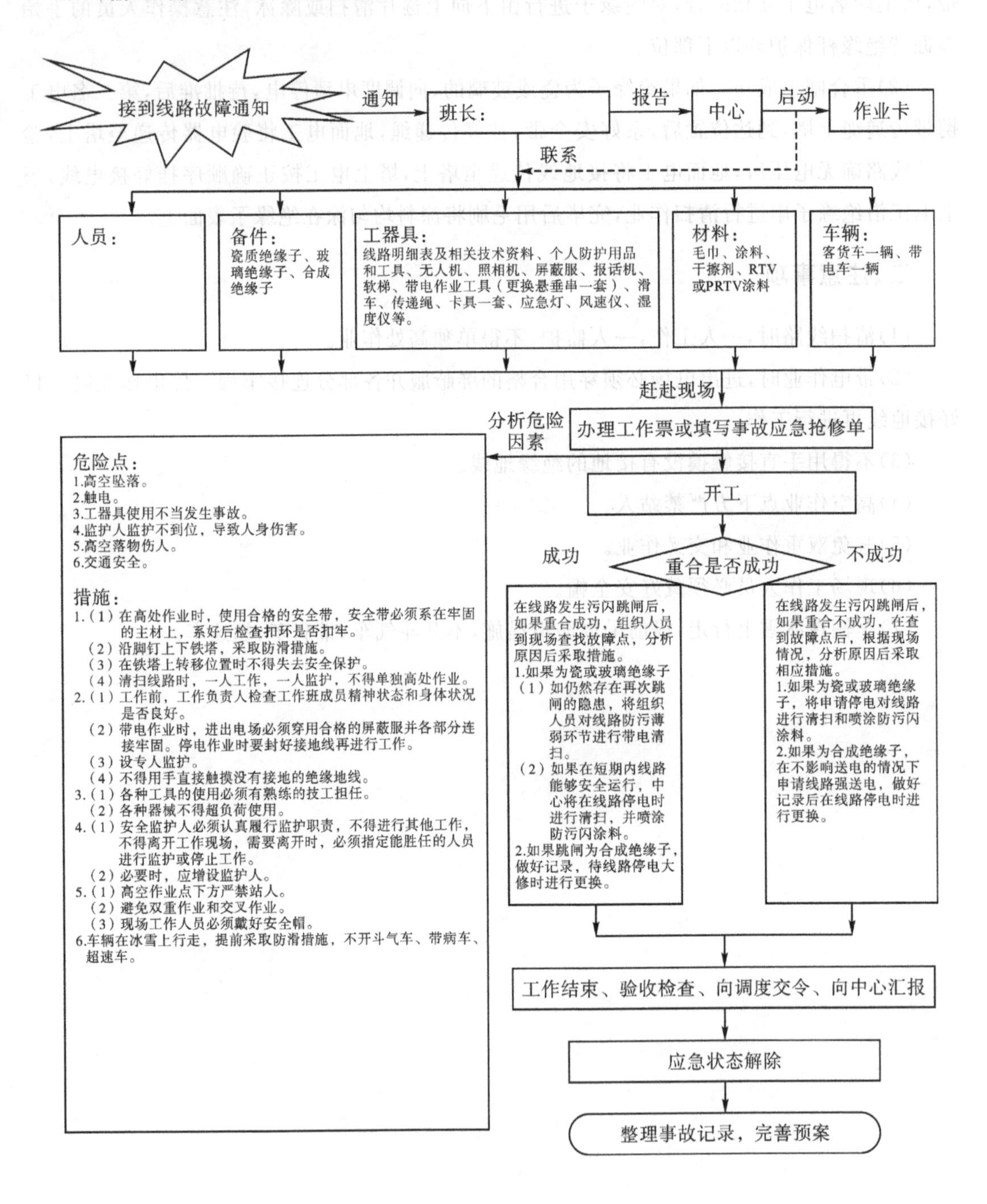

接到线路故障通知
通知
班长：
报告
中心
启动
作业卡
联系
人员：
备件：
瓷质绝缘子、玻璃绝缘子、合成绝缘子
工器具：
线路明细表及相关技术资料、个人防护用品和工具、无人机、照相机、屏蔽服、报话机、软梯、带电作业工具（更换悬垂串一套）、滑车、传递绳、卡具一套、应急灯、风速仪、湿度仪等。
材料：
毛巾、涂料、干擦剂、RTV或PRTV涂料
车辆：
客货车一辆、带电车一辆
赶赴现场
分析危险因素
办理工作票或填写事故应急抢修单
危险点：
1.高空坠落。
2.触电。
3.工器具使用不当发生事故。
4.监护人监护不到位，导致人身伤害。
5.高空落物伤人。
6.交通安全。
措施：
1.（1）在高处作业时，使用合格的安全带，安全带必须系在牢固的主材上，系好后检查扣环是否扣牢。
（2）沿脚钉上下铁塔，采取防滑措施。
（3）在铁塔上转移位置时不得失去安全保护。
（4）清扫线路时，一人工作，一人监护，不得单独高处作业。
2.（1）工作前，工作负责人检查工作班成员精神状态和身体状况是否良好。
（2）带电作业时，进出电场必须穿用合格的屏蔽服并各部分连接牢固。停电作业时要封好接地线再进行工作。
（3）设专人监护。
（4）不得用手直接触摸没有接地的绝缘地线。
3.（1）各种工具的使用必须有熟练的技工担任。
（2）各种器械不得超负荷使用。
4.（1）安全监护人必须认真履行监护职责，不得进行其他工作，不得离开工作现场，需要离开时，必须指定能胜任的人员进行监护或停止工作。
（2）必要时，应增设监护人。
5.（1）高空作业点下方严禁站人。
（2）避免双重作业和交叉作业。
（3）现场工作人员必须戴好安全帽。
6.车辆在冰雪上行走，提前采取防滑措施，不开斗气车、带病车、超速车。
开工
成功
重合是否成功
不成功
在线路发生污闪跳闸后，如果重合成功，组织人员到现场查找故障点，分析原因后采取措施。
1.如果为瓷或玻璃绝缘子
（1）如仍然存在再次跳闸的隐患，将组织人员对线路防污薄弱环节进行带电清扫。
（2）如果在短期内线路能够安全运行，中心将在线路停电时进行清扫，并喷涂防污闪涂料。
2.如果跳闸为合成绝缘子，做好记录，待线路停电大修时进行更换。
在线路发生污闪跳闸后，如果重合不成功，在查到故障点后，根据现场情况，分析原因后采取相应措施。
1.如果为瓷或玻璃绝缘子，将申请停电对线路进行清扫和喷涂防污闪涂料。
2.如果为合成绝缘子，在不影响送电的情况下申请线路强送电，做好记录后在线路停电时进行更换。
工作结束、验收检查、向调度交令、向中心汇报
应急状态解除
整理事故记录，完善预案

五、输电线路雨雪、冰冻灾害标准化应急处置作业卡

(一)接到通知

表 5－1－1　通知单

事故现象概况(描述)	接报时间	接报人	确认

(二)联系(通知)相关人员

表 5－1－2　联系单

联系(通知)人	接受联系(通知)人	联系(通知)时间	联系电话	确认

(三)准备备品备件

表 5－1－3　物品单

序号	名称	规格	单位	数量	责任人	确认
1	合成绝缘子	FXBW－500/180 等	组	1		
2	瓷绝缘子	CA－882EZ、CA－589EZ 等				

(四)准备工器具

表 5－1－4　工器具单

序号	名称	规格	单位	数量	责任人	确认
1	无人机	4 旋翼	架	2		
2	屏蔽服	相应电压等级	套	6		
3	卡具		套	1		
4	个人防护用品和工具	望远镜、盒尺、铁锹、安全带、二道防线、三大件	套	10		
5	绝缘杆	4 节	根	2		
6	传递绳	150 m	条	2		
7	照相机	数码	台	1		

续表

序号	名称	规格	单位	数量	责任人	确认
8	报话机	/	台	2		
9	温度仪	/	台	1		
10	风速仪	/	台	1		
11	软梯	8 m	副	2		
12	带电作业工具	更换悬垂串工具一套	套	1		
13	线路明细表及相关技术资料	相关线路	套	1		
14	滑车	1 t	组	3		
15	应急灯	/	台	3		
16	验电器	相应电压等级	套			
17	接地线	相应电压等级	条	3		

(五)准备材料

表 5-1-5 材料准备单

序号	名称	规格	单位	数量	责任人	确认
1	RTV 或 PRTV 涂料		千克			
2	毛巾		条			
3	口罩		个			
4	稀料		千克			
5	干擦剂		千克			

(六)准备车辆

表 5-1-6 车辆登记单

联系(通知)人	接受联系(通知)人	联系(通知)时间	所用车辆	数量	确认
			带电车	1	
			客货车	1	

(七)办理开工手续

表 5-1-7　车辆登记单

工作负责人	项目	确认
×××	办理电力线路第一种作业工作票	
	办理电力线路第二种作业工作票	
	办理电力线路带电作业工作票	
	工作前报告调度并得到调度许可	

(八)开工前准备

1.危险点(因素)分析

表 5-1-8　危险点(因素)分析

序号	内容	确认
1	高空坠落	
2	触电	
3	工器具使用不当发生事故	
4	监护人监护不到位，导致人身伤害	
5	高空落物伤人	

2.安全措施

表 5-1-9　安全措施

序号	内容	确认
1	在高处作业时，使用合格的安全带，安全带必须系在牢固的主材上，系好后检查扣环是否扣牢	
2	沿脚钉上下铁塔	
3	在铁塔上转移位置时不得失去安全保护	
4	工作前，工作负责人检查工作班成员精神状态和身体状况是否良好	
5	进出电场必须穿用合格的屏蔽服并各部分连接牢固；停电作业时要封好接地线再进行工作	
6	设专人监护；工作中与带电设备保持足够的安全距离	
7	各种工具的使用必须有熟练的技工担任，不得以小代大	
8	各种器械不得超负荷使用	

续表

序号	内容	确认
9	安全监护人必须认真履行监护职责,不得进行其他工作,不得离开工作现场,需要离开时,必须指定能胜任的人员进行监护或停止工作。必要时,应增设监护人	
10	高空作业点下方严禁站人	
11	避免双重作业和交叉作业;现场工作人员必须戴好安全帽	

3.交底

表 5-1-10　交底

交底人	人员分工	接受交底人	确认

(九)处置内容

表 5-1-11　处置内容

<table>
<tr><th rowspan="2">序号</th><th colspan="2">操作步骤</th><th rowspan="2">检修记录</th><th rowspan="2">确认</th></tr>
<tr><th>重合成功</th><th>重合不成功</th></tr>
<tr><td>1</td><td colspan="2">工作准备:正确佩带个人安全用具,大小合适、锁扣自如,有负责人监督检查,派专人对所需工具进行绝缘检测,检查工器具数量</td><td rowspan="4"></td><td></td></tr>
<tr><td>2</td><td colspan="2">一名地电位电工沿脚钉腿上塔,到达绝缘子附近位置后,系好安全带,观察绝缘子表面是否有烧伤现象,如表面有电弧烧伤痕迹,即确定此绝缘子串为故障串</td><td></td></tr>
<tr><td>3</td><td colspan="2">如果发现绝缘子表面污秽严重,在现场天气状况允许的情况下,派另一名地电位电工带绝缘操作杆和清扫工具,沿脚钉腿上塔,到达位置后,系好安全带,塔上两名电工互相配合,对绝缘子进行由下向上逐片清扫,注意操作人员的手始终握持绝缘杆保护环以下部位
如果绝缘子为瓷或玻璃的,向调度申请停电,待批准后,第二名电工携带传递绳上塔,到达位置后,系好安全带,挂好传递绳,地面电工将验电器传递至塔上,验明该线路无电压后,地面电工将接地线传递至塔上,塔上电工按正确顺序挂好接电线,塔上电工沿绝缘子串进行清扫作业,完毕后用毛刷将涂料均匀涂在绝缘子表面上</td><td></td></tr>
<tr><td>4</td><td>清扫完毕后,人员携带所有工器具沿脚钉下塔。
整理工具,人员撤离工作现场,工作完毕</td><td>按相反的顺序,拆除接地线,检查导线、绝缘子串、横担上无遗留工具,人员下塔。整理工具,人员撤离工作现场,工作完毕</td><td></td></tr>
</table>

(十)工作终结

表 5-1-12　工作终结

序号	内容	责任人	确认
1	验收		
2	结票		
3	恢复运行		
4	整理记录		
5	分析原因		
6	完善预案		

第二节　输电线路应对汛期灾害现场处置

一、事件特征

输电线路铁塔基础遭受洪水严重冲刷。

二、现场应急处置

(一)现场应具备条件

1.无人机、水桶、铁锹、临时拉线(钢丝绳)、地锚、钢丝绳套、U形环、链条葫芦、大锤、救生衣、洋镐、铁锹把、棕绳、尼龙绳、应急灯、风速仪、湿度仪、编织袋、沙子、杉杆、编织布、铁线。

2.屏蔽服、安全带、安全帽等安全工器具。

(二)现场应急处置程序及措施

现场人员应对线路基础被冲刷的程度及具体情况进行评估,若人员无法到达现场时,应通过线路监拍等远程监控装置对现场情况进行评估判断。线路附近发生洪水、泥石流等较为严重情况,线路可能发生倒塔等情况时,应向相关上级部门申请停电避险,灾害天气结束后进行相应处置。

(1)明确线路基础被冲刷的程度及具体情况(基础稳定性是否受到影响)。

(2)在基础周围设立临时护坡,阻止基础土质受浸泡继续坍塌。

(3)在基础周围打桩并充填沙土编织袋,增加基础稳定性。

(4)在铁塔四个方向设立临时拉线(临时拉线上端使用钢丝绳套绑在铁塔平口位置,然后依次连接U形环、球头挂环、2支合成绝缘子、双联碗头、U形环、钢丝绳、链条葫芦、地锚)。

(5)人员下塔,同时检查工作地点有无遗留的工器具材料。

三、注意事项

(1)上铁塔作业前应先检查基础是否稳固或临时拉线是否打好。

(2)高空作业必须系好安全带,安全带必须系在牢固的构件上,系好后应检查扣环是否扣牢。

(3)应沿脚钉上下,在铁塔上转移位置时不得失去安全保护。

(4)作业人员必须穿全套合格的屏蔽服,且各部位连接良好,屏蔽服衣裤最远点之间的电阻不得大于20 Ω。

(5)传递工具、材料应使用绝缘绳索,不得抛扔。地面人员不得站在高空作业的垂直下方,现场工作人员必须戴好安全帽。

(6)工作人员应穿好救生衣。

(7)现场设专职监护人,对现场进行全方位的监督,及时发现不安全的行为。

四、输电线路汛期灾害标准化应急处置流程图

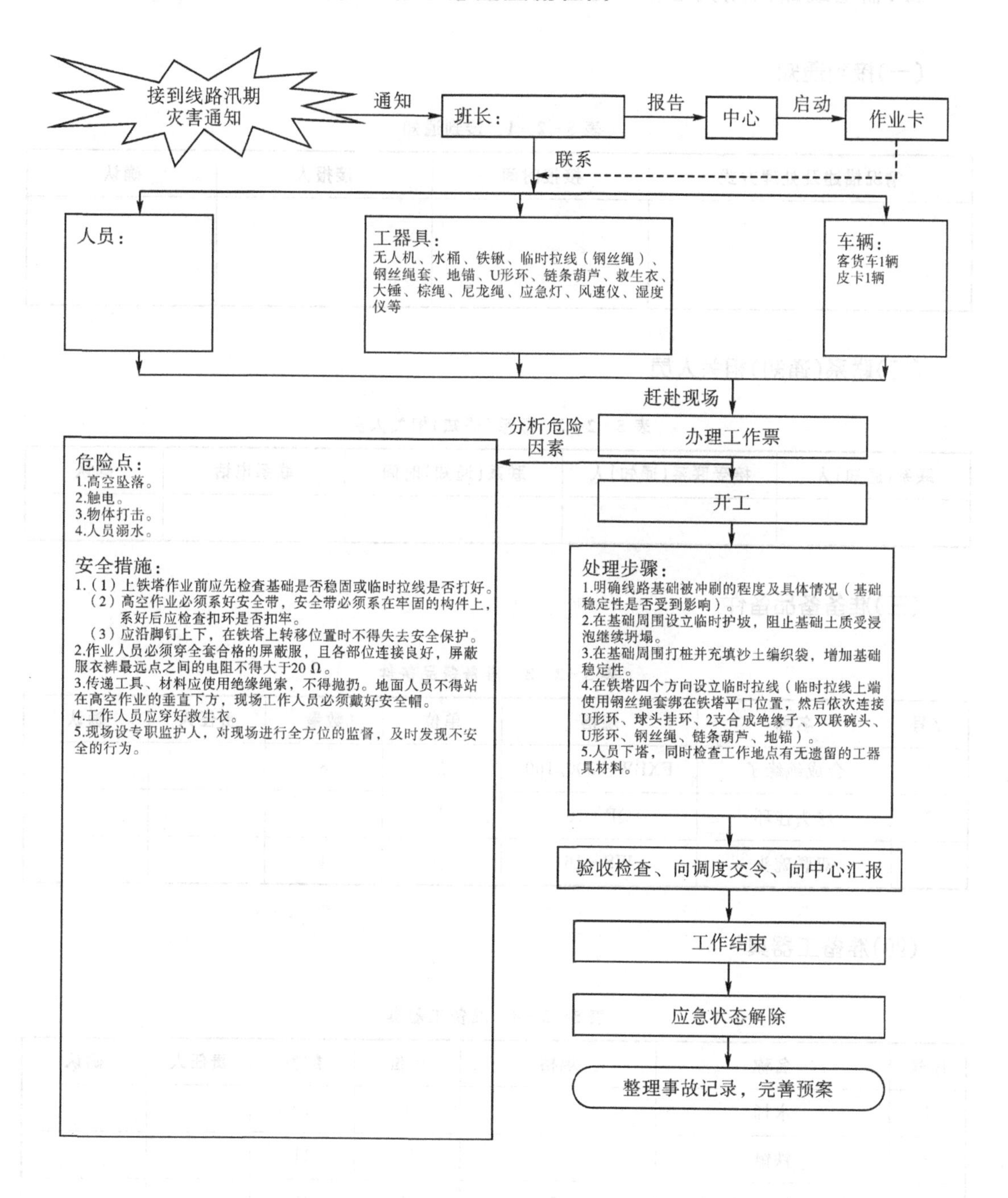

接到线路汛期灾害通知
通知
班长：
报告
中心
启动
作业卡
联系
人员：
工器具：
无人机、水桶、铁锹、临时拉线（钢丝绳）、钢丝绳套、地锚、U形环、链条葫芦、救生衣、大锤、棕绳、尼龙绳、应急灯、风速仪、湿度仪等
车辆：
客货车1辆
皮卡1辆
赶赴现场
分析危险因素
办理工作票
危险点：
1.高空坠落。
2.触电。
3.物体打击。
4.人员溺水。
安全措施：
1.（1）上铁塔作业前应先检查基础是否稳固或临时拉线是否打好。
（2）高空作业必须系好安全带，安全带必须系在牢固的构件上，系好后应检查扣环是否扣牢。
（3）应沿脚钉上下，在铁塔上转移位置时不得失去安全保护。
2.作业人员必须穿全套合格的屏蔽服，且各部位连接良好，屏蔽服衣裤最远点之间的电阻不得大于20 Ω。
3.传递工具、材料应使用绝缘绳索，不得抛扔。地面人员不得站在高空作业的垂直下方，现场工作人员必须戴好安全帽。
4.工作人员应穿好救生衣。
5.现场设专职监护人，对现场进行全方位的监督，及时发现不安全的行为。
开工
处理步骤：
1.明确线路基础被冲刷的程度及具体情况（基础稳定性是否受到影响）。
2.在基础周围设立临时护坡，阻止基础土质受浸泡继续坍塌。
3.在基础周围打桩并充填沙土编织袋，增加基础稳定性。
4.在铁塔四个方向设立临时拉线（临时拉线上端使用钢丝绳套绑在铁塔平口位置，然后依次连接U形环、球头挂环、2支合成绝缘子、双联碗头、U形环、钢丝绳、链条葫芦、地锚）。
5.人员下塔，同时检查工作地点有无遗留的工器具材料。
验收检查、向调度交令、向中心汇报
工作结束
应急状态解除
整理事故记录，完善预案

五、输电线路汛期灾害标准化应急处置作业卡

(一)接到通知

表 5-2-1 接到通知

情况描述及处理方式	接报时间	接报人	确认

(二)联系(通知)相关人员

表 5-2-2 联系(通知)相关人员

联系(通知)人	接受联系(通知)人	联系(通知)时间	联系电话	确认

(三)准备备品备件

表 5-2-3 准备备品备件

序号	名称	规格	单位	数量	责任人	确认
1	合成绝缘子	FXBW-500/160	支	8		
2	球头挂环	QP-16	个	4		
3	双联碗头	WS-16	个	4		

(四)准备工器具

表 5-2-4 准备工器具

序号	名称	规格	单位	数量	责任人	确认
1	水桶		个	10		
2	铁锹		把	11		
3	临时拉线(钢丝绳)	$\Phi 15 \times 100$ m	条	10		
4	地锚	7 t	个	8		
5	钢丝绳套	$\Phi 15 \times 3$ m	条	10		

续表

序号	名称	规格	单位	数量	责任人	确认
6	U形环	5 t	个	20		
7	链条葫芦	3 t	套	10		
8	大锤	10 P	把	10		
9	救生衣		套	11		
10	洋镐		把	10		
11	铁锹把		根	20		
12	棕绳	Φ14×100 m	条	3		
13	尼龙绳	Φ20×150 m	条	2		
14	应急灯		个	3		
15	风速仪		台	1		
16	湿度仪		台	1		

（五）准备材料

表 5-2-5 准备材料

序号	名称	规格	单位	数量	责任人	确认
1	编织袋		个	1000		
2	沙子		方	30		
3	杉杆	Φ100×4 m	根	100		
4	编织布	宽 2 m	米	100		
5	铁线	Φ4	米	200		

（六）准备车辆

表 5-2-6　准备车辆

联系（通知）人	接受联系（通知）人	联系（通知）时间	所用车辆	数量	确认
			客货车	1	
			皮卡	1	

(七)办理开工手续

表 5-2-7 办理开工手续

工作负责人	项目	确认
	办理第一种作业工作票	
	办理第二种作业工作票	
	办理带电作业工作票	
	工作前报告调度并得到调度许可	

(八)开工前准备

1.危险点(因素)分析

表 5-2-8 危险点(因素)分析

序号	内容	确认
1	高空坠落	
2	触电	
3	物体打击	
4	人员溺水	
5	监护人监护不到位,导致人身伤害	

2.安全措施

表 5-2-9 安全措施

序号	内容	确认
1	高空作业必须系好安全带,安全带必须系在牢固的构件上,系好后应检查扣环是否扣牢	
2	应沿脚钉上下,在铁塔上转移位置时不得失去安全保护	
3	屏蔽服使用前应用万用表对其进行测量,阻值不得大于规定的数值	
4	作业人员必须穿全套合格的屏蔽服,且各部位连接良好	
5	传递工具、材料应使用绝缘绳索,不得抛扔	
6	地面人员不得站在高空作业的垂直下方,现场工作人员必须戴好安全帽	
7	工作人员应穿好救生衣	

续表

序号	内容	确认
8	安全监护人必须认真履行监护职责，不得进行其他工作，对工作班人员的安全进行认真监护，及时纠正不安全的行为	
9	必要时设专职安全监护人	

3. 交底

表 5-2-10　交底

交底人	人员分工	接受交底人	确认

(九)处理内容

表 5-2-11　处理内容

序号	汛期灾害应急处理步骤		检修记录	确认
	线路基础防冲刷加固方案	线路基础受冲刷或浸泡，防止基础周围土壤坍塌抢修方案		
1	工作准备：正确佩带个人安全用具，大小合适、锁扣自如，由负责人监督检查，派专人对所需工具进行绝缘检测，检查工具数量			
2	人员已经到位，随时可以开工			
3	(1)在基础土壤四周，断面外 2 m 位置用大锤固定 Φ150×2 m 的木桩，深度 200 mm，间距 500 mm，木桩固定好后，用 Φ4 的双股黑铁线在木桩一半位置，将基础周围的每个木桩进行连接，以增加木桩的整体稳定性。 (2)在木桩与基础周围土壤纵断面之间用装满沙子的编织袋进行填充，填充要整齐和紧密。 (3)在木桩的外侧码放两排沙袋(每排的厚度与沙袋宽度相当)，直至与木桩同高，码放要紧密，错落有致，以减少水分浸入的机会	(1)根据水量大小，用 2～4 个潜水泵进行排水，使水平面低于基础底层同时低于沙土土层位置，以减少基础以下土壤发生坍塌的可能。 (2)在铁塔四个方向设置 Φ13.5 临时拉线(临时拉线上端使用钢丝绳套绑在铁塔平口位置，钢丝绳与塔材接触处用麻袋片包裹)，然后依次连接 3 吨 U 形环、球头挂环、两只合成绝缘子、双联碗头、3 吨 U 形环、钢丝绳、3 吨链条葫芦、地锚套、5 吨地锚，防止铁塔倾斜。拉线对地夹角不大于 45°，地锚深度不小于 1.8 m。 (3)准备好沙袋，以备基础土壤发生坍塌后填充。 (4)用经纬仪对铁塔进行观察，以便及时发现基础的变化		
4	整理工具，撤离工作现场			

(十)工作终结

表 5－2－12　工作终结

序号	内容	责任人	确认
1	结票		
2	验收		
3	恢复运行		
4	整理记录		
5	分析原因		
6	完善预案		

第三节　输电线路故障点查找现场处置

一、事件特征

大风、雨、雾、雪、高温恶劣天气造成输电线路发生跳闸后进行故障点查找工作。

二、现场应急处置

(一)现场应具备条件

(1)照相机、对讲机、望远镜、红外测温仪、防爆应急灯、风速仪、温度仪、湿度仪、绝缘操作杆。

(2)屏蔽服、安全带、安全帽等安全工器具。

(二)现场应急处置程序及措施

(1)技术专责根据故障情况，对相应线路划分区段，安排人员进行故障特巡或登塔检查。找到故障点后要及时向应急处置小组长报告，并详细观察故障点周围环境状况，保护好现场，做好记录，拍下故障点照片。

(2)检修组配合工具材料员准备检修工器具，工具材料员负责与物资公司联系领取线路备品备件。

(3)工区技术人员应根据现场情况确定故障性质，立即制定处置方案。

(4)如果线路发生闪络跳闸等短期能够立即恢复送电的故障，应急处置小组长应向公司汇报，并申请线路送电。一旦天气等因素能满足要求，立即采取带电作业方式处理闪络造成的缺陷，安全技术措施、工器具准备参照《500 kV、1000 kV、±660 kV、±800 kV 架空送电线路带电作业现场操作规程》中的相关规定执行。

(5)如果发生持续大雾、大雪天气，线路连续多次闪络，重合不成功等严重事故，不能恢复送电的情况，可考虑申请停电，组织人员对线路采取清扫、更换绝缘子、清除冰雪等措施。作业前应制定相应工作的作业指导书，明确安全措施和注意事项，明确分工，落实所需物资。

(6)如果因高温造成线路导线对地距离不足的情况，应根据导线对地距离的大小确定处理方案，可考虑向调度申请降低负荷或停电处理。如果暂时不处理，必须在线路相应区段，尤其是有公路等跨越的地点，设立限高警告标志，并根据情况设立专人看守。如果需要停电调整导线弧垂，因工区人员、设备不足，满足不了要求，应报请公司协调抢修中心处理。

三、注意事项

(1)所用工具必须是在试验有效期内的合格工具；屏蔽服使用前必须进行检测，任意两端点间的电阻值不得大于 20 Ω；在地面安全监护人的监护下登塔进行检查作业。

(2)登塔检查时应穿全套合格的屏蔽服；在塔上与带电体应保持 5 m 距离；地线应视为带电体，并与之保持 0.4 m 的距离。

(3)登塔时应使用具有后备保护的双保险安全带，在转移位置时不得失去保护；地面人员不得站在高空作业垂直下方。

(4)提醒司机安全行车；夜间行车要注意选择道路，随车人员注意帮助司机选择道路，注意行驶速度；停车时及时打开汽车双闪灯，提醒其他车辆、行人注意避让。

四、输电线路故障点查找现场处置流程图

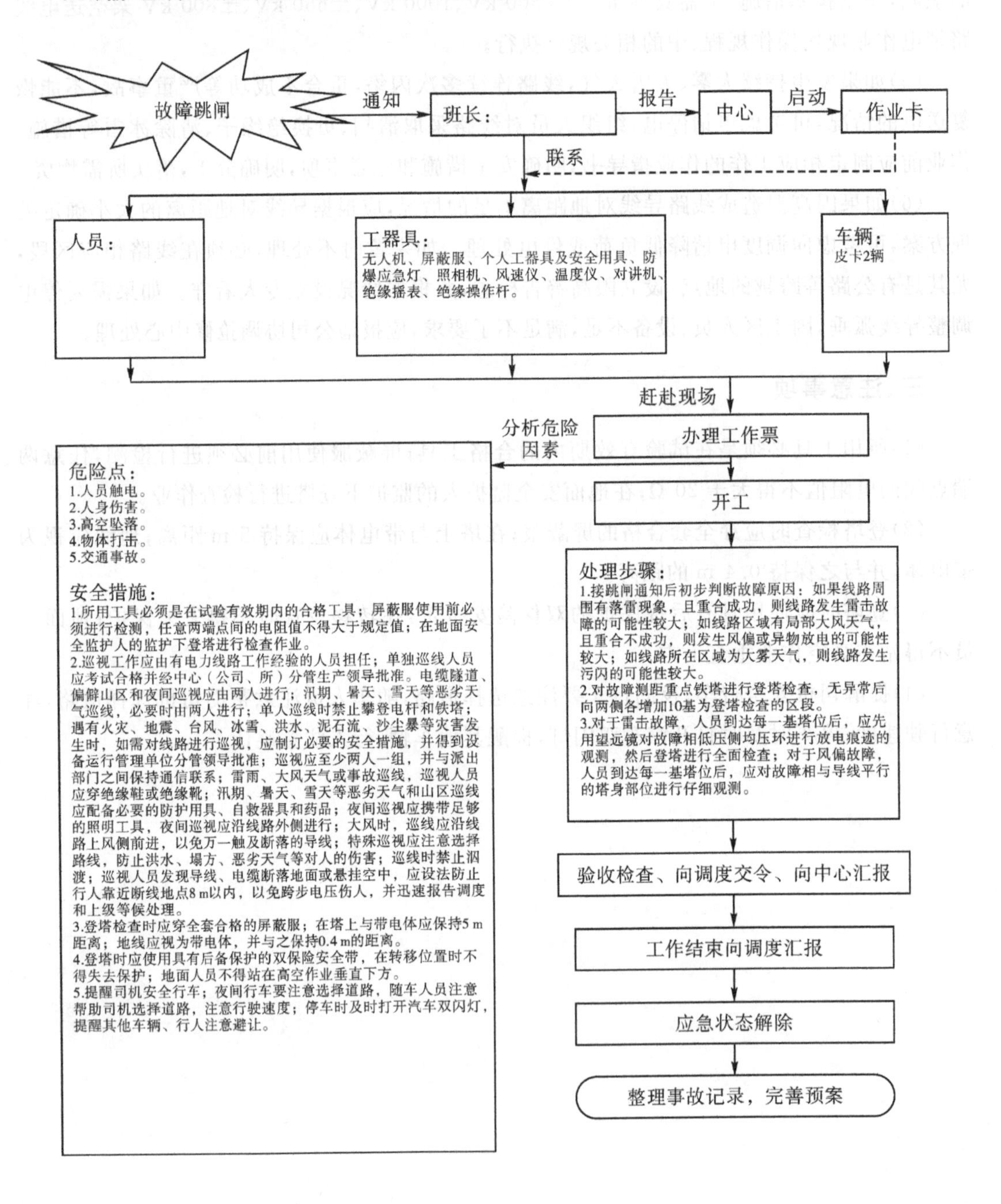

故障跳闸
通知
班长：
报告
中心
启动
作业卡
联系
人员：
工器具：
无人机、屏蔽服、个人工器具及安全用具、防爆应急灯、照相机、风速仪、温度仪、对讲机、绝缘摇表、绝缘操作杆。
车辆：
皮卡2辆
赶赴现场
分析危险因素
办理工作票
开工
危险点：
1.人员触电。
2.人身伤害。
3.高空坠落。
4.物体打击。
5.交通事故。
安全措施：
1.所用工具必须是在试验有效期内的合格工具；屏蔽服使用前必须进行检测，任意两端点间的电阻值不得大于规定值；在地面安全监护人的监护下登塔进行检查作业。
2.巡视工作应由有电力线路工作经验的人员担任；单独巡线人员应考试合格并经中心（公司、所）分管生产领导批准。电缆隧道、偏僻山区和夜间巡视应由两人进行；汛期、暑天、雪天等恶劣天气巡线，必要时由两人进行；单人巡线时禁止攀登电杆和铁塔；遇有火灾、地震、台风、冰雪、洪水、泥石流、沙尘暴等灾害发生时，如需对线路进行巡视，应制订必要的安全措施，并得到设备运行管理单位分管领导批准；巡视应至少两人一组，并与派出部门之间保持通信联系；雷雨、大风天气或事故巡线，巡视人员应穿绝缘鞋或绝缘靴；汛期、暑天、雪天等恶劣天气和山区巡线应配备必要的防护用具、自救器具和药品；夜间巡视应携带足够的照明工具，夜间巡视应沿线路外侧进行；大风时，巡线应沿线路上风侧前进，以免万一触及断落的导线；特殊巡视应注意选择路线，防止洪水、塌方、恶劣天气等对人的伤害；巡线时禁止泅渡；巡视人员发现导线、电缆断落地面或悬挂空中，应设法防止行人靠近断线地点8 m以内，以免跨步电压伤人，并迅速报告调度和上级等候处理。
3.登塔检查时应穿全套合格的屏蔽服；在塔上与带电体应保持5 m距离；地线应视为带电体，并与之保持0.4 m的距离。
4.登塔时应使用具有后备保护的双保险安全带，在转移位置时不得失去保护；地面人员不得站在高空作业垂直下方。
5.提醒司机安全行车；夜间行车要注意选择道路，随车人员注意帮助司机选择道路，注意行驶速度；停车时及时打开汽车双闪灯，提醒其他车辆、行人注意避让。
处理步骤：
1.接跳闸通知后初步判断故障原因：如果线路周围有落雷现象，且重合成功，则线路发生雷击故障的可能性较大；如线路区域有局部大风天气，且重合不成功，则发生风偏或异物放电的可能性较大；如线路所在区域为大雾天气，则线路发生污闪的可能性较大。
2.对故障测距重点铁塔进行登塔检查，无异常后向两侧各增加10基为登塔检查的区段。
3.对于雷击故障，人员到达每一基塔位后，应先用望远镜对故障相低压侧均压环进行放电痕迹的观测，然后登塔进行全面检查；对于风偏故障，人员到达每一基塔位后，应对故障相与导线平行的塔身部位进行仔细观测。
验收检查、向调度交令、向中心汇报
工作结束向调度汇报
应急状态解除
整理事故记录，完善预案

五、输电线路故障点查找现场处置作业卡

(一)接到故障通知

表 5-3-1 接到故障通知

情况描述	接报时间	接报人	确认

(二)联系(通知)相关人员

表 5-3-2 联系(通知)相关人员

联系(通知)人	接受联系(通知)人	联系(通知)时间	联系电话	确认

(三)准备备品备件

表 5-3-3 准备备品备件

序号	名称	规格	单位	数量	责任人	确认

(四)准备工器具

表 5-3-4 准备工器具

序号	名称	规格	单位	数量	责任人	确认
1	屏蔽服	A 型	套	4		
2	红外测温仪	/	台	1		
3	防爆应急灯	海洋王 IW5100GF	个	3		
4	风速仪	PROVA AVM-03	台	1		
5	温度仪	深圳欣宝科仪 TM6902D	台	1		
6	湿度仪	深圳华昌 DT-321S	台	1		
7	对讲机	科立讯 PT2300/3300	台	2		
8	绝缘操作杆	6 m	根	1		

(五)准备车辆

表 5-3-5　准备车辆

联系人	接受联系(通知)人	联系(通知)时间	所用车辆	数量	确认
	中心调度		皮卡	2	

(六)办理开工手续

表 5-3-6　办理开工手续

工作负责人	项目	确认
	电力线路事故应急抢修单	
	办理第一种作业工作票	
	办理第二种作业工作票	
	办理带电作业工作票	
	作业前报告调度并得到调度许可	

(七)开工前准备

1. 危险点分析

表 5-3-7　危险点分析

序号	内容	确认
1	人员触电	
2	人身伤害	
3	高空坠落	
4	物体打击	
5	交通事故	
6	误登杆塔	
7	中暑	
8	冻伤	

2. 安全控制措施

表 5-3-8　安全控制措施

序号	内容	确认
1	所用工具必须是在试验有效期内的合格工具	
	屏蔽服使用前必须进行检测，任意两端点间的电阻值不得大于 20 Ω；在地面安全监护人的监护下登塔进行检查作业	
2	巡视工作应由有电力线路工作经验的人员担任；单独巡线人员应考试合格并经中心（公司、所）分管生产领导批准；电缆隧道、偏僻山区和夜间巡视应由两人进行；汛期、暑天、雪天等恶劣天气巡线，必要时由两人进行；单人巡线时禁止攀登电杆和铁塔；遇有火灾、地震、台风、冰雪、洪水、泥石流、沙尘暴等灾害发生时，如需对线路进行巡视，应制订必要的安全措施，并得到设备运行管理单位分管领导批准；巡视应至少两人一组，并与派出部门之间保持通信联系；雷雨、大风天气或事故巡线，巡视人员应穿绝缘鞋或绝缘靴；汛期、暑天、雪天等恶劣天气和山区巡线应配备必要的防护用具、自纠器具和药品；夜间巡视应携带足够的照明工具，夜间巡视应沿线路外侧进行；大风时，巡线应沿线路上风侧前进，以免万一触及断落的导线；特殊巡视应注意选择路线，防止洪水、塌方、恶劣天气等对人的伤害；巡线时禁止泗渡。巡视人员发现导线、电缆断落地面或悬挂空中，应设法防止行人靠近断线地点 8 m 以内，以免跨步电压伤人，并迅速报告调度和上级等候处理	
3	登塔检查时应穿全套合格的屏蔽服；在 500 kV 线路杆塔上与带电体应保持 5 m 距离；地线应视为带电体，并与之保持 0.4 m 的距离；在 1000 kV 线路杆塔上与带电体应保持 9.5 m 距离；地线应视为带电体，并与之保持 0.5 m 的距离	
	现场工作人员必须正确佩戴安全帽，登塔时应使用具有后备保护的双保险安全带，塔上人员应将安全带系在铁塔主材上，并应采取高挂低用的方式，在转移作业位置时不准失去安全保护	
4	地面人员不得站在高空作业垂直下方	
5	提醒司机中速行车；夜间行车要注意选择道路，随车人员注意帮助司机选择道路，注意行驶速度；停车时及时打开汽车双闪灯，提醒其他车辆、行人注意避让	
6	作业人员登杆塔前应核对线路的识别标记和双重名称无误后，方可攀登，登杆塔和在杆塔上检查工作时，每基杆塔都应专设专人监护	
7	暑天作业应当做好防暑措施，携带相应的防暑药品以及足够的饮用水	
8	寒冷天气作业做好防冻措施，登塔人员应戴好手套，适当添加保暖衣物	

3. 交底

表 5-3-9 交底

交底人	人员分工	接受交底人	确认

(八)处理步骤

表 5-3-10 处理步骤

<table>
<tr><th>序号</th><th colspan="2">操作步骤</th><th>检修记录</th><th>确认</th></tr>
<tr><td>1</td><td colspan="2">根据故障录波器测量重点塔号区段进行了地面查找。注意由大风、雨雾、雷击、冰雪等恶劣天气引起的地面痕迹</td><td></td><td></td></tr>
<tr><td rowspan="2">2</td><td>a. 无地面痕迹</td><td>b. 有地面痕迹</td><td rowspan="2"></td><td rowspan="2"></td></tr>
<tr><td>对故障录波器测量区段展开登塔检查</td><td>针对痕迹位置结合故障录波器测量区段登塔检查</td></tr>
<tr><td>3</td><td colspan="2">发现故障点,及时与中心联系。并经中心同意后采取应急处理措施</td><td></td><td></td></tr>
<tr><td>4</td><td colspan="2">人员发现放电点后及时报告现场负责人,并将现场情况进行全方位拍照和记录(包括铁塔所在位置、周围地形情况、塔位海拔高度、放电痕迹、放电间隙等),同时及时向当地居民了解故障时的天气情况</td><td></td><td></td></tr>
<tr><td>5</td><td colspan="2">通知其他登塔人员下塔,撤离工作现场</td><td></td><td></td></tr>
</table>

(九)工作终结

表 5-3-11 工作终结

序号	内容	责任人	确认
1	向调度交令		
2	总结工作中安全、组织等情况,整理记录		
3	分析原因		
4	完善预案		

第四节　输电线路导地线异物现场处置

一、事件特征

输电线路发生导地线悬挂异物的重大或紧急缺陷，可能造成线路跳闸故障。

二、现场应急处置

(一)现场应具备条件

1. 绝缘操作杆、绝缘软梯、等电位吊篮(或吊梯)、2×2 绝缘滑车组、绝缘滑车、绝缘传递绳、苫布、消弧绳、跟头滑车、跟头滑车、绝缘摇表、万用表、风速仪、湿度仪、剪刀、应急灯、电压分布测试仪、单丝铝线、护线预绞丝、激光异物清除器。

2. 屏蔽服、安全带、安全帽等安全工器具。

(二)现场应急处置程序及措施

1. 中心技术人员对缺陷情况进行判断，根据悬挂异物情况确定处理方案。可用激光异物清除装置进行异物消除工作，则使用异物清除装置对异物进行清除；如需进行等电位处理，则在验算处理过程中等电位人员对地(或地电位人员对带电体)的安全距离，必须满足《电力安全工作规程》(电力线路部分)要求。

2. 技术人员确定处理方案后应将所需工器具、材料列出清单，说明规格型号，及时通知工具材料员和抢险队准备。

3. 工作开工前应与调度联系。中心主任、安全技术专责应到场监护，协助、督促各班组做好保证安全的各项措施。

三、注意事项

(1)激光异物清除器、绝缘工具和个人防护用具使用前，应仔细检查其是否损坏、变形、失灵，是否符合相关规程、规定、标准要求。

(2)激光异物清除器应严格按照作业指导书使用。

(3)在登塔时必须使用安全带，在杆塔上作业转位时，不得失去安全带保护。

(4)作业电工必须穿全套合格的屏蔽服，且全套屏蔽服必须连接可靠。

(5)传递时绝缘吊绳要起吊要平稳、无磕碰、无缠绕。

(6)等电位电工对邻相导线安全距离符合《安规》规定。

(7)等电位电工在进入电位时其裸露部分与带电体的最小安全距离不得小于 0.4 m。

四、输电线路导地线异物现场处置流程图

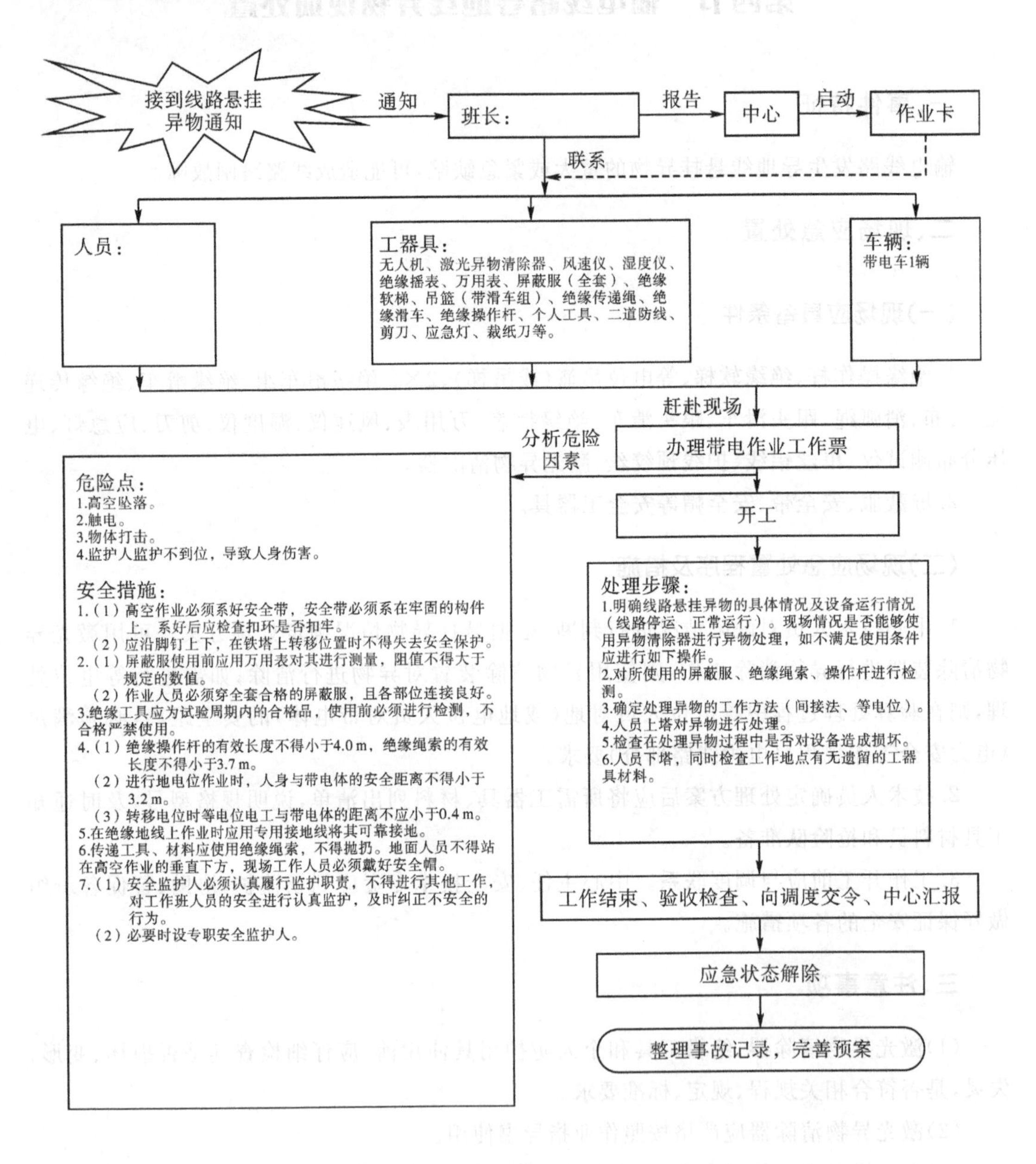

接到线路悬挂异物通知
通知
班长：
报告
中心
启动
作业卡
联系
人员：
工器具：
无人机、激光异物清除器、风速仪、湿度仪、绝缘摇表、万用表、屏蔽服（全套）、绝缘软梯、吊篮（带滑车组）、绝缘传递绳、绝缘滑车、绝缘操作杆、个人工具、二道防线、剪刀、应急灯、裁纸刀等。
车辆：
带电车1辆
赶赴现场
分析危险因素
办理带电作业工作票
开工
危险点：
1.高空坠落。
2.触电。
3.物体打击。
4.监护人监护不到位，导致人身伤害。
安全措施：
1.（1）高空作业必须系好安全带，安全带必须系在牢固的构件上，系好后应检查扣环是否扣牢。
（2）应沿脚钉上下，在铁塔上转移位置时不得失去安全保护。
2.（1）屏蔽服使用前应用万用表对其进行测量，阻值不得大于规定的数值。
（2）作业人员必须穿全套合格的屏蔽服，且各部位连接良好。
3.绝缘工具应为试验周期内的合格品，使用前必须进行检测，不合格严禁使用。
4.（1）绝缘操作杆的有效长度不得小于4.0 m，绝缘绳索的有效长度不得小于3.7 m。
（2）进行地电位作业时，人身与带电体的安全距离不得小于3.2 m。
（3）转移电位时等电位电工与带电体的距离不应小于0.4 m。
5.在绝缘地线上作业时应用专用接地线将其可靠接地。
6.传递工具、材料应使用绝缘绳索，不得抛扔。地面人员不得站在高空作业的垂直下方，现场工作人员必须戴好安全帽。
7.（1）安全监护人必须认真履行监护职责，不得进行其他工作，对工作班人员的安全进行认真监护，及时纠正不安全的行为。
（2）必要时设专职安全监护人。
处理步骤：
1.明确线路悬挂异物的具体情况及设备运行情况（线路停运、正常运行）。现场情况是否能够使用异物清除器进行异物处理，如不满足使用条件应进行如下操作。
2.对所使用的屏蔽服、绝缘绳索、操作杆进行检测。
3.确定处理异物的工作方法（间接法、等电位）。
4.人员上塔对异物进行处理。
5.检查在处理异物过程中是否对设备造成损坏。
6.人员下塔，同时检查工作地点有无遗留的工器具材料。
工作结束、验收检查、向调度交令、中心汇报
应急状态解除
整理事故记录，完善预案

五、输电线路导地线异物现场处置作业卡

(一)接到通知

表 5-4-1 接到通知

事故现象概况(描述)	接报时间	接报人	确认

(二)联系(通知)相关人员

表 5-4-2 联系(通知)相关人员

联系(通知)人	接受联系(通知)人	联系(通知)时间	联系电话	确认

(三)准备备品备件

表 5-4-3 准备备品备件

序号	名称	规格	单位	数量	责任人	确认
1	护线预绞丝		组	1		

(四)准备工器具

表 5-4-4 准备工器具

序号	名称	规格	单位	数量	责任人	确认
1	绝缘操作杆	>5 m	根	2		
2	绝缘软梯	Φ12	条	100 m		
3	等电位吊篮(或吊梯)	500 kV/1000 kV	个	1		
4	2—2 绝缘滑车组	1 t(带 Φ14×60 m 绝缘绳)	套	1		
5	绝缘滑车	1 t	个	1		
6	绝缘传递绳	Φ12	条	110 m		
7	苫布	4×4 m	块	1		
8	屏蔽服	A 型	套	1		

续表

序号	名称	规格	单位	数量	责任人	确认
9	消弧绳	Φ14	条	60 m		
10	跟头滑车	0.5 t	个	1		
11	绝缘摇表	2500 V	个	1		
12	万用表		个	1		
13	风速仪		个	1		
14	湿度仪		个	1		
15	剪刀		把	1		
16	裁纸刀		把	1		
17	应急灯		台	3		
18	电压分布测试仪		台	1		

(五)准备材料

表 5-4-5　准备材料

序号	名称	规格	单位	数量	责任人	确认
1	单丝铝线		m	10		

(六)准备车辆

表 5-4-6　准备车辆

联系(通知)人	接受联系(通知)人	联系(通知)时间	所用车辆	数量	确认
	中心调度		带电车	1	

(七)办理开工手续

表 5-4-7　办理开工手续

工作负责人	项目	确认
	办理一种作业工作票	
	办理二种作业工作票	
	办理带电作业工作票	
	工作前报告调度并得到调度许可	

(八)开工前准备

1.危险点(因素)分析

表5-4-8 危险点(因素)分析

序号	内容	确认
1	高空坠落	
2	触电	
3	物体打击	
4	监护人监护不到位,导致人身伤害	

2.安全措施

表5-4-9 安全措施

序号	内容	确认
1	高空作业必须系好安全带,安全带必须系在牢固的构件上,系好后应检查扣环是否扣牢	
2	应沿脚钉上下,在铁塔上转移位置时不得失去安全保护	
3	屏蔽服使用前应用万用表对其进行测量,阻值不得大于规定的数值	
4	作业人员必须穿全套合格的屏蔽服,且各部位连接良好	
5	绝缘工具应为试验期内的合格品,使用前必须进行检测,不合格严禁使用	
6	绝缘操作杆的有效长度500 kV不得小于4.0 m,1000 kV不得小于6.8 m,绝缘绳索的有效长度500 kV不得小于3.7 m,1000 kV不得小于6.8 m	
7	进行地电位作业时,人身与带电体的安全距离500 kV不得小于3.2 m,1000 kV不得小于6.8 m	
8	转移电位时等电位电工与带电体的距离500 kV不应小于0.4 m,1000 kV不应小于0.5 m	
9	在绝缘地线上作业时应用专用接地线将其可靠接地	
10	传递工具、材料应使用绝缘绳索,不得抛扔	
11	地面人员不得站在高空作业的垂直下方,现场工作人员必须戴好安全帽	
12	安全监护人必须认真履行监护职责,不得进行其他工作,对工作班人员的安全进行认真监护,及时纠正不安全的行为	
13	必要时设专职安全监护人	
14	作业前,需对绝缘子进行零值检测,保证良好绝缘子片数不少于26片	

3.交底

表 5-4-10　交底

交底人	人员分工	接受交底人	确认

(九)处理内容

表 5-4-11　处理内容

<table>
<tr><th>序号</th><th colspan="3">一、导线异物处理操作步骤</th><th>检修记录</th><th>确认</th></tr>
<tr><td></td><td>1.酒杯塔边相进等电位(双回路塔上中下三相)</td><td>2.酒杯塔中相进等电位(猫头塔三相进等电位)</td><td>3.耐张串进等电位(适用于 32 片及以上绝缘子串)</td><td></td><td></td></tr>
<tr><td>1</td><td colspan="3">工作准备:正确佩带个人安全用具,大小合适、锁扣自如,由负责人监督检查,派专人对所需工具进行绝缘检测,检查工具数量</td><td></td><td></td></tr>
<tr><td>2</td><td colspan="3">地电位电工带绝缘传递绳沿脚钉腿上塔,到达位置后,系好安全带,挂好绝缘传递绳,等电位电工上塔,地面电工与地电位电工配合将硬梯、2×2 绝缘滑车组、绝缘吊绳传到塔上</td><td></td><td></td></tr>
<tr><td>3</td><td>等电位电工与地电位电工配合,量好吊绳长度(以硬梯底部低于上导线为宜),并将其在横担端部固定好,2×2 滑车组一端由地面电工控制,另一端与硬梯、吊绳连接好。
等电位电工进入硬梯,由地面电工控制,等电位电工报告“转移电位”,距离导线 0.5～1 m时报告:“等电位”,工作负责人许可后,距离导线 0.4 m 时出手抓稳导线,自导线侧面子导线间隙处钻入导线,将硬梯挂钩钩在导线上。安全带系在未损坏的一根子导线上,走线至异物悬挂处</td><td>地电位电工利用 1 根绝缘绳将穿有绝缘传递绳的跟头滑车挂在导线上。
地面电工将跟头滑车拉开离导线线夹 5 m 以上距离,利用跟头滑车上的传递绳将软梯及消弧绳提升至导线位置并挂好。
等电位电工在消弧绳的保护下攀登软梯上到导线上,进入等电位,走到至异物悬挂处。消弧绳的金属部分必须超过等电位作业人员头部 400～500 mm</td><td>地面电工将分布电压测试仪与操作杆绑好,装好电池,与地电位电工配合用传递绳传到塔上,地电位电工逐片检测绝缘子,确认绝缘子片数满足要求后,通知工作负责人。(如为玻璃绝缘子可省略此步骤)。
等电位电工挂好二道保护绳后采用跨二短三方式沿绝缘子进入电场。
将安全带系在一根子导线上,解开二道保护绳,绑扎牢固,走线至异物悬挂处</td><td></td><td></td></tr>
</table>

续表

序号	一、导线异物处理操作步骤	检修记录	确认
4	等电位电工将异物摘除，根据异物性质采取抛扔或装在工具包内等方式带到地面。等电位电工按相反顺序退出电场，拆除所有工具，人员下塔。 整理工具，人员撤离工作现场，工作完毕		
序号	二、地线异物处理操作步骤		
1	工作准备：正确佩带个人安全用具，大小合适、锁扣自如，由负责人监督检查，派专人对所需工具进行绝缘检测，检查工具数量		
2	地电位电工带绝缘传递绳登塔，到达地线挂点位置将绝缘传递绳挂好，地面电工与地电位电工将地线接地线，地线飞车传到塔上，地电位电工首先将地线接地线安装好（如地线为直接接地可不安装接地线），再拆除地线（光缆）防震锤		
3	等电位电工登塔，与塔上电工配合将地线飞车安装在地线（光缆）上，出线电工携带绝缘绳坐到飞车上，安全带系在地线上		
4	地面人员通过绝缘绳控制飞车将出线电工拉到异物悬挂处，在保证安全距离的前提下，将异物直接清除，必要时异物应放入工具袋内带下。		
5	清理完毕后线上作业人员返回铁塔，恢复防震锤，拆除所有工具，下塔		
6	整理工具，撤离工作现场		

（十）工作终结

表 5-4-12　工作终结

序号	内容	责任人	确认
1	验收		
2	结票		
3	恢复运行		
4	整理记录		
5	分析原因		
6	完善预案		

第五节　输电线路导地线断股现场处置

一、事件特征

输电线路导地线发生断股，威胁线路安全运行，需进行带电作业处理。

二、现场应急处置

(一)现场应具备条件

1. 绝缘软梯、等电位吊篮(或吊梯)、2×2 绝缘滑车组、绝缘滑车、绝缘传递绳、苫布、屏蔽服、万用表、消弧绳、跟头滑车、绝缘摇表、液压钳、绝缘简易平台、地线飞车、地线专用接地线、应急灯、风速仪、湿度仪、缠绕修补线、预绞丝、预绞式护线条、补修管。

2. 安全带、安全帽等安全工器具。

(二)进入导线的方法

方法一　软梯法。塔上电工 1 名携带跟头滑车及绝缘传递绳登塔，在横担作业的适当位置用绝缘蚕丝绳将带有 Φ12 mm 绝缘传递绳的跟头滑车挂于导线上。地面人员配合将其拉离塔身 5 m 以外。地面作业人员利用传递绳将软梯挂于导线上。消弧保险绳与软梯同上。地面作业人员将软梯拉直收紧，以保持稳定。通过软梯进入电场，等电位电工应穿全套合格屏蔽服，各部连接可靠，系好消弧保险绳。登软梯，地面 3 人同步拉动消弧保险绳。

方法二　吊篮法。等电位电工和两名塔上电工携带绝缘传递绳和绝缘无极绳登塔，在横担作业的适当位置挂好传递绳，地面电工将吊篮及 2×2 滑车组穿好传至塔上，由等电位电工配合安装好。通过吊篮进入电场，等电位电工穿全套合格屏蔽服，各部连接可靠，系好绝缘二道防线，由塔上电工配合，乘吊篮缓缓进入电场。

方法三　跨二短三法。如断股档一端塔为耐张塔，等电位电工可沿耐张绝缘子串采用跨二短三的方法进入电场。沿耐张绝缘子串进入电场。等电位电工穿全套合格屏蔽服，各部连接可靠，系好绝缘二道防线，采用跨二短三的方法进入电场。

用飞车出线修复地线：如果地线断股数经计算允许上人作业，塔上电工将地线飞车挂在地线上，工作人员坐飞车至地线断股处。

(三)修复导地线方法

方法一　用预绞丝修复导线：等电位电工进入强电场，通过“走线”至需要修补的导线处，核实断股情况，将断股导线处理平整，确定预绞式护线条的安装中心位置，将预绞丝一根一根地安装在补修处。预绞丝中心应位于损伤最严重处，端头应对平、对齐。预绞丝安装后不能变形,并应与导线接触严密,预绞丝应将损伤部位全部覆盖。

方法二　用补修管修复导线:此方法需要等电位电工两人。携传递绳进入电场,地面电工将简易平台、液压钳、补修管传至高空。进行液压修补。

方法三　用镀锌铁丝修复地线:地线断股数经计算允许上人作业,工作人员坐飞车至地线断股处。用10#铁丝进行缠绕处理。

方法四　用地线护管临时处理地线:地线断股数经计算不允许上人作业,可用护管套至地线上用铁丝绑扎后用绝缘绳拉至断股处,防止断股处散开。待停电后重接。

修复结束后,工作电工按相反顺序结束工作。地面电工及塔上电工待等电位电工返回后,拆除绝缘软梯、绝缘小绳和跟头滑车或传下吊篮等工具。工作负责人检查修复质量及塔上有无遗留工器具、材料等。

三、注意事项

(1)如遇雷、雨、雪、雾天气不得进行此项带电作业,风力大于5级或空气相对湿度大于80%时,不得进行此项带电作业。

(2)带电作业必须设专人监护,监护人不得直接操作。监护的范围不得超过一个作业点。

(3)在带电作业过程中如设备突然停电,作业人员应视设备仍然带电。

(4)地电位作业,人身与带电体的安全检查距离不得小于《安规》规定。

(5)使用工具前,应仔细检查其是否损坏、变形、失灵。操作绝缘工具时应戴清洁、干燥的手套,并应防止绝缘工具在使用中脏污和受潮。

(6)使用的工器具应经过定期试验,不合格的带电作业工具严禁出库。绝缘工具在使用前必须进行绝缘摇测。

(7)软梯挂上导线后,由工作负责人对软梯悬挂情况进行认真检查。

(8)地面人员严禁在作业点垂直下方活动。塔上人员应防止落物伤人。

(9)带电作业电工应穿合格全套屏蔽服,且各部连接可靠,等电位人员转移电位时人体裸露部分与带电体的距离大于0.4 m(特高压线路距离大于0.6 m),禁止等电位电工头部充放电。

(10)工作前对地线断股数进行确认,经计算允许上人作业才可出线。

(11)接触绝缘架空地线前应用专用接地线将其可靠接地。

四、输电线路导地线断股现场处置流程图

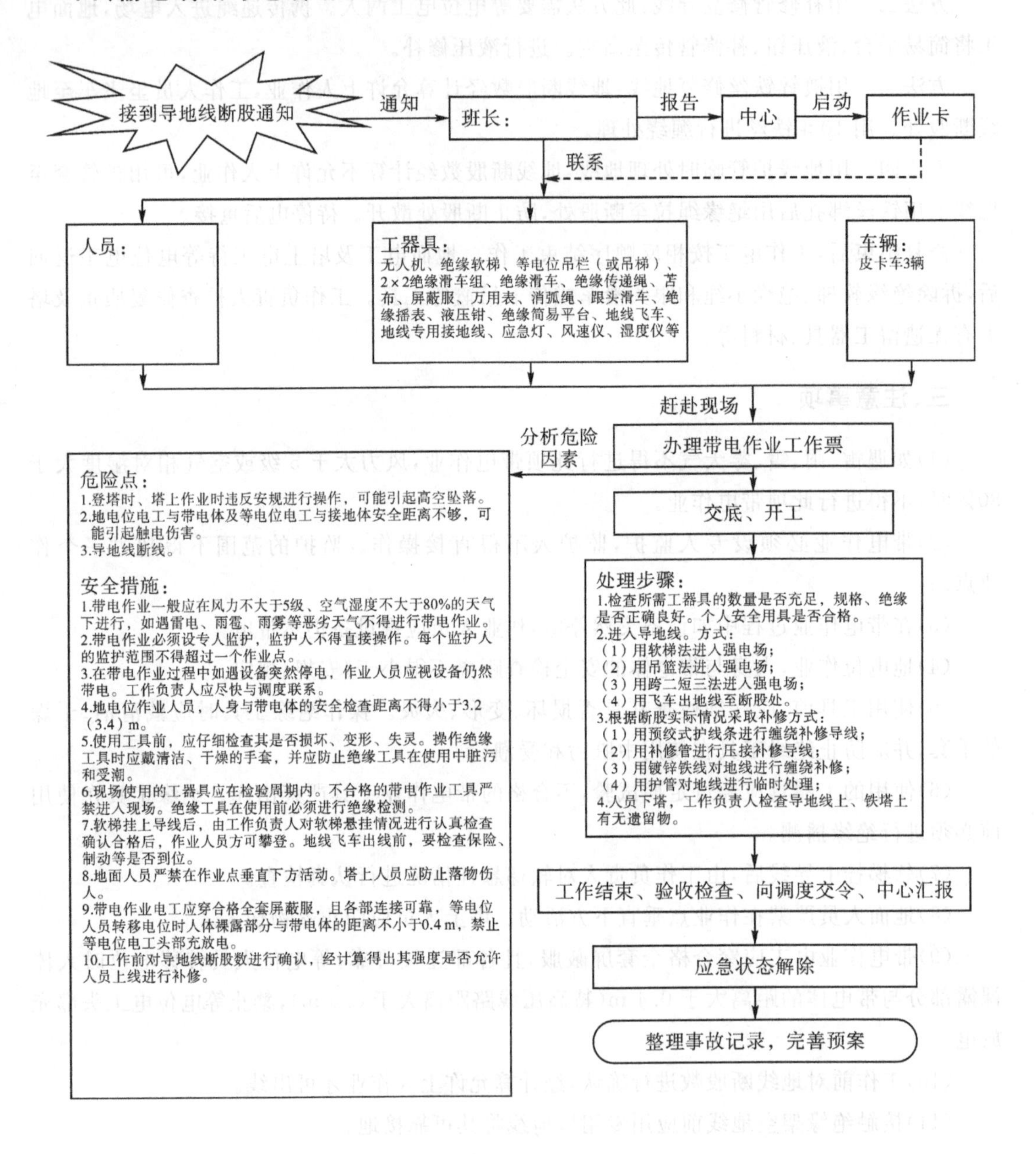

接到导地线断股通知
通知
班长：
报告
中心
启动
作业卡
联系
人员：
工器具：
无人机、绝缘软梯、等电位吊栏（或吊梯）、2×2绝缘滑车组、绝缘滑车、绝缘传递绳、苫布、屏蔽服、万用表、消弧绳、跟头滑车、绝缘摇表、液压钳、绝缘简易平台、地线飞车、地线专用接地线、应急灯、风速仪、湿度仪等
车辆：
皮卡车3辆
赶赴现场
办理带电作业工作票
分析危险因素
危险点：
1.登塔时、塔上作业时违反安规进行操作，可能引起高空坠落。
2.地电位电工与带电体及等电位电工与接地体安全距离不够，可能引起触电伤害。
3.导地线断线。
安全措施：
1.带电作业一般应在风力不大于5级、空气湿度不大于80%的天气下进行，如遇雷电、雨雹、雨雾等恶劣天气不得进行带电作业。
2.带电作业必须设专人监护，监护人不得直接操作。每个监护人的监护范围不得超过一个作业点。
3.在带电作业过程中如遇设备突然停电，作业人员应视设备仍然带电。工作负责人应尽快与调度联系。
4.地电位作业人员，人身与带电体的安全检查距离不得小于3.2（3.4）m。
5.使用工具前，应仔细检查其是否损坏、变形、失灵。操作绝缘工具时应戴清洁、干燥的手套，并应防止绝缘工具在使用中脏污和受潮。
6.现场使用的工器具应在检验周期内。不合格的带电作业工具严禁进入现场。绝缘工具在使用前必须进行绝缘检测。
7.软梯挂上导线后，由工作负责人对软梯悬挂情况进行认真检查确认合格后，作业人员方可攀登。地线飞车出线前，要检查保险、制动等是否到位。
8.地面人员严禁在作业点垂直下方活动。塔上人员应防止落物伤人。
9.带电作业电工应穿合格全套屏蔽服，且各部连接可靠，等电位人员转移电位时人体裸露部分与带电体的距离不小于0.4 m，禁止等电位电工头部充放电。
10.工作前对导地线断股数进行确认，经计算得出其强度是否允许人员上线进行补修。
交底、开工
处理步骤：
1.检查所需工器具的数量是否充足，规格、绝缘是否正确良好。个人安全用具是否合格。
2.进入导地线。方式：
（1）用软梯法进入强电场；
（2）用吊篮法进入强电场；
（3）用跨二短三法进入强电场；
（4）用飞车出地线至断股处。
3.根据断股实际情况采取补修方式：
（1）用预绞式护线条进行缠绕补修导线；
（2）用补修管进行压接补修导线；
（3）用镀锌铁线对地线进行缠绕补修；
（4）用护管对地线进行临时处理；
4.人员下塔，工作负责人检查导地线上、铁塔上有无遗留物。
工作结束、验收检查、向调度交令、中心汇报
应急状态解除
整理事故记录，完善预案

五、输电线路导地线断股现场处置作业卡

(一)接到通知

表5-5-1　接到通知

事故现象概况(描述)	接报时间	接报人	确认

(二)联系(通知)相关人员

表5-5-2　联系(通知)相关人员

联系(通知)人	接受联系(通知)人	联系(通知)时间	联系电话	确认

(三)准备备品备件

表5-5-3　准备备品备件

序号	名称	规格	单位	数量	责任人	确认
1	预绞式护线条	根据导线型号	组	2		
2	补修管	根据导线型号	个	2		

(四)准备工器具

表5-5-4　准备工器具

序号	名称	规格	单位	数量	责任人	确认
1	绝缘软梯	Φ12	条	2		
2	等电位吊篮(或吊梯)	500 kV/1000 kV	个	1		
3	2—2绝缘滑车组	1 t	套	1		
4	绝缘滑车	1 t	个	2		
5	绝缘传递绳	Φ12×100	条	2		
6	苫布	4×4 m	块	1		
7	屏蔽服	A型	套	2		
8	万用表		块	1		

续表

序号	名称	规格	单位	数量	责任人	确认
9	消弧绳	Φ14	条	1		
10	跟头滑车	0.5 t	个	1		
11	绝缘摇表	2500 V	块	1		
12	液压钳		台	1		
13	绝缘简易平台		个	1		
14	地线飞车		副	1		
15	地线专用接地线		组	1		
16	应急灯		台	3		
17	风速仪		个	1		
18	湿度仪		个	1		

(五)准备材料

表 5-5-5　准备材料

序号	名称	规格	单位	数量	责任人	确认
1	缠绕修补线	10＃铁线或铝线	m			
2	预绞丝					
3						

(六)准备车辆

表 5-5-6　准备车辆

联系(通知)人	接受联系(通知)人	联系(通知)时间	所用车辆	确认
	中心调度		皮卡	
			捷达	

(七)办理开工手续

表 5-5-7 办理开工手续

工作负责人	项目	确认
	办理一种作业工作票	
	办理二种作业工作票	
	办理带电作业工作票	
	使用事故应急抢修单	
	工作前报告调度并得到调度许可	

(八)开工前准备

1. 危险点(因素)分析

表 5-5-8 危险点(因素)分析

序号	内容	确认
1	登塔时、塔上作业时违反安规进行操作,可能引起高空坠落	
2	地电位电工与带电体及等电位电工与接地体安全距离不够,可能引起触电伤害	
3	导地线损伤严重,负荷增大,导地线断线	

2. 安全措施

表 5-5-9 安全措施

序号	内容	确认
1	如遇雷、雨、雪、雾天气不得进行此项带电作业,风力大于 5 级或空气相对湿度大于 80%时,不得进行此项带电作业。	
2	带电作业必须设专人监护,监护人不得直接操作。监护的范围不得超过一个作业点	
3	在带电作业过程中如设备突然停电,作业人员应视设备仍然带电	
4	地电位作业,人身与带电体的安全检查距离不得小于 3.2 m	
5	使用工具前,应仔细检查其是否损坏、变形、失灵。操作绝缘工具时应戴清洁、干燥的手套,并应防止绝缘工具在使用中脏污和受潮	
6	使用的工器具应经过定期试验,不合格的带电作业工具严禁出库。绝缘工具在使用前必须进行绝缘摇测	
7	软梯挂上导线后,由工作负责人对软梯悬挂情况进行认真检查	

续表

序号	内容	确认
8	地面人员严禁在作业点垂直下方活动。塔上人员应防止落物伤人	
9	带电作业电工应穿合格全套屏蔽服，且各部连接可靠，等电位人员转移电位时人体裸露部分与带电体的距离大于 0.4 m，禁止等电位电工头部充放电	
10	工作前对地线断股数进行确认，经计算允许上人作业才可出线	
11	接触绝缘架空地线前应用专用接地线将其可靠接地	

3.交底

表 5-5-10　交底

交底人	人员分工	接受交底人	确认

(九)处理内容

表 5-5-11　处理内容

序号	处理方法(步骤)	检修记录	确认
1	检查工器具:(1)正确佩带个人安全用具:大小合适，锁扣自如。由负责人监督检查。(2)派专人对所需工具进行绝缘检测，检查工具数量		
2	根据现场实际情况确定进入导线的方式 方法一　软梯法。塔上电工 1 名携带跟头滑车及绝缘传递绳登塔，在横担作业的适当位置用绝缘蚕丝绳将带有 Φ12 mm 绝缘传递绳的跟头滑车挂于导线上。地面人员配合将其拉离塔身 5 m 以外。地面作业人员利用传递绳将软梯挂于导线上。消弧保险绳与软梯同上。地面作业人员将软梯拉直收紧，以保持其稳定。通过软梯进入电场，等电位电工应穿全套合格屏蔽服，各部连接可靠，系好消弧保险绳。登软梯，地面 3 人同步拉动消弧保险绳。 方法二　吊篮法。等电位电工和两名塔上电工携带绝缘传递绳和绝缘无极绳登塔，在横担作业的适当位置挂好传递绳，地面电工将吊篮及 2×2 滑车组穿好传至塔上，由等电位电工配合安装好。通过吊篮进入电场，等电位电工穿全套合格屏蔽服，各部连接可靠，系好绝缘二道防线，由塔上电工配合，乘吊篮缓缓进入电场。 方法三　跨二短三法。如断股档一端塔为耐张塔，等电位电工可沿耐张绝缘子串采用跨二短三的方法进入电场。沿耐张绝缘子串进入电场。等电位电工穿全套合格屏蔽服，各部连接可靠，系好绝缘二道防线，采用跨二短三的方法进入电场。 用飞车出线修复地线。如果地线断股数经计算允许上人作业，塔上电工将地线飞车挂在地线上，工作人员坐飞车至地线断股处。		

续表

序号	处理方法(步骤)	检修记录	确认
3	修复导地线。 方法一 用预绞丝修复导线。等电位电工进入强电场,通过“走线”至需要修补的导线处,核实断股情况,将断股导线处理平整,确定预绞式护线条的安装中心位置,将预绞丝一根一根地安装在补修处。预绞丝中心应位于损伤最严重处,端头应对平、对齐。预绞丝安装后不能变形,并应与导线接触严密,预绞丝应将损伤部位全部覆盖。 方法二 用补修管修复导线。此方法需要等电位电工两人。携传递绳进入电场,地面电工将简易平台、液压钳、补修管传至高空。进行液压修补。 方法三 用镀锌铁丝修复地线。地线断股数经计算允许上人作业,工作人员坐飞车至地线断股处。用10#铁丝进行缠绕处理。 方法四 用地线护管临时处理地线。地线断股数经计算不允许上人作业,可用护管套至地线上用铁丝绑扎后用绝缘绳拉至断股处,防止断股处散开。待停电后重接		
4	修复结束后,工作电工按相反顺序结束工作。地面电工及塔上电工待等电位电工返回后,拆除绝缘软梯、绝缘小绳和跟头滑车或传下吊篮等工具。工作负责人检查修复质量及塔上有无遗留工器具、材料等		

(十)工作终结

表 5-5-12 工作终结

序号	内容	责任人	确认
1	结票		
2	验收		
3	整理记录		
4	分析原因		
5	完善预案		

第六节　输电线路应对耐张合成绝缘子脆断现场处置

一、事件特征

交流输电线路耐张合成绝缘子脆断，造成线路停电事故。

二、现场应急处置

(一)现场应具备条件

(1)软梯、传递绳、传递滑车、链条葫芦、钢丝绳套、提线钩、屏蔽服、验电器、接地线、个人保安线、风速仪、湿度仪、应急灯。

(2)安全带、安全帽等安全工器具。

(二)现场应急处置程序及措施

(1)塔上人员带两条尼龙绳登塔，到达脱串的导线上方，在导线上方横担主材以及绝缘子挂点的主材处将尼龙绳挂好。

(2)地面人员将个人保安线以及软梯传到塔上，塔上人员将个人保安线安装在离导线线夹 1 m 左右处并不得影响工作，个人保安线在横担上应固定牢固，防止在工作过程中松脱；将软梯挂在导线正上方横担主材上，线上人员沿软梯下到导线上。

(3)地面人员将钢丝绳套(二道保护)传到塔上，塔上人员与线上人员配合将其顺 V 串合成绝缘子安装好并收紧，与塔材接触处垫麻袋片。

(4)地面人员分别将两套钢丝绳套、链条葫芦、六分裂提线钩等传到塔上，塔上人员将钢丝套对折挂在绝缘子挂点主材上(并应垫麻袋片)，链条葫芦挂在钢丝套上(要倒挂)，提线器挂在链条葫芦上，并钩住导线，线上人员收紧链条葫芦。

(5)达到合成绝缘子串安装位置后。高空人员检查脱串的合成绝缘子是否损伤，不需更换直接复位处理，如损伤需更换则将合成绝缘子用尼龙绳帮扎牢固，拆除绝缘子的连接，地面人员将其送至地面。

(6)地面人员将新合成绝缘子传到塔上(用绝缘子尾绳控制绝缘子，防止与铁塔碰撞损伤绝缘子)，线上人员与塔上人员配合将其安装好，放松链条葫芦。

(7)合成绝缘子更换完毕，检查上下端销子或 R 销安装到位后，拆除工具与个人保安线，人员下塔。

(8)完成工作。工作结束后，作业点负责人进行质量检查验收，确认导线、绝缘子没有损伤，金具连接可靠、状况良好、螺栓紧固，开口销安装到位，防脱抱箍安装牢固，确认施工工具及个人保安线全部拆除，人员全部撤离现场后，通知中心总负责人工作完毕。

三、注意事项

(1)高空作业人员必须正确使用安全带和二道保护绳，安全带和二道保护应系在牢固的构件上，并不得低挂高用。

(2)软梯挂上导线后，由工作负责人对软梯悬挂情况进行认真检查。

(3)下导线工作必须使用个人保安接地线。

四、输电线路应对耐张合成绝缘子脆断现场处置流程图

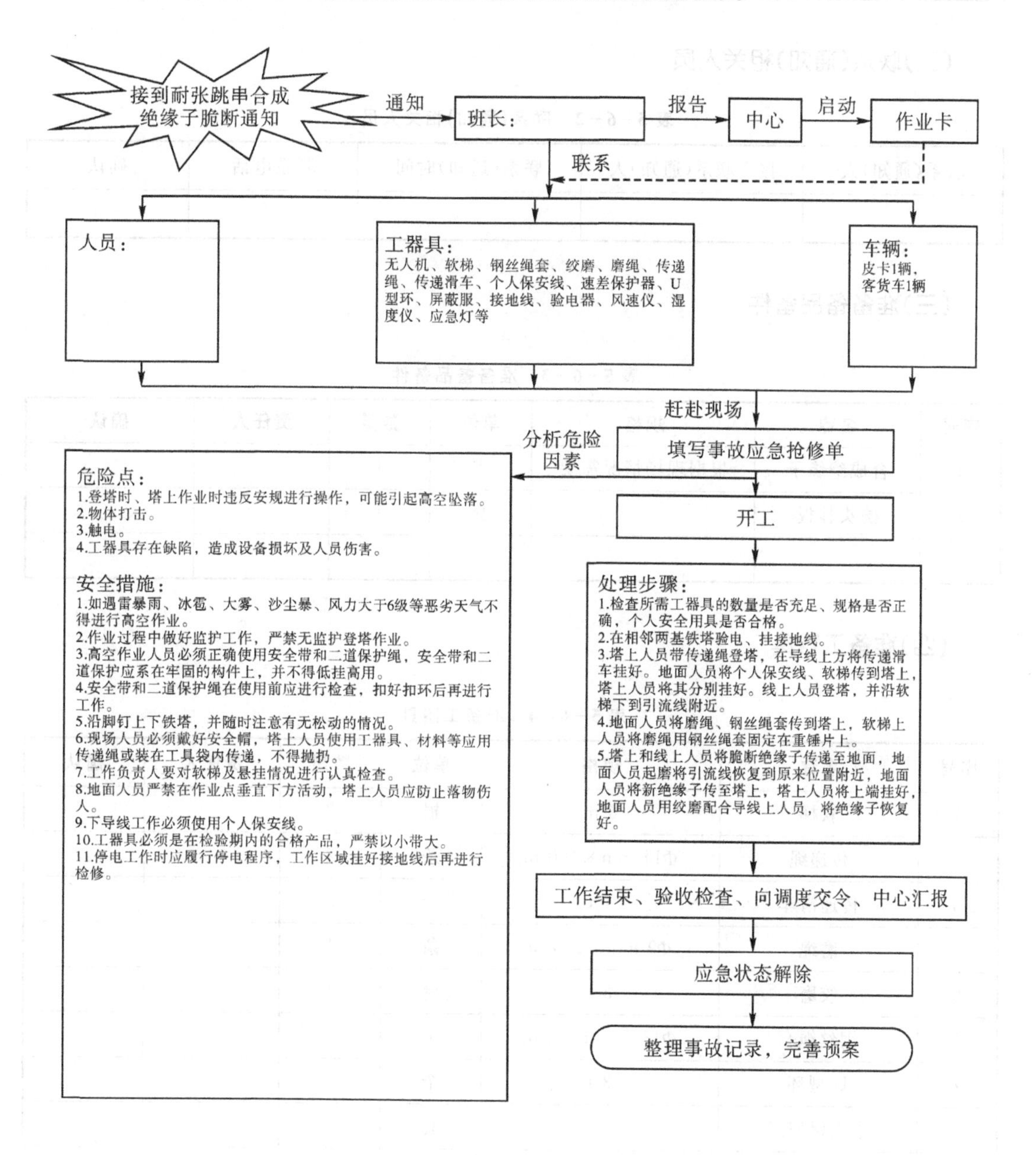

接到耐张跳串合成绝缘子脆断通知
通知
班长：
报告
中心
启动
作业卡
联系
人员：
工器具：
无人机、软梯、钢丝绳套、绞磨、磨绳、传递绳、传递滑车、个人保安线、速差保护器、U型环、屏蔽服、接地线、验电器、风速仪、湿度仪、应急灯等
车辆：
皮卡1辆，
客货车1辆
赶赴现场
分析危险因素
填写事故应急抢修单
危险点：
1.登塔时、塔上作业时违反安规进行操作，可能引起高空坠落。
2.物体打击。
3.触电。
4.工器具存在缺陷，造成设备损坏及人员伤害。
安全措施：
1.如遇雷暴雨、冰雹、大雾、沙尘暴、风力大于6级等恶劣天气不得进行高空作业。
2.作业过程中做好监护工作，严禁无监护登塔作业。
3.高空作业人员必须正确使用安全带和二道保护绳，安全带和二道保护应系在牢固的构件上，并不得低挂高用。
4.安全带和二道保护绳在使用前应进行检查，扣好扣环后再进行工作。
5.沿脚钉上下铁塔，并随时注意有无松动的情况。
6.现场人员必须戴好安全帽，塔上人员使用工器具、材料等应用传递绳或装在工具袋内传递，不得抛扔。
7.工作负责人要对软梯及悬挂情况进行认真检查。
8.地面人员严禁在作业点垂直下方活动，塔上人员应防止落物伤人。
9.下导线工作必须使用个人保安线。
10.工器具必须是在检验期内的合格产品，严禁以小带大。
11.停电工作时应履行停电程序，工作区域挂好接地线后再进行检修。
开工
处理步骤：
1.检查所需工器具的数量是否充足、规格是否正确，个人安全用具是否合格。
2.在相邻两基铁塔验电、挂接地线。
3.塔上人员带传递绳登塔，在导线上方将传递滑车挂好。地面人员将个人保安线、软梯传到塔上，塔上人员将其分别挂好。线上人员登塔，并沿软梯下到引流线附近。
4.地面人员将磨绳、钢丝绳套传到塔上，软梯上人员将磨绳用钢丝绳套固定在重锤片上。
5.塔上和线上人员将脆断绝缘子传递至地面，地面人员起磨将引流线恢复到原来位置附近，地面人员将新绝缘子传至塔上，塔上人员将上端挂好，地面人员用绞磨配合导线上人员，将绝缘子恢复好。
工作结束、验收检查、向调度交令、中心汇报
应急状态解除
整理事故记录，完善预案

五、输电线路应对耐张合成绝缘子脆断现场处置作业卡

(一)接到通知

表 5-6-1　接到通知

情况描述及处理方式	接报时间	接报人	确认

(二)联系(通知)相关人员

表 5-6-2　联系(通知)相关人员

联系(通知)人	接受联系(通知)人	联系(通知)时间	联系电话	确认

(三)准备备品备件

表 5-6-3　准备备品备件

序号	名称	规格	单位	数量	责任人	确认
1	合成绝缘子	根据现场情况需要	支	1		
2	碗头挂板		套	1		

(四)准备工器具

表 5-6-4　准备工器具

序号	名称	规格	单位	数量	责任人	确认
1	软梯	6 m	根	2		
2	传递绳	Φ14 mm×100 m	条	2		
3	传递滑车	1 t	个	3		
4	磨绳	Φ9 mm×100 m	条	1		
5	绞磨	3 t	台	1		
6	钢丝绳套	Φ13.5 mm×3 m	个	4		
7	U 型环	3 t	个	4		
8	个人保安线		套	2		

续表

序号	名称	规格	单位	数量	责任人	确认
9	速差保护器	15 m	个	1		
10	简易平台	0.5 t	个	1		
11	风速仪	2500 V	块	1		
12	湿度仪		块	1		
13	应急灯		块	1		
14	屏蔽服	A 型	块	2		
15	验电器	500 kV 线路专用	个	2		
16	接地线	500 kV 用	组	2		

(五)准备材料

表 5-6-5 准备材料

序号	名称	规格	单位	数量	责任人	确认
1	单丝铝线		m	10		

(六)准备车辆

表 5-6-6 准备车辆

联系(通知)人	接受联系(通知)人	联系(通知)时间	所用车辆	数量	确认
	中心调度		皮卡车	1	
			客货车	1	

(七)办理开工手续

表 5-6-7 办理开工手续

工作负责人	项目	确认
	电力线路事故应急抢修单	
	办理第一种作业工作票	
	办理第二种作业工作票	
	办理带电作业工作票	
	工作前报告调度并得到调度许可	

(八)开工前准备

1. 危险点(因素)分析

表 5-6-8　危险点(因素)分析

序号	内容	确认
1	高空坠落	
2	触电	
3	物体打击	
4	监护人监护不到位,导致人身伤害	

2. 安全措施

表 5-6-9　安全措施

序号	内容	确认
1	如遇雷暴雨、冰雹、大雾、沙尘暴、风力大于 6 级等恶劣天气不得进行高空作业。必须在夜间抢修时,应有足够的照明	
2	作业过程中做好监护工作,严禁无监护登塔作业	
3	高空作业人员必须正确使用安全带和二道保护绳,安全带和二道保护应系在牢固的构件上,并不得低挂高用	
4	安全带和二道保护绳在使用前应进行检查,扣好扣环后再进行工作	
5	上下铁塔应沿脚钉上下,并随时注意有无松动的情况	
6	现场人员必须戴好安全帽,塔上人员应防止掉东西,使用工器具、材料等应装在工具袋内传递	
7	软梯挂好后,由工作负责人对软梯悬挂情况进行认真检查	
8	地面人员严禁在作业点垂直下方活动;塔上人员应防止落物伤人	
9	下导线工作必须使用个人保安线	
10	工器具必须是检验期内的合格产品,严禁以小带大	

3. 交底

表5-6-10　交底

交底人	人员分工	接受交底人	确认

(九)处理内容

表5-6-11　处理内容

序号	操作步骤	检修记录	确认
	工作准备:正确佩带个人安全用具,大小合适、锁扣自如,有负责人监督检查,派专人对所需工具进行绝缘检测,检查工具数量		
1	在相邻两基铁塔验电挂好接地线后,塔上人员带传递绳沿脚钉腿上塔,到达位置后,系好安全带,挂好传递绳,线上电工上塔,地面人员与塔上人员配合将个人保安线、软梯传至塔上,并挂好		
2	线上人员沿软梯下到引流线附近。地面人员将磨绳、钢丝绳套传到塔上,软梯上人员将磨绳用钢丝绳套固定在重锤片上。塔上和线上人员将脆断绝缘子传递至地面,地面人员起磨将引流线恢复到原来位置附近,地面人员将新绝缘子传至塔上,塔上人员将上端挂好,地面人员用绞磨配合导线上人员,将绝缘子恢复好		
3	恢复好后,检查R销是否恢复到位,金具螺栓紧固后,拆除工具,人员下塔,拆除接地线,工作结束		
4	整理工具,人员撤离工作现场,工作完毕		

(十)工作终结

表 5-6-12　工作终结

序号	内容	责任人	确认
1	验收		
2	结票		
3	恢复运行		
4	整理记录		
5	分析原因		
6	完善预案		

第七节　输电线路应对导地线断线现场处置

一、事件特征

输电线路导地线断线,造成线路停电的事故抢修。

二、现场应急处置

(一)现场应具备条件

1. 绞磨、磨绳、卡线器、链条葫芦、链条葫芦、卸扣、滑车、传递滑车、钢绳套、断线钳、液压泵站、钢模、尼龙绳、胶皮护管、接地线、地锚。

2. 安全带、安全帽等安全工器具。

(二)现场应急处置程序及措施

1. 直线塔靠近耐张塔

耐张塔打好临时拉线,事故塔的临塔导地线打好过轮临锚。利用四根落地拉线对事故塔进行加固,然后拆除间隔棒,将导地线线夹替换为滑车,在耐张塔处利用 3 t 绞磨将导地线放下,过滑车,对于边相,可在无张力的情况下直接放至地面。拆除塔上剩余金具,将事故塔放倒,割口位置应在塔脚板或主角钢以上位置,利用原基础重新组塔。

组塔完毕后,挂滑车,展放新的导地线,对于 1～2 档,可采用人力,3 档以上采用张力展放。在地面压直线管,看弛度,在耐张塔侧将导地线重新紧挂。

2.直线塔远离耐张塔

事故塔的相邻塔(隔开1基)导地线打好过轮临锚。利用四根落地拉线对事故塔进行加固,然后拆除间隔棒,将导地线线夹替换为滑车,对于边相,直接放至地面,无张力的情况下断线,放2～3基。对于单回路中相,必须在事故塔或相邻塔上断线,方可将导线落至地面。拆除塔上剩余金具,将事故塔放倒,割口位置应在塔脚板或主角钢以上位置。利用原基础重新组塔。组塔完毕后,按原有长度展放导地线,在地面压接,利用放线滑车将导地线提起,重新附件。拆除两侧接地线,向调度报竣工。

三、注意事项

(1)作业过程中做好监护工作,严禁无监护登塔作业。

(2)高空作业人员必须正确使用安全带和二道保护绳,安全带和二道保护应系在牢固的构件上,并不得低挂高用。

(3)安全带和二道保护绳在使用前应进行检查,扣好扣环后再进行工作。

(4)沿脚钉上下铁塔,并随时注意有无松动的情况。

(5)现场人员必须戴好安全帽,塔上人员使用工器具、材料等应用传递绳或装在工具袋内传递,不得抛扔。

(6)工作负责人要对软梯及悬挂情况进行认真检查。

(7)地面人员严禁在作业点垂直下方活动,塔上人员应防止落物伤人。

(8)下导线工作必须使用个人保安线。

(9)工器具必须是在检验期内的合格产品,严禁以小带大。

(10)停电工作时应履行停电程序,工作区域挂好接地线后再进行检修。

(11)必须在夜间抢修时,应有足够的照明。

四、输电线路应对导地线断线现场处置流程图

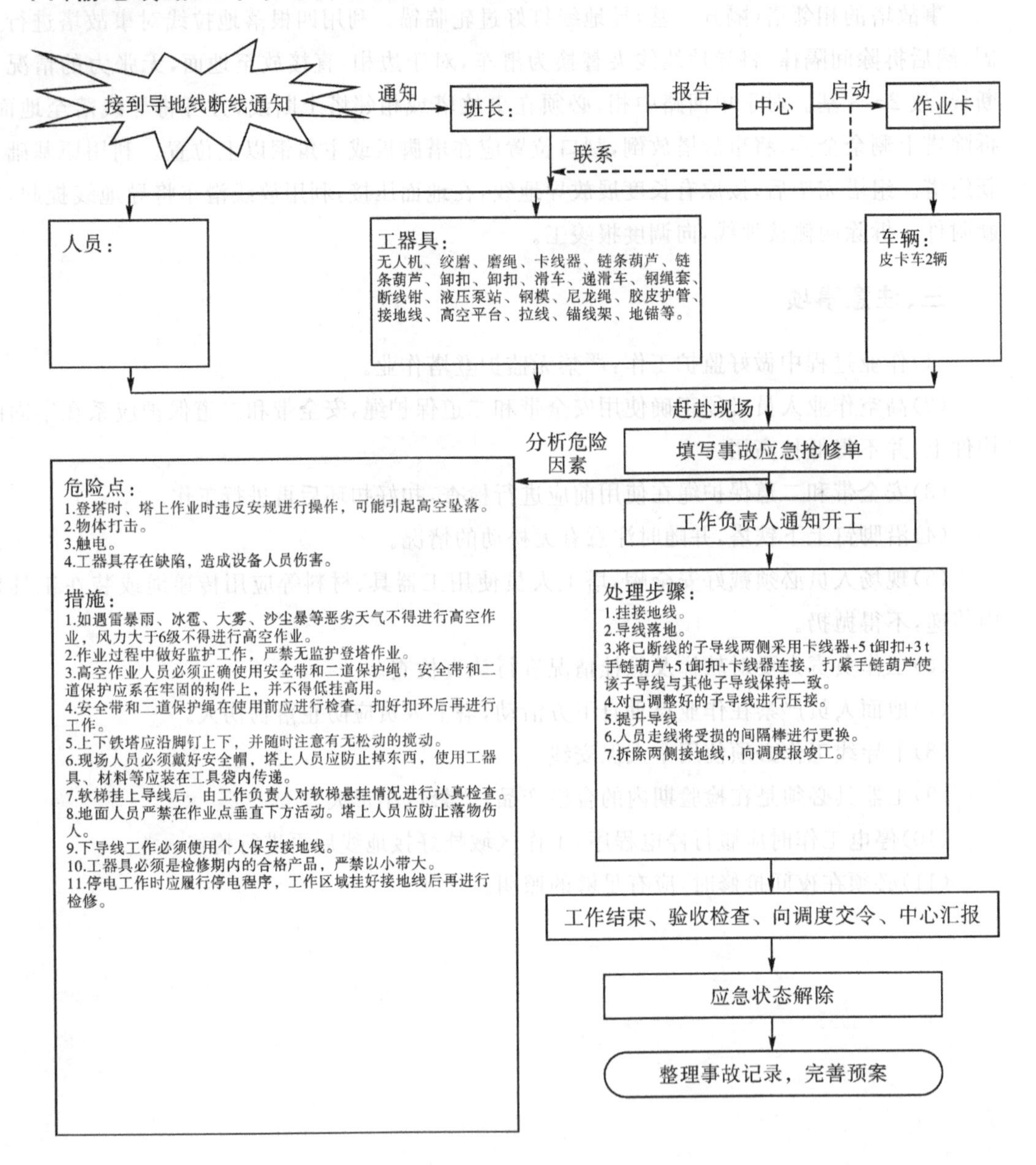

接到导地线断线通知
通知
班长：
报告
中心
启动
作业卡
联系
人员：
工器具：
无人机、绞磨、磨绳、卡线器、链条葫芦、链条葫芦、卸扣、卸扣、滑车、递滑车、钢绳套、断线钳、液压泵站、钢模、尼龙绳、胶皮护管、接地线、高空平台、拉线、锚线架、地锚等。
车辆：
皮卡车2辆
赶赴现场
分析危险因素
填写事故应急抢修单
危险点：
1.登塔时、塔上作业时违反安规进行操作，可能引起高空坠落。
2.物体打击。
3.触电。
4.工器具存在缺陷，造成设备人员伤害。
措施：
1.如遇雷暴雨、冰雹、大雾、沙尘暴等恶劣天气不得进行高空作业，风力大于6级不得进行高空作业。
2.作业过程中做好监护工作，严禁无监护登塔作业。
3.高空作业人员必须正确使用安全带和二道保护绳，安全带和二道保护应系在牢固的构件上，并不得低挂高用。
4.安全带和二道保护绳在使用前应进行检查，扣好扣环后再进行工作。
5.上下铁塔应沿脚钉上下，并随时注意有无松动的搅动。
6.现场人员必须戴好安全帽，塔上人员应防止掉东西，使用工器具、材料等应装在工具袋内传递。
7.软梯挂上导线后，由工作负责人对软梯悬挂情况进行认真检查。
8.地面人员严禁在作业点垂直下方活动。塔上人员应防止落物伤人。
9.下导线工作必须使用个人保安接地线。
10.工器具必须是检修期内的合格产品，严禁以小带大。
11.停电工作时应履行停电程序，工作区域挂好接地线后再进行检修。
工作负责人通知开工
处理步骤：
1.挂接地线。
2.导线落地。
3.将已断线的子导线两侧采用卡线器+5 t卸扣+3 t手链葫芦+5 t卸扣+卡线器连接，打紧手链葫芦使该子导线与其他子导线保持一致。
4.对已调整好的子导线进行压接。
5.提升导线
6.人员走线将受损的间隔棒进行更换。
7.拆除两侧接地线，向调度报竣工。
工作结束、验收检查、向调度交令、中心汇报
应急状态解除
整理事故记录，完善预案

五、输电线路应对导地线断线现场处置作业卡

(一)接到通知

表 5-7-1　接到通知

情况描述及处理方式	接报时间	接报人	确认

(二)联系(通知)相关人员

表 5-7-2　联系(通知)相关人员

联系(通知)人	接受联系(通知)人	联系(通知)时间	联系电话	确认

(三)准备备品备件

表 5-7-3　准备备用物品

序号	名称	规格	单位	数量	责任人	确认
1	压接管		个			
2	间隔棒		个			
3	预绞丝		条			
4	导线		米			

(四)准备工器具

表 5-7-4　准备工器具

序号	名称	规格	单位	数量	责任人	确认
1	绞磨	3 t	台	1		
2	磨绳	Φ15 mm×100 m	条	2		
3	卡线器	和导线规格配套	个	8		
4	链条葫芦	3 t	个	4		

续表

序号	名称	规格	单位	数量	责任人	确认
5	链条葫芦	4 t	个	4		
6	卸扣	5 t	个	16		
7	滑车	3 t(单轮)	个	10		
8	滑车	5 t(单轮)	个	6		
9	传递滑车	1 t(单轮)	个	4		
10	钢绳套	Φ13.5 mm×3 m	条	8		
11	钢绳套	Φ15 mm×5 m	条	4		
12	钢绳套	Φ17.5 mm×7 m	条	4		
13	断线钳	液压	套	2		
14	液压泵站	100 t	套	2		
15	钢模	和导线规格配套	套	2		
16	尼龙绳	Φ16 mm×100 m	条	4		
17	尼龙绳	Φ12 mm×100 m	条	2		
18	胶皮护管	导线用	m	4		
19	接地线	±660 kV 用	组	2 组		
20	地锚	3 t	个	2		
21	钢锯		把	2		
22	锯条		个	2		

(五)准备材料

表 5-7-5　准备材料

序号	名称	规格	单位	数量	责任人	确认
1	铁丝					
2	汽油					
3	钢刷					
4	棉纱					

(六)准备车辆

表 5-7-6　准备车辆

联系(通知)人	接受联系(通知)人	联系(通知)时间	所用车辆	数量	确认
	中心调度		皮卡	1	
			带电车	1	

(七)办理开工手续

表 5-7-7　办理开工手续

工作负责人	项目	确认
	办理第一种作业工作票	
	办理第二种作业工作票	
	办理带电作业工作票	
	工作前报告调度并得到调度许可	

(八)开工前准备

1. 危险点(因素)分析

表 5-7-8　危险点(因素)分析

序号	内容	确认
1	登塔时、塔上作业时违反安规进行操作,可能引起高空坠落	
2	物体打击	
3	触电	
4	工器具存在缺陷,造成设备人员伤害	

2. 安全措施

表 5-7-9　安全措施

序号	内容	确认
1	如遇雷暴雨、冰雹、大雾、沙尘暴等恶劣天气不得进行高空作业,风力大于 6 级不得进行高空作业	
2	作业过程中做好监护工作,严禁无监护登塔作业	
3	高空作业人员必须正确使用安全带和二道保护绳,安全带和二道保护绳应系在牢固的构件上,并不得低挂高用	
4	安全带和二道保护绳在使用前应进行检查,扣好扣环后再进行工作	
5	上下铁塔应沿脚钉上下,并随时注意有无松动的搅动	

续表

序号	内容	确认
6	现场人员必须戴好安全帽，塔上人员应防止掉东西，使用工器具、材料等应装在工具袋内传递	
7	软梯挂上导线后，由工作负责人对软梯悬挂情况进行认真检查	
8	地面人员严禁在作业点垂直下方活动。塔上人员应防止落物伤人	
9	下导线工作必须使用个人保安接地线	
10	工器具必须是检修期内的合格产品，严禁以小带大	

3. 交底

表 5-7-10 交底

交底人	人员分工	接受交底人	确认

(九)处理内容

表 5-7-11　处理内容

序号	一、导线断线处理操作步骤	检修记录	确认
1	现场交底，交代危险点、工作任务、注意事项等措施。工作人员签字确认		
2	1.1 首先申请线路停电，办理停电检修第一种工作票。 1.2 现场工作负责人接到工作命令后，由工作人员进行验电，确认无电后，在 NX－1、NX＋2 塔断线相导线封接地(用±660 kV 线路专用接地线)，然后下令开始工作。 1.3 将 NX＋1 将断线相导线落地。(如导线不能落地，可将 NX－1 塔导线采用以下同样的方法落地，确保需压接的导线落地)。 (1)首先用两个 3T 手链葫芦和双分裂提线器将导线提起，将绝缘子下端碗头挂板与联板的螺栓拆除。 (2)在挂线点角铁上固定牢一个 5 t 滑车，并在横担与塔身连接点及塔腿处加装 5 t 转向滑车。牵引绳(Φ15)一头固定在横担上，导线端通过 5 t 动滑车和 5 t 卸扣与导线联板安装孔连接，一头与 3 t 绞磨连接。 (3)用绞磨将导线提升，使手链葫芦的提升荷载全部替换到绞磨上，将提线器摘开，慢慢松磨将导线放到地面上。 1.4 将已断线的子导线两侧采用卡线器＋5 t 卸扣＋3 t 手链葫芦＋5 t 卸扣＋卡线器连接，打紧手链葫芦使该子导线与其他子导线保持一致(为了使子导线的驰度准确，需将导线保持离地状态，以便和其他子导线观察比较)。 1.5 对已调整好的子导线进行压接。由于新导线的初伸长没有出来，压接断线时需要少断 10～20 mm，以补偿后期初伸长对导线驰度的影响。 1.6 将 NX＋1 导线提升，按照 4.3 条相反的程序将导线恢复至运行状态。 1.7 人员走线将受损的间隔棒进行更换。 1.8 拆除两侧接地线，向调度报竣工		
3	整理工具，人员撤离工作现场，工作完毕		

（十）工作终结

表 5-7-12　工作终结

序号	内容	责任人	确认
1	结票		
2	验收		
3	整理记录		
4	分析原因		
5	完善预案		

第八节　输电线路故障快速处置原则

为进一步强化输电设备故障管理，明确故障处置、信息报送等方面的要求，缩短输电线路故障恢复时间，提升输电线路故障处置效率，特制订本规范。

一、工作目标

规范故障信息流转，全面掌握故障情况，缩短故障处置时间，提升故障处置效率，减少故障损失，避免次生灾害。

二、故障信息流转及报送

故障发生后，地市调控中心5分钟内发送相关的故障短信，并电话通知输电运检中心及地市级输电监控中心值班人员，包括故障时间、线路名称等基本信息；1分钟内补充通知故障相别、故障测距（重点）等详细信息；安装有分布式故障诊断装置的线路，故障后设备运维单位第一时间收集精确测距信息，辅助故障区段定位、故障分析研判和后续故障处置。

各单位设备、调控、安监、营销等部门强化沟通联系，第一时间核实故障是否对电网方式、负荷、“三跨”等重要区段、铁路及煤矿等高危重要用户、公共安全造成影响，核实是否出现负面报道、舆论发酵等造成较大社会影响的事件，出现相关情况后第一时间逐级报告，并对故障处置提级管控。

相关故障信息第一时间电话通知地市设备部和输电运检中心相关管理人员。由管理人员组织开展监控轮巡、人员集合、工器具准备、故障信息收集和研判等工作，并迅速安排专人按模板编制设备故障简报。

跨地市线路故障后，责任双方应强化沟通协调、信息共享，实时相互通报故障情况，确保信息快速准确收集、故障高效研判处置。

故障发生后，地市设备部管理人员立即电话通知输电处全体人员，并微信发送相关情况。同时在30分钟内按模板报送故障简报，后续每两个小时根据故障处置进展情况动态更新报送。

地市级输电监控中心接线路故障信息后，监控值长第一时间在地市管控群发布故障信息，组织开展故障点查找工作；轮巡坐席第一时间查看可视化系统监拍情况，故障时刻至收到信息时刻期间系统未拍照的，立即启动全线抓拍；预警处置坐席第一时间查看系统在该时段有无告警信息。相关巡视结果30分钟内在地市管控群发布。

三、故障原因研判

综合利用监拍系统、气象系统、雷电定位系统、PMS台账、故障测距及分布式故障诊断测距等信息，初步判断故障原因。

接到故障测距信息后，输电监控中心值长第一时间通过PMS台账查询确认故障点杆塔号，轮巡坐席立即对前后范围内5～10基杆塔开展精细化巡视，并第一时间在地市管控群反馈巡视结果。

如遇恶劣天气，值长应同步查询气象预报预警平台和雷电定位系统，并第一时间在地市管控群反馈故障区段附近天气情况，辅助故障原因研判。

输电监控负责人或值长同步核查跳闸线路管理人员“一人一周一线”巡视记录、设备主人/属地人员移动巡检记录，以及监控坐席轮巡和预警处置记录，为判断跳闸是否存在管理责任提供支撑材料。

四、故障查找及恢复

跳闸造成故障停运的，输电监控中心轮巡坐席通过全线快速轮巡，查看有无倒塔、断线，有无大型异物上线，通道有无大型机械作业、彩钢板房、大棚破损，冬春季有无覆冰舞动等明显异常情况，并第一时间在地市管控群反馈轮巡结果，确认无明显异常后，输电运检中心第一时间报调控中心试送，同时利用监拍装置，密切关注线路试送情况。对未实现监拍全覆盖的线路，应迅速组织属地、专业人员对线路无监控区段进行快速通道巡视，确认杆塔、导地线无明显故障点(排查倒塔、断线、脱串等严重故障)后申请试送。

同步启动属地故障巡视30分钟到位机制，利用属地地缘优势，以故障测距对应杆塔为中心，快速开展现场巡视，实时反馈现场故障巡视情况。

综合故障情况、现场情况、线路参数等信息，由设备部及输电运检中心领导或管理人员带队，迅速组织专业人员携带无人机、高倍望远镜等开展现场故障巡视，在大雾等无人机和人工巡视受限时，同步安排人工登塔检查，提升故障巡视效率。

明确故障原因后，输电运检中心迅速组织人员开展故障区段隐患治理，严防该区段重复故障，同时举一反三，全面摸排治理其他线路同类型隐患，严防同类型故障。

对线路故障区段进行详细分析、故障设备进行认真评估后，需抢修的迅速启动抢修流程，做好现场安全和作业质量管控，快速恢复线路运行。

五、故障处置要求

各单位强化日常值班管理，恶劣天气下启动24小时在岗应急值守，提前安排应急抢修队伍，组织开展抢修物资协调、设备资料搜集等准备工作，负责故障信息汇集流转。

各单位要深入分析历史线路故障原因和特点，总结故障规律，对不同月份、时段、天气下易发故障类型做到“心中有数”。

各单位加大专业班组无人机取证覆盖率，同时通过“线上＋线下”相结合的方式，定期开展无人机巡视、故障巡视等培训教学，提升专业人员的故障巡视水平。

各单位定期更新通道隐患及本体缺陷台账，规范监拍图像隐患信息标注，故障发生后，迅速获取不同线路区段隐患或缺陷类型和风险等级，辅助故障研判。

附　件

附件 1　输电线路防通道隐患风险分级表

序号	风险级别	隐患风险内容
1	Ⅰ级	1.各类管线、树木以及建设的公路、桥梁等对输电线路的交跨距离小于等于 80%规定值。 2.塔吊、打桩机、移动式起重机、挖掘机等大型机械在输电线路保护区内施工作业。 3.塔吊、打桩机、移动式起重机、挖掘机等大型机械在输电线路保护区外施工作业，但其移动部件可能引起线路跳闸者。 4.距输电线路杆塔、拉线基础边缘 10 m 以内进行开挖，导致杆塔、拉线基础缺土严重，需立即采取补强措施。 5.在输电线路保护区内埋设特殊(油、汽)管道。 6.在输电线路保护区内违章建房。 7.在输电线路保护区内兴建易燃易爆材料堆放场及可燃或易燃、易爆液(汽)体储罐。山火热点与线路距离小于或等于 500 m。 8.在输电线路杆塔与拉线之间修筑道路。 9.打桩机、顶管机、盾构机、挖掘机等大型机械临近电缆通道保护区 5 m 范围内施工作业。 10.在施工区域内电缆通道已敞开。 11.水底电缆通道保护区两侧 50 m 范围内存在施工、挖沙、抛锚等现象
2	Ⅱ级	1.输电线路对下方各类管线、树木以及建设的公路、桥梁等交跨距离不满足规定值，但大于等于 80%规定值。 2.将输电线路杆塔、拉线围在水塘中。 3.距输电线路杆塔、拉线基础边缘 10 米以外进行开挖，导致杆塔、拉线基础土容易流失，长期安全运行需增设挡土墙。 4.输电线路与易燃易爆材料堆放场及可燃或易燃、易爆液(汽)体储罐的防火间距小于杆塔高度的 1 倍。山火热点与线路距离大于 500 m，且小于或等于 1000 m。 5.输电线路保护区周围有 5 m 以上的横幅或氢气球所悬挂的条幅。 6.超高树木倒向输电线路侧时不能满足安全距离。 7.输电线路保护区内建塑料大棚，建好后能满足安全距离，但塑料薄膜绑扎不牢。 8.输电线路保护区外建房，因超高有可能发生高空落物掉落在导线上。 9.输电线路保护区附近立塔吊、打桩机等。 10.推土机、挖掘机在输电线路保护区内施工或即将进入输电线路保护区内施工，目前能满足安全距离。

续表

序号	风险级别	隐患风险内容
2	Ⅱ级	11.距输电线路杆塔、拉线5 m范围内修筑机动车道路。 12.距输电线路300 m内放风筝。 13.在输电线路杆塔周边倒酸、碱、盐及其他有害化学物品。 14.在输电线路保护区内堆土,接近安全距离,目前还有施工迹象。 15.输电线路保护区内大面积种植高大木树。 16.打桩机、顶管机、通沟机、挖掘机等大型机械临近电缆通道保护区10 m范围内施工作业。 17.顶管、盾构行进方向与电缆路径存在交叉的施工作业。 18.电缆线路通道上堆置酸、碱性排泄物或砌石灰坑、种植树木等。 19.水底电缆通道保护区两侧100 m范围内存在施工、挖沙、抛锚等现象
3	Ⅲ级	1.输电线路对下方各类管线、树木以及建设的公路、桥梁等交跨距离满足规定值,但处于临界状态,裕度值低,随着检修或周边环境变化即可能造成距离小于规定值。 2.距输电线路杆塔拉线边缘10 m范围内附近开挖、取土,落差在1 m以下。 3.输电线路与易燃、易爆材料堆放场及可燃或易燃、易爆液(汽)体储罐的防火间距小于杆塔高度的1.5倍。山火热点与线路距离大于1000 m,且小于或等于3000 m。 4.平整土地将杆塔掩埋1 m以内。 5.距输电线路300 m外放风筝。 6.输电线路保护区外有推土机、挖掘机作业。 7.输电线路保护区内零星种植树木,近年内对线路安全不构成威胁。 8.输电线路保护区内堆土、施工,目前对线路安全不构成威胁。 9.输电线路保护区内堆草垛、废旧物品等。 10.电缆线路通道上堆置瓦砾、矿渣、建筑材料、重物等。 11.电缆终端下方、电力井盖板上方堆置易燃物品等
4	潜在风险	1.输电线路保护区50 m范围内有平整地面的行为。 2.输电线路保护区50 m范围内地面上有画白线规划施工的现象。 3.输电线路保护区30 m范围内有砌围墙的行为。 4.修建完成的公路未进行绿化植树、未进行路灯施工的情况。 5.输电线路保护区50 m范围内有测量、打桩的行为。 6.联合勘查过现场但工地还未施工的情况。 7.山火热点与输电线路距离大于3000 m

附件2　架空输电线路保护区施工作业防外破管控流程

1.签订施工安全协议及交叉通道互不妨碍协议。

2. 现场勘察与隐患告知。

3. 提供资质证书、规划设计方案与行政批复文件、施工安全技术组织措施文件资料。

4. 安装现场警示标示、限高门架(杆)等物防装置。

5. 安装视频监拍等安全预警技防装置。

6. 办理安全保证金。

7. 安排集中作业时间专人监护。

8. 施工安全审查会许可。

9. 监督监察。

(特别提示:遇有重大政治保电、疫情期间,施工开工复工由当地政府出具开工证明后方可办理作业许可)

附件 3　电力设施保护现场勘察记录

问题简述	(时间、行政区划、具体位置、范围、问题简要描述):
主要隐患	(一)在输电线路下方保护区内使用施工机械车辆总高度超过 4 m。(　) (二)在输电线路保护区内施工建设违规建筑物、构筑物。(　) (三)在输电线路保护区内种植杨、槐、榆、法桐等高杆树木。(　) (四)在输电线路杆塔基础周边 10 m 范围内挖沙取土。(　) (五)在距离输电线路 500 m 范围内进行爆破施工作业。(　) (六)输电线路附近堆放垃圾、废弃油罐等腐蚀、易燃、易爆物品。(　) 其他:____ ____
当事人意见及采取措施	 (注:签名时应写清楚所在县乡村地址、职务、联系方式等信息,必要时提供实名身份证件)

续表

审批意见	
备注	

附件4 安全隐患告知书

安全隐患告知书

________年第________号

________________________________:

你单位(户)存在以下危害电力设施隐患：

(一)在输电线路下方保护区内使用施工机械车辆总高度超过4 m。( )

(二)在输电线路保护区内施工建设违规建筑物、构筑物。( )

(三)在输电线路保护区内种植杨、槐、榆、法桐等高杆树木。( )

(四)在输电线路杆塔基础周边10 m范围内挖沙取土。( )

(五)在距离输电线路500 m范围内进行爆破施工作业。( )

(六)输电线路附近堆放垃圾、废弃油罐等腐蚀、易燃、易爆物品。( )

其他：________________________________

________________________________。

此隐患已严重危及________________电力线路的安全运行,并将对你单位(户)人身、财产安全构成威胁。

根据《中华人民共和国电力法》、国务院《电力设施保护条例》以及地方电力条例等法律法规,请你单位(户)务必在______日内消除隐患。

若不及时采取相应措施,我公司将根据《中华人民共和国电力法》、国务院《电力设施保护条例》及地方电力条例等法律法规中断你单位(户)供电。如果造成生产事故或人员伤亡的,你单位(户)应承担全部赔偿责任和相应法律后果。同时,我公司将报告电力管理、安全生产监督管理等政府部门,由其进行相应行政处罚;或向人民法院提起诉讼,追究你单位(户)民事赔偿责任或刑事责任。

签发人及联系电话：________________________

________年____月____日(单位盖章)

接收人及联系电话：________________________

其他:(当事人身份信息等)________________________

附件5　输电线路保护区施工作业安全协议书

输电线路保护区施工作业安全协议书

甲方：________________________________

乙方：________________________________

乙方________________________________项目施工作业位于甲方负责运维管理的______________线路保护区。输电线路导线边线向外侧水平延伸并垂直地面所形成的两平行面内的区域为线路保护区。施工作业交叉输电线路情况如下表：

序号	输电线路电压等级及名称	线路交跨位置	堤防交叉位置	线路保护区距离/m	备注
1					
2					

乙方施工作业对输电线路存在的安全隐患为

(1)使用施工机械高度超过4 m。(　)

(2)不定时使用吊车等高大机械进行起重作业。(　)

(3)距离线路500 m内进行爆破。(　)

(4)在杆塔基础10 m范围内取土。(　)

其他：施工现场采用防尘多目网防尘易发生异物上线。

____

为保证在输电线路安全运行的情况下进行施工，顺利完成施工任务，经双方协商，达成如下协议：

一、由于乙方新建工程项目钻穿甲方输电线路改变了地理环境，原输电线路设计条件发生变化，需要重新对跨越段线路进行设计改造，在明确设计改造意见前，乙方在输电线路保护区部分的施工作业暂停。乙方负责配合甲方与业主项目部取得联系，办理相关手续。

二、乙方在办理相关施工许可手续后，方可在线路保护区内施工。施工开始前向甲方提出申请，同时提交确保施工机械与导线安全距离的有关安全技术措施，经甲方对乙方特种作业人员进行护电培训后方可施工作业，否则不得在超高压线下从事有高大机械的特种作业。

三、乙方在线路保护区内擅自作业，对电力设施安全运行构成威胁或造成电力线路故障的，其产生的一切后果及损失由乙方负责，甲方有权依法追究乙方相应责任。

四、乙方需要在距离线路500 m范围内爆破作业时，实施爆破前向公安机关备案，同时组织由当地县级及以上电力管理部门(发改委或工促局或工信局)参加的相关专家对专业民爆公司资质及所提交爆破作业安全技术措施进行审核，召开专项审核论证会。经论证审核会确认能保证安全的情况下，通过爆破作业方案。每次爆破作业前，施工人员事先通知线路运维人员到岗盯守监护。

五、乙方向甲方交安全保证金______________元整。施工完成，未发生安全事件，经甲方验收确认后15个工作日内，甲方将保证金全部退还。

此协议一式两份，甲、乙双方各执一份。本协议自甲乙双方盖章之日起生效。

甲方：(章)

经办人及联系电话：　　　　　　　　　　年　月　日

乙方：(章)

经办人及联系电话：　　　　　　　　　　年　月　日

附件6　架空输电线路与重要公共设施交跨互不妨碍协议

架空输电线路与重要公共设施交跨互不妨碍协议

甲方：____

乙方：____

乙方________________项目__________位置与甲方负责运维管理的__________

________架空输电线路交叉跨越。输电线路导线边线向外侧水平延伸并垂直地面所形成的两平行面内的区域为线路保护区。项目交叉输电线路情况如下表：

序号	输电线路电压等级及名称	线路交跨位置	堤防交叉位置	线路保护区距离/m	备注

鉴于甲乙双方为社会重要公共设施交叉关系，为保证甲方输电线路安全运行和乙方设施安全可靠，依据《中华人民共和国电力法》等相关法律规定、技术规范等要求，经双方协商，达成互不妨碍协议如下：

一、由于乙方项目原因，造成甲方输电线路通道原设计地理条件发生变化，根据“谁主张，谁出资”的原则，需要重新对交叉跨越段线路进行设计或改造。由乙方承担在运线路迁改全部费用，负责线路迁改所需办理的各项行政手续和民事协调并签订迁改补偿合同，迁改工作完成后，及时将设计、施工等相关资料移交给甲方。

二、甲方配合乙方在项目期间，完成线路改造，协调安排停电事宜，进行质量监督和最终整体验收。使线路整体水平符合原线路设计标准，并符合国家相关规定要求。

三、乙方负责项目施工期间对各转包、分包等施工单位、部门进行管理，关注施工安全，特别是输电线路保护区内的施工作业，防止高大机械通过输电线路保护区因净空距离不足造成放电事故。

四、乙方项目完成后期，由于乙方项目需要进行绿化植树，应提前做好规划，保证在输电线路保护区内“不得种植可能危及线路安全运行的高杆植物”，其绿化种植可采用低矮观赏树种。乙方负责配合协调与绿化责任单位(部门)进行有效联系沟通，保证在绿化项目实施过程中做好吊装树木的流动吊车等机械限高措施，所有高大机械与导线保持足够的安全距离。

五、乙方设施运营期间，交叉输电线路保护区内不得树立广告牌等高大违章构筑物，做好电力设施保护工作。

六、此协议未尽事宜，按国家相关法律规定执行。

此协议一式两份，甲、乙双方各执一份。本协议自甲乙双方盖章之日起生效。

甲方：(章)

经办人及联系电话：　　　　　　　　年　月　日

乙方：(章)

经办人及联系电话：　　　　　　　　年　月　日

附件7　一种限高警示牌制作安装图

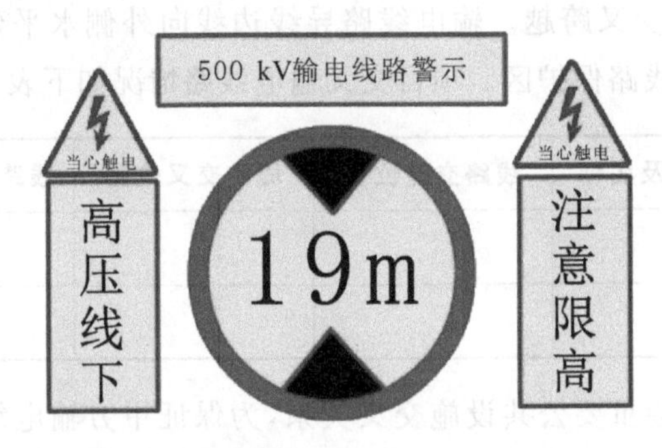

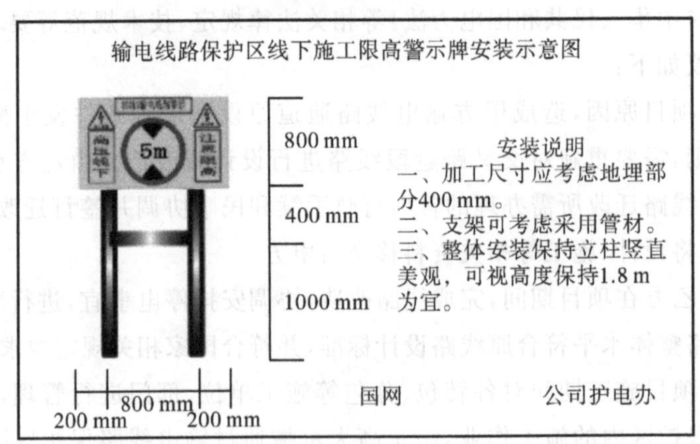

输电线路保护区线下施工限高警示牌安装示意图
5m
800 mm
400 mm
1000 mm
安装说明
一、加工尺寸应考虑地埋部分400 mm。
二、支架可考虑采用管材。
三、整体安装保持立柱竖直美观，可视高度保持1.8 m为宜。
200 mm
800 mm
200 mm
国网　公司护电办

附件 8　500 kV 及以上输电线路防外破护线盯守措施卡

500 kV 及以上输电线路防外破护线盯守措施卡

<table>
<tr><td>项目名称</td><td colspan="3"></td></tr>
<tr><td>线路名称</td><td></td><td>巡护区段</td><td></td></tr>
<tr><td>巡护员</td><td></td><td>联系电话</td><td></td></tr>
<tr><td>时间</td><td>____年____月____日至____年____月____日</td><td>费用标准</td><td>________元/每日(月)</td></tr>
<tr><td colspan="4">巡护职责及内容
一、巡护总体目标为防火、防盗、防异物、防吊车。
二、隐患分析及巡护重点：
(一)未经许可施工并在线路保护区内使用吊车等超过 4 m 大型机械。(　)
(二)巡护区段线路保护区及附近有塑料大棚或施工防尘多目网。(　)
(三)巡护区段内在线路保护区违法违规种植杨树等非低矮树种树木。(　)
(四)铁塔基础 10 m 内取土或堆放垃圾物。(　)
(五)在输电线路 500 m 内进行爆破作业。(　)
(六)巡护区段内在线路保护区内的苗木基地流动吊车移栽苗木限高监护。(　)
(七)从事违法建房等其他违反《电力法》行为。(　)
三、采取主要措施及任务：
(一)经常对周边群众及当事人进行护电宣传，引导带动其他人主动自觉护电，制止违章行为。利用村中大喇叭进行专题广播，形成良好护电氛围。
(二)对塑料大棚及施工现场防尘多目网等进行检查压覆，随时制止距线路 300 m 范围内放风筝行为，防止异物上线。
(三)结合视频监拍设备熟悉掌握现场情况，跟踪线路运行状态，根据需要随时对现场进行巡查，发现对输电线路安全运行不利情况及时制止并立即报告。
(四)及时清除基础藤蔓、积土杂物，修剪砍伐线路保护区新滋生树障。及时制止线路保护区新发生违章种树、建房行为并报告线路运维管理人员。
(五)关注巡护区段周边的火情、民情。在输电线路附近有突发火情等自然灾害时要及时报告，协助搞好抢救治理工作。发生电力设施盗窃情况及时报告修复并协助报案调查。
(六)一般采取每日四时段有针对性巡视检查，上午 9 点至 9 点 30 分重点对大棚户揭棚塑料布及施工点多目防尘网检查压覆；上午 11 点至 11 点 30 分对施工点及大棚点中午前综合性检查；14 点至 14 点 30 分异物多发时段的突击性检查；17 点至 17 点 30 分检查施工现场及大棚户收工整理情况，了解施工进度及当日善后工作，分析明日天气状况，评估可能存在风险，提前做好准备。
四、报告联系方式：属地运维________________________；专业运维：________
________________。
五、签字确认：(提供身份证正反面及银行卡正面复印件)
巡护人签字及身份证号登记：
经办人及联系电话：</td></tr>
</table>

续表

日期：	
备注	

附件9　电力设施保护区施工作业防外破许可审查表

电力设施保护区施工作业防外破许可审查表

施工项目名称			日期	
施工(交叉)位置				
序号	审查项目	审查内容	重点事项及归档资料	确认
1	现场勘察与隐患告知	现场勘察、危险点分析、关键隐患告知	(1)大型机械种类及最大高度：	
2	施工组织措施资料	资质证书、规划设计方案与批复文件、施工安全技术组织措施文件资料	(2)最小净空： (3)确认限高： (4)计划工期：	
3	物防措施	现场安装警示牌、限高架杆等安全装置	(5)警示：	
4	技防措施	安装视频监拍预警装置	(6)监拍：	
5	人防措施	作业时间专人监护	(7)监护：	
6	责任约束	签订通道互不妨碍协议、施工安全协议、办理安全保证金	(8)协议： (9)保证金：	

续表

参会专家与参会代表（签字）	项目业主及施工方： 专业运维： 属地运维：
审查结果	经审查，相关审批资料完整、施工方案措施内容详细、现场管控措施满足要求，具备安全作业开工条件。经与会专家代表磋商，达成一致意见，准予开工。 （盖章） 年　月　日
备注	说明：1. 审查专家应由负责电力设施运维的护电、运行及检修人员担任，一般至少由专业运维4人和属地运维2人参加。2. 交叉跨越档非高跨设计时，一般由业主项目单位签订通道互不妨害协议。3. 采用视频会方式审查可代参会人员签字。

附件10　无人机线路巡检作业指导书

一、作业准备阶段

1. 巡视人员要求

序号	内容	备注	√
1	作业人员需了解熟悉所巡输电线路基本技术参数及特殊性		
2	作业人员经《国家电网公司电力安全工作规程》（电力线路部分）考试合格并具有输电线路工作经验		
3	作业人员经无人机系统操作培训并能够熟练掌握其正确操作方法		
4	作业人员应熟知国家空管有关政策法规		

2. 准备工作

序号	内容	标准	责任人	√
1	飞行空域申请	飞行计划预先报区域主管部门批准		
2	明确巡检线路，熟悉线路通道和线路参数	巡视人员要熟悉线路的通道情况，熟悉线路的相关运行数据		

续表

序号	内容	标准	责任人	√
3	根据实际和资料要求编制标准化作业指导书	根据《现场标准化作业指导书编制导则》编制本作业指导书		
4	开工前,组织学习作业指导书	按要求进行技术交底,参加巡检人员必须全部参加		

3.主要工器具

序号	名称	单位	数量	备注	√
1	望远镜	台	1	必备	
2	风速仪	台	1	必备	
3	笔记本电脑	台	1	外住必备	
4	电源插排	个	1	外住必备	
5	巡检线路铁塔明细表	套	任务线路	必备	
6	无人机系统	套	1	必备	

4.危险点分析及安全控制措施

序号	危险点	安全措施	√
1	运输过程中道路颠簸使飞行器碰撞损坏	飞行器装车后要放置在牢固位置,确保在运输过程中有柔性保护装置,设备不跑位,固定牢靠; 在徒步运输过程中保证飞行器的运输舒适性,设备固定牢靠,设备运输装置有防摔、防潮、防水、耐高温等特性	
2	无人机在飞行期间可能出现机体故障造成飞机失控	飞行前作业人员应认真对飞行器机体进行检查,确认各部件无损坏、松动,电气连接良好	
3	起降过程中作业人员操作不当导致飞行器侧翻损毁、桨叶破碎击伤人体	作业人员应严格按照无人机操作规程进行操作,作业人员应互为监督,起飞降落时,10 m范围内严禁站立作业无关人员; 禁止降落过程中作业人员手接无人机	
4	飞行巡视过程中与导线距离太小或发生碰线事故	无人机与待检查设备保持4 m以上安全距离; 飞行过程中按照规划好的航线飞行,多旋翼无人机飞行过程与导线保持10 m以上的安全距离	

续表

序号	危险点	安全措施	√
5	飞行巡视过程中通信突然中断飞机失控	飞行前检查应对各种失控保护进行校验，确保因通信中断等各种原因引起的飞机失控时保护有效，在飞机失控后自动重新连接或自动返航	
6	天气突变造成空中气流紊乱使飞机失控	安全观察员时刻注意观察风速变化，对风向、风速做出分析并预警	
7	无人机飞行过程中突降大雨损坏无人机设备	安全观察员时刻注意观察温湿度变化，对雨雪等情况预警	
8	飞控手对飞行器状态做出错误判断强制飞行导致飞行意外	作业前对作业人员情绪进行检查，确保无负面情绪； 作业过程中，飞控手禁止接打电话； 禁止飞控手酒后 8 小时内作业	
9	无人机坠机后发生人身、设备等次生灾害	飞行时作业人员注意观察，远离动物、人员，禁止在人员密集区上方飞行； 飞行至作业点附近时观察作业点垂直下方坠落区域内有无动物人员等，若有立即返航，劝离人员后方可继续作业； 飞行过程中无人机禁止穿越高速公路、铁路	

5. 人员分工

序号	作业内容	作业人员	√
1	组织巡检工作开展、地面站数据监控及现场飞行安全	1 名	
2	进行无人机操控及拍摄	1 名	
3	作业现场的安全警戒	1 名	

二、作业阶段

1. 开工

序号	内容	√
1	正式起飞前 1 小时，向空管员汇报起飞准备工作，汇报内容，包含预计起飞时间，作业队伍，作业线路	
2	巡检工作开始前，应核实本次巡视任务的线路名称及杆塔号	
3	选择适宜无人机起飞降落的场地	

续表

序号	内容	√
4	操作前工作人员精神状态是否良好	
5	填好作业两卡,作业人员与工作负责人分别签名	
6	操作无人机系统开展航检	

2. 确认危险点及安全措施

作业人员	负责人

3. 作业流程

序号	作业前准备		√
1	现场环境检查	作业现场风速是否不大于 8 m/s	
		作业现场温度是否在－10～40℃	
		巡检线路周边 100 m 范围内是否无通信微波塔等信号干扰源	
		作业现场是否有适合无人机起降的平坦区域	
2	无人机系统检查	无人机外观及螺旋桨桨叶是否完好	
		无人机电池及遥控器电池电量是否充足	
		巡检作业区域是否处于禁飞区	
		无人机地磁模块是否正常	
		无人机失控保护是否正确设置	
		无人机遥控摇杆模式是否重置确认	
3	人员准备	作业人员精神状态是否良好	
		作业前 8 小时是否饮用酒精类饮品	
序号	作业过程控制		√
1	作业原则	正式飞机起飞前,向空管员汇报起飞,汇报内容包含预计起飞时间,作业队伍,作业线路	
		持无人机巡检作业工作票(单)	
		保持视距内飞行,飞行速度≤10 m/s	
		无人机与待检查设备保持 3 m 以上安全距离	

续表

序号		作业前准备	√
1	作业原则	无人机与人保持 5 m 以上安全距离	
		飞行过程中按照规划好的航线飞行，多旋翼无人机飞行过程与导线保持 10 m 以上的安全距离	
		作业过程中飞行平稳不做复杂飞行动作	
2	作业监控	飞手在飞行过程中注意监控无人机电量、图传及遥控信号强度、飞行数据(高度、距离、升降及水平移动速度)等	
3	多旋翼无人机巡检拍摄内容(直线塔)	塔概况(全塔、塔头、塔身、塔号牌、塔基)	
		绝缘子	
		悬垂绝缘子横担端(绝缘子碗头销、保护金具、铁塔挂点金具)	
		悬垂绝缘子导线端(导线线夹、各挂板、联板等金具)	
		地线/光缆悬垂金具(地线线夹、接地引线连接金具、挂板)	
		通道(大号侧走廊、小号侧走廊)	
4	旋翼无人机巡检拍摄内容(耐张塔)	塔概况(全塔、塔头、塔身、塔号牌、塔基)	
		耐张绝缘子横担端(调整板、挂板等金具)	
		耐张绝缘子导线端(导线耐张线夹、各挂板、联板、防震锤等金具)	
		耐张绝缘子串(每片绝缘子及连接情况)	
		地线/光缆耐张/直线金具(地线耐张线夹、接地引线连接金具、防震锤、挂板)	
		引流线绝缘子横担端(绝缘子碗头销、铁塔挂点金具)	
		引流线绝缘子导线端(碗头挂板销、引流线夹、联板、重锤等金具)	
		引流线(引流线、间隔棒)	
		通道(大号侧走廊、小号侧走廊)	
5	固定翼无人机拍摄内容	定时每 3 s 拍摄一张照片或全程录像	
6	作业结束	操作无人机选择合适航线安全返航	
		飞行至降落点上方，操作无人机降落，降落至 2 m 高度时，悬停无人机，再次观察确认降落点安全后降落，回收无人机	
		清点设备、工器具，确认现场无遗留物	

4. 缺陷判断标准

序号	项目	缺陷性质	标准	√
1	可见光	一般缺陷	执行《国家电网公司电网设备缺陷管理规定》第十九条第三款及《输电一次设备标准缺陷库》相关规定	
		严重缺陷	执行《国家电网公司电网设备缺陷管理规定》第十九条第二款及《输电一次设备标准缺陷库》相关规定	
		危急缺陷	执行《国家电网公司电网设备缺陷管理规定》第十九条第一款及《输电一次设备标准缺陷库》相关规定	
2	红外	一般缺陷	导线接续管、及引流板相对温差 35%～80%或相对温升 10～20℃	
		严重缺陷	导线接续管、及引流板相对温差≥80%或相对温升>20℃	

5. 工作终结

序号	内容	人员签字	√
1	作业人员将巡检拍摄影像资料存储到指定位置		
2	作业人员确认巡检资料的正确、完整		
3	作业人员进行人工/智能影像识别，进行缺陷查找		
4	巡检作业人员在发现线路缺陷或隐患时，应做好记录；发现线路重大、紧急缺陷或走廊隐患时，应立即报告		
5	巡检作业负责人做好当天巡检记录		

三、工作总结

序号	工作总结	
1	存在问题及处理意见	
2		
3		

附件 11　无人机巡检系统维护保养手册

1. 一般原则

无人机维护保养及维修应按照如下原则进行：

(1)无人机经一定的飞行里程或飞行时间后成按照无人机维护保养手册、使用说明书等要求，对无人机进行维护保养。

(2)无人机维护保养及维修工作应遵照国家有关部门无人机适航法规，在中国民航总局及相关协会未颁布无人机相关适航法规之前，维护保养及维修机构应具备制造商或专业机构认可的相应资质授权。

(3)当无人机残值低于维修成本时，宜将其作报废处理或用于除正常作业外的辅助练习。

(4)无人机应有专用位置存放，并设有专人管理。

(5)无人机在维修保养或维修后应做好记录，留档备查，记录宜保存1年。

2.分类分级

(1)无人机设备保养分级。

无人机周期性维护保养可分为四个等级，不同保养等级时间周期依次增加，保养维护复杂程度也依次增加，具体的维护保养周期如表1所示。

表1 维护保养周期

保养级别	保养周期	保养内容	实施主体
日常保养	每50个起落/20 h/2个月或根据设备的使用频率及工作状态自行确定	外观检查＋基础校准＋外观清洁	作业班组
一类保养	使用时间6个月或飞行时间达到200 h	基础检查＋升级校准＋深度清洁	作业班组
二类保养	使用时间12个月或飞行时间达到400 h	基础检测＋升级校准＋深度清洁＋易损件更换	维修中心
三类保养	使用时间18个月或飞行时间达到600 h	基础检测＋升级校准＋深度清洁＋易损件更换＋核心部件更换	维修中心

日常保养：定期对无人机设备外观及其日常使用的基本功能进行检查校准等操作，由无人机操作手及飞行任务作业班组负责进行保养维护。

一类保养：对无人机整体结构及功能进行全面的检查，对飞行器各模块进行校准及软件升级，并对日常清理中无法接触的机器结构内部进行深度清理，保养清洁过程需对无人机进行一定程度的拆卸，由无人机操作手及飞行任务作业班组负责进行保养维护。

二类保养：在该保养周期内除了完成一级保养的要求外，增加对无人机易损件的更换处理，交由无人机维修中心进行保养维护。

三类保养：是在该保养周期内充分检查整机的结构及功能情况，需对无人机进行深度的拆卸，并在替换易损件基础上，更换无人机核心部件，交由无人机维修中心进行保养维护。

(2)无人机设备维修分级。

指对无人机设备出现瑕疵、功能性故障的组件进行更换处理，或对机身上易出现老化磨损的固件进行统一的更换处理，确保机体结构强度与稳定性符合作业要求。具体维修分级如表2所示。

表2　具体维修分级

维修级别	维修内容	实施主体
基础维修	不涉及飞控系统级调试、遥控器调试、地面站调试、机械传动、动力供给等的简单维修工作。	作业班组
常规维修	不涉及飞控系统级调试的维修工作,主要由维修中心实施,也可由无人机厂家实施,维修后根据实际情况进行检验检测工作	维修中心
深度维修	涉及飞控系统级调试的维修、大修和事故维修	维修中心

基础维修:不涉及飞控系统级调试、遥控器调试、地面站调试、机械传动、动力供给等的简单维修工作,由班组人员参照维修保养手册实施。主要包括:更换旋翼、起落架、云台、天线、电池等。

常规维修:不涉及飞控系统级调试的维修工作,主要由维修中心实施,维修后根据实际情况进行检验检测工作。主要包括:更换及维修电机、电调、机械传动部件、图传系统、遥控器,简单的机身整形等。

深度维修:涉及飞控系统级调试的维修、大修和事故维修。由维修中心负责实施,维修后根据实际情况进行检验检测工作。主要包括:更换及维修飞控系统传感器、机载飞控计算机等,事故后的机身整形与维修等。

3.维护保养内容

(1)无人机本体维护保养。

①日常维护。

无人机设备的日常维护保养主要是对其进行基础检查、校准、清洁。发现明显问器,处理简单缺陷,保障作业安全。日常维护检查项样例如表3所示。

表3　日常维护保养内容

	项目	内容
日常维护保养	旋桨、桨座、机臂、脚架	目视及触碰检查螺旋桨、桨座、机臂、脚架是否完好,有裂纹或者缺陷及时更换,螺旋桨有异物需及时清理
	各个连接部件	检查各个连接部件是否正常连接,无松动现象
	桨叶	桨叶无破损、异物、变软等异常现象
	电机	手动转动电机,检查安装是否牢固,有无虚位、旋转是否顺畅无异响
	电池插座	检查电池插座有无异物、变形
	电池外壳	电池外壳是否有明显损伤,有明显损伤的电池禁止使用
	飞机和遥控器天线	确认飞机和遥控器天线,检查是否拧紧,是否松动、破损。遥控器外观有无损坏
	云台	云台是否外观完好,三轴用手转动是否顺畅并且无卡顿

②基础检测。

基础检测主要是对无人机机身及遥控器的外观，外部结构进行逐个检查，确认各部件是否正常，当发现部件损坏时需进行登记并提交维修处理，无人机型号及造型的差异，具体检查的结构部位会有差异，基础检测所涉及的无人机机体组件检查项样例如表 4 所示。

表 4 全面检查

序号	项目	内容
1	外壳	有无变形、破损等
2	桨叶	有无弯折、破损等
3	电机	手动旋转电机有无卡顿、松动等，空载下无异响
4	电调	是否正常工作，有无异响、破损等
5	机臂	有无松动、变形、破损等
6	机身主体	整体有无变形、破损等
7	天线	有无变形、破损等
8	脚架	有无变形、破损等
9	遥控器	有无变形、破损等，通电后测试每一个按键，是否功能正常有效
10	对频	机身与遥控器是否能重新对频
11	自检	通过软件或机体模块自检通过
12	云台	连接部分有无松动、变形、破损等，转动部分有无卡顿
13	电池	电池插入是否正常，接口处有无变形破损等； 插入电池可正常通电，电芯电压压差是否正常
14	解锁电机测试	空载下检查无异响
15	电池电压检测	插入电池可正常通电，电芯电压压差是否正常
16	云台减震球/ 云台防脱绳	减震球是否变形、硬化，防脱绳是否松动破损
17	桨叶底座/桨夹	桨叶底座/桨夹是否破损、松动
18	视觉避障系统检查(如有)	检查视觉避障系统是否能检测到障碍物
19	电池仓	电池插入正常，没有过紧过松，且接口处不变形
20	挂载(以相机为例)	外观有无破损、变形等，镜头有无刮花、破损等，对焦是否正常；存储卡等模块是否插好，供电是否充足，与机体通信是否可靠
21	配套设施(充电器、连接线、存储卡、平板/手机、检测设备、电脑、存储箱、拆装工具)	有无变形、破损等

③升级校准。

无人机 IMU、指南针及遥控器摇杆等组件需要进行定期的校准，以保证良好的运行状态，在进行保养时需要对其进行校准检查，判断 IMU、指南针摇杆、避障模块（如有）等是否能正常校准，并检查其工作状态是否正常。定期更新无人机设备固件来保证无人机功能的运行稳定。不同无人机机型所需进行校准或固件升级的部件不尽相同，无人机升级校准示例项如表 5 所示。

表 5　校准升级内容

	项目	内容
校准升级	App 内 IMU 校准	通过遥控器或 App 提示校准，校准是否通过
	App 内指南针校准	通过遥控器或 App 提示校准，校准是否通过
	遥控器摇杆校准	在 App 或遥控器上选择摇杆校准
	视觉系统校准（若有）	通过调参校准飞行视觉传感器
	RTK 系统升级（若有）	通过调参看是否升级成功
	遥控器固件升级	通过遥控器固件看是否升级成功
	电池固件升级	通过调参 App 查看所有电池是否升级成功
	飞行器固件升级	通过调参看是否升级成功
	RTK 基站固件升级（若有）	检查 RTK 基站固件是否为最新固件
	云台校准（若有）	通过 App 校准云台

④机体清洁。

机体清洁主要是指对无人机本体进行完整的清灰去污，将无人机外观及部件状态基本恢复到出厂水平，由于无人机机身并非完全封闭系统在使用过程中，灰尘污垢会有一定概率进入机身内部，在进行清洁时也需要清理机身内部，确保无人机不会因内部堵塞等原因造成故障。无人机进行清洁时需要注意清理的部位如表 6 所示。

表 6　机体清洁内容

	项目	内容
机体清洁	胶塞	是否松脱
	旋转卡扣	卡扣是否破损、有外来异物
	电机轴承	清理存在的油污、泥沙等外来物
	遥控器天线	天线是否破损
	遥控器胶垫	胶垫是否松弛、泥沙、灰尘
	结构件外观	连接件是否破损、磨损、断裂、油渍、泥沙

续表

	项目	内容
机体清洁	机架连接件及脚架	是否破损、磨损、断裂、油渍、泥沙
	散热系统	散热是否均匀，没有异常发烫
	舵机及丝杆连接件	外观是否变形、泥沙、有无，启动是否顺滑
	遥控器接口	各接口是否接触不良，连接不顺畅
	电源接口板模块	金手指是否变形、断裂，接入正常，没有过紧过松

⑤易损件或核心部件更换。

组件更换是指对检查中发现无人机设备出现外观瑕疵，功能性故障的组件进行更换处理，在定期保养的过程中也会对无人机机身上易出现老化磨损的固件进行统一更换处理，确保无人机机体结构强度与稳定性符合作业要求，通常情况下无人机因其结构差异，产生老化与磨损的组件也不尽相同，通常易出现老化的组件主要是橡胶、塑料或部分金属材质与外部接触或连接部位的组件以及动力组件等，如减震球、摇杆、保护罩、机臂固定螺丝、桨叶、动力电机等。

4. 电池维护保养

(1)电池使用要求。

电池维护保养过程贯穿于整个电池的使用周期，其主要的使用要求见表7。

表7 电池使用要求

电池使用注意事项	电池出现鼓包、漏液、包装破损的情况时，请勿继续使用
	在电池电源打开的状态下不能插电池，否则可能损坏电源接口
	电池应在许可的环境温度下使用，过高温度或过低温度均会造成电池寿命下降及损坏
	确保电池充电时，电池温度处于合适的区间(15～40℃)，过低或过高温度充电都会影响电池寿命，甚至造成电池损坏；充电时应确保电池充电部位连接可靠，避免虚插
	充电完毕后请断开充电器及充电管家与电池间的连接；定时检查并保养充电器及充电管家，经常检查电池外观等各个部件；切勿使用已有损坏的充电器及充电管家
	飞行时尽量不要将电池电量耗尽才降落，当电池放电后电压过低时(低于 2 V)，将会导致电池低电压锁死报废，无法进行充电等操作，且无法回复；严重低电压电池再次强制充电易出现起火的情况
	切勿将电池彻底放完电后长时间储存，以避免电池进入过放状态，造成电芯损坏，将无法恢复使用
	禁止将电池放在靠近热源的地方，比如阳光直射或热天的车内、火源或加热炉；电池理想的保存温度为 22～30℃
	长期存放时需将电池从飞行器内取出

(2)电池存储要求。

电池的存储维护保养应参照表8的规定,具体如下。

表8　电池存储维护保养

电池存储	短期储存(0,10]天	电池充满后,放置在电池存储箱内保存,确保电池环境温度适宜
	中期储存(10,90]天	将电池放电至40%～65%电量,放置在电池存储箱内保存,确保电池环境温度适宜。
	长期储存(90天以上)	将电池放电至40%～65%电量存放,每90天左右将电池取出进行一次完整的充放电过程,然后再将电池放电至40%～65%电量存放。

(3)电池检测。

对电池进行报废前应先进行电池检测,表9所示检测项中若有任意一项不满足,即不通过检测,建议不再使用该电池。

智能飞行电池进行检测前,需按照以下说明进行操作:

a)若电池电量＜40%,请先充满电,再静置5 h以上;

b)若电池电量≥40%,请先将电池电量使用至40%以下,静置5 h以上,并再次静置5 h以上。

表9　电池检测

类型	检测项	检测方法	检测标注
基本状态	使用时间	第一次使用时间至当前时间	≤18月
	循环次数	累计充放电次数,可在软件中查看累计循环次数	≤300次
	电芯电压范围	每个单独电芯的电压范围,在软件中可以查看电芯电压	3.0～4.35 V
	电芯温度范围	电池未使用时,其电芯温度与环境温度进行对比,电芯温度可以通过软件查看	≤3℃
	电芯压差	同一块电池中,不同电芯的电压进行对比,可以通过软件查看	飞行器未起飞时,电压差≤0.15 V飞行器起飞悬停时,电压差≤0.27 V
外观	外观检测	检查电池整体外观	无变形、无漏油、无爆裂、无鼓包、连接器无腐蚀

续表

类型	检测项	检测方法	检测标注
性能	电量突变	非大机动飞行时（如小幅度飞行、悬停、放置在地面），电量突然降低，呈断崖式变化。在相应软件中，可以查看电池电量百分比	≤15％ 如电池电量从60％突然变化为30％，中间没有线性数字变化，电量突变超过15％，即为检测不通过
	续航时间	使用该电池时，飞行器悬停状态的续航时间，比使用全新的电池时悬停续航时间缩短的比例	≤30％ 如全新的电池，在正常负载、工况下能飞行30 min，需检测电池在相同负载、工况情况下只能飞行15 min，其飞行时间同缩短比例为50％，大于30％，即为检测不通过

5.无人机任务载荷维护保养

任务载荷设备的维护保养方式如表10所示。

表10 任务载荷设备的维护保养方式

挂载部件检查	云台转接处	是否有弯折、缺损、氧化发黑，是否可安装到位
	接口松紧度	是否可安装到位，无松动情况
	排线	是否有破裂或扭曲、变形
	云台电机	手动旋转电机是否存在顺畅、电机松动、异响
	云台轴臂	是否有破损、磕碰或扭曲、变形
	相机外观	是否有破损、磕碰等
	相机镜头	是否刮花、破损
	外观机壳	检查是否破损、裂缝、变形
挂载性能检测	对焦	对焦是否存在虚焦
	变焦	变焦是否正常
	拍照	拍照正常，照片清晰度正常
	拍视频	拍视频正常，视频清晰度正常
	云台上下左右控制	YRP各轴是否转动顺畅，是否有抖动异响，回中时图像画面是否水平居中
	SD卡格式化	格式化是否成功

续表

挂载校准升级	ROLL 轴调整	ROLL 轴调整是否正常
	云台自动校准	云台自动校准是否成功通过
	相机参数重置	相机参数是否重置成功
	云台相机固件版本	固件版本是否可见
	固件更新及维护	确保固件版本与官网同步

(1)无人机其他相关设备的维护保养。

无人机其他设备主要是指在保障无人机任务所需使用的相关设备,主要包括配套的充电器,连接线、存储卡、平板/手机等。在无人机保养维护过程中,需要根据不同类型的设备实际需求进行保养,保养的主要原则是,确保设备完整整洁,功能正常、定期检查设备状态,及时更换问题设备,确保无人机能正常顺利地完成工作任务。

6.维修内容

(1)基础维修。

基础维修是指对无人机本体、遥控器、附属设施等基础部件进行的维修,具体内容如表11所示。

表 11　基础维修

序号	项目	内容
1	外壳	破损、变形严重需维修更换
2	桨叶	破损、变形严重需维修更换
3	机身主体	整体破损、变形严重需维修更换
4	脚架	破损、变形严重需维修更换
5	遥控器	外壳破损、变形严重需维修更换,按键失效,指示灯不亮等故障
6	挂载(以相机为例)	外壳破损、变形严重需维修更换,镜头破损、无法对焦
7	配套设施(充电器、连接线、存储卡、平板/手机、检测设备、电脑、存储箱、拆装工具)	破损、变形严重需维修更换

(2)常规维修。

常规维修是指对无人机机臂、电调、天线、云台、电池等常规部件进行的维修,具体内容如表12所示。

表 12　常规维修

序号	项目	内容
1	电调	无法正常工作,需维修更换
2	天线	无法传输信号,需维修更换
3	对频	机身与遥控器无法重新对频
4	云台	连接部分变形、破损严重等,转动部分无法控制
5	电池	电池接口破损严重,排线断裂,电池破皮、鼓包,电压压差不符合要求等

(3)深度维修。

1)多旋翼无人机深度维修

多旋翼无人机的深度维修在基础维修、常规维修无法使无人机达到作业要求状态的情况下进行。通常两次深度维修的间隔不低于半年。多旋翼无人机深度维修包括如下内容。

①机身机翼维修:对多旋翼无人机的机身进行维修,修复受损表面,更换支撑固定件。

②机身中心板维修:多旋翼无人机机身中心板检查,发现中心板有裂纹或有损伤进行更换。

③机身力臂维护检修:多旋翼无人机机身力臂维护检修,外观检查和探伤检查,发现隐患建议返厂。

④机身脚架维护检修:多旋翼无人机机身脚架维护检修。

⑤机身载荷机构维护检修:多旋翼无人机机身载荷机构进行检查发现载荷发生龟裂,返厂维修。

2)固定翼无人机深度维修

固定翼无人机的深度维修在基础维修、常规维修无法使无人机达到作业要求状态的情况下进行。通常两次深度维修的间隔不低于半年。固定翼无人机深度维修包括如下内容。

①电动机维修:对电动机进行常规功能测试和稳定性测试,检查电动机是否存在不顺畅、松动。

②电调维修:对无人机电调进行常规功能测试和稳定性测试。

③螺旋桨维修:对无人机螺旋桨进行常规功能测试和稳定性测试。

④充电系统维修:对无人机充电系统进行常规功能测试和稳定性测试,检查充电电流是否稳定。

⑤舵机伺服机构维修:对舵机伺服机构进行常规功能测试和稳定性测试,检查舵机的行程、响应是否正常。

⑥主螺旋头维修:检查主螺旋头各个螺丝状况,大桨的周定情况,T 头是否松动,发现缺陷隐患应进行维修或更换配件;检查转动时振动系数是否过大、传动齿轮是否缺齿、磨损,齿轮间隙是否有异物或沙粒。

⑦主轴晃量维修:检查主轴横向是否有晃量,上下是否有松动。如晃量很大、上下松动

明显，应马上返厂维修。

⑧清洁主轴并加润滑脂：清洁主轴并涂上润滑脂。同时需清洁主轴外露轴承。

⑨齿轮箱前轴维修：检查齿轮箱前轴横向是否有晃量，若有晃量，建议返厂维修。检查单向轴承，正常状况是顺时针方向旋转只能自转，逆时针方向会带动主轴旋转。

⑩离合器检查维修：顺时针旋转离合器罩，观察是否卡壳、不顺畅。有必要可拆掉皮带检查，正反向都应旋转顺滑。

⑪尾螺旋头维修：检查尾T头顶丝固定是否牢固，尾桨夹固定情况。

⑫主皮带、尾皮带、风扇皮带检查：注意是否存在少齿、分叉以及其他可能导致断裂的状况，并检查松紧度是否合适。

⑬弹射架维修：检查弹射机构各连接部位是否牢固、是否发生龟裂，更换不合格的连接件。

⑭降落伞维修：检查降落伞的伞面是否破损，与机身的连接线是否断开，破损严重的降落伞应及时更换。

7. 报修流程与记录

为规范无人机系统管理流程，提升工作效率；加强无人机系统故障维修的反应速度和信息反馈速度，最大限度服务于实际需要。

(1)系统故障的确认。

在系统确认前需经过飞机故障保修途径，根据一般故障保修的工作流程，制订了相应步骤以供参考，具体内容如下。

①班组操作员工发现故障隐患：上报相关部门然后再填写无人机报修单，交予维修人员。

②班组人员在日常巡查中发现故障隐患：首先排查系统故障，然后及时报告班长安排维修。

③在无人机定期的维护保养中发现系统故障隐患：首先要对故障情况进行检修工作，然后及时报告班长进行下一步工作。

飞机故障保修途径后进行系统故障的确认，具体步骤如下。

①系统故障情况通过报修途径报告至维修班组，首先，由维修人员对故障情况进行确认，确定系统故障维修复杂系数，对系统故障简单分类后，制定出维修计划。

②对于维修系数低的系统故障，由维修人员直接进行现场维修。

③根据系统故障情况制定出相应的维修计划后，报告给设备主管领导，由主管领导审核后批准执行。

④维修班根据维修计划，首先依据故障情况领用设备配件以及配备维修工具，然后，组织维修人员实施维修工作。

⑤对于系统故障需要委外维修、加工的，由维修班申请，设备组长审核后，报请分管领导审批。

(2)系统故障的维修。

①系统故障维修结束后，系统维修人员要填写设备故障原因及维修情况说明；然后由系统操作员工对系统故障维修状况进行确认，确认设备故障解除后，签字确认。

②系统故障在维修中发现缺少维修零部件，需要联系购买时，系统维修人员要在设备报修单上注明系统需要待修，以及待修的原因；由设备操作员确认并签字。维修人员要把此情况及时报告主管领导，由主管领导通知采购部门购买配件。

③系统故障在维修中发现，故障情况依靠公司自己的维修力量不能够解决，需要联系无人机系统各生产厂家维修时，要把此情况写入设备报修单；由系统操作员签字确认。维修人员要把此情况及时报告主管领导，由部门主管领导与设备生产厂家联系维修事宜。

④无人机系统在维修时，由于维修任务繁多导致系统不能够立即进行维修，要及时报告设备科主管领导，和技术部门沟通协调，另外确定维修时间或者维修计划。

(3)无人机系统维修记录。

系统维修履历用于记录无人机系统使用的历史信息。它记录的信息主要包括操作人员、时间和每次任务的性质及结果。此外，履历也用于提醒已经计划的维修。

①无人机系统故障维修情况的记录，首先由操作员工对系统运行记录单填写设备异常情况描述；系统在维修工作进行结束后，再由系统维修人员填写维护维修情况记录，并在执行人栏签名。

②维修工作结束后，无人机维修人员要在飞机飞行时保管记录本记录系统维修情况及日期，并在执行人栏签名。

③系统故障维修工作结束后，维修人员要在部门工作记录本上对故障维修情况进行详细记录，包括无人机系统故障情况，故障原因分析，无人机系统故障解决方法等，以作为无人机系统故障维修资料存档，为以后的维修工作提供维修资料。每次维修必须填写无人机系统维修履历表，重大维修需填写重要维修记录表。

附件 12　航迹规划操作手册

1.激活

导出框内为机器的待激活码，可以通过复制或是保存到文件的方式联系本公司相关人员进行激活，对应得到激活码或是含激活码的文件，得到之后通过文件或激活码激活即可。

这里演示激活码激活，把得到的激活码复制到导入框中，点击激活码激活即可，如图 1 所示。

图 1　激活码

2. 文件

打开文件，如图 2 所示

图 2　文件

(1)创建工程，如图 3 所示。

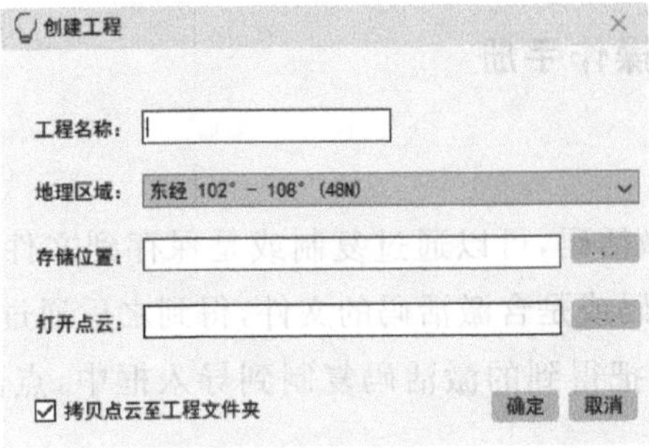

创建工程

工程名称：

地理区域：东经 102° － 108° (48N)

存储位置：

打开点云：

拷贝点云至工程文件夹

确定　取消

图 3　创建工程菜单

工程名称：创建后的工程名。

地理区域：为投影带区间。

存储位置：工程保存位置。

打开点云：待打开的点云位置。

默认拷贝点云至工程文件夹,否则下次打开工程文件没有点云则显示空。

(2)打开工程。找到上次保存的 pro 工程文件打开即可。

(3)修改工程。为防止创建工程后投影带选错,工程修改中提供投影带的修改,可根据对应的投影带选择,避免重新创建工程的尴尬。

3. 操作

(1)拾取杆塔。单击拾取杆塔,鼠标变为捕捉形态,第一次单击鼠标左键为杆塔左侧,第二次单击鼠标右键为杆塔右侧,结束杆塔拾取,大号侧默认为右手从左侧指向右侧的掌心指向方向,如图 4 所示。

图 4 拾取杆塔

(2)标记挂点。标记挂点应在拾取杆塔后操作。

挂点类型共有左侧、右侧、小号侧、大号侧、中甲部件、塔头、塔身、塔基、塔号牌等类型,在鼠标形态变为圆形状态后,根据自己的需求左键单击选中需要观察的目标点即可。

按住鼠标中键,在弹出的菜单中选择不同类型挂点。

(3)设置。设置中包含了航迹规划的绝大部分系统参数,如图 5 所示。

塔全貌、塔头、塔基、塔身、塔号牌、中间部件、输电通道(大/小号侧)、侧边部件:控制对应挂点的拍摄参数要求。

方向参数:约定对应类型挂点的拍摄方向。

拾取设置:控制拾取杆塔的外扩程度。

相机参数:模拟实际拍摄像机参数绘制预览图的效果。

其它:

碰撞检测容差距离:航迹校验的碰撞容差。

飞行速度:飞行预览的飞行速度。

跨塔高度:系统内置安全点的离塔高度。

仰角限制:影响相机的仰角控制。

进塔安全点:是否设置进塔的第一个安全点。

生成顺序:各种挂点类型的拍摄顺序。

应用:所修改设置即时生效

覆盖:所修改设置覆盖之前的修改,需慎重操作!

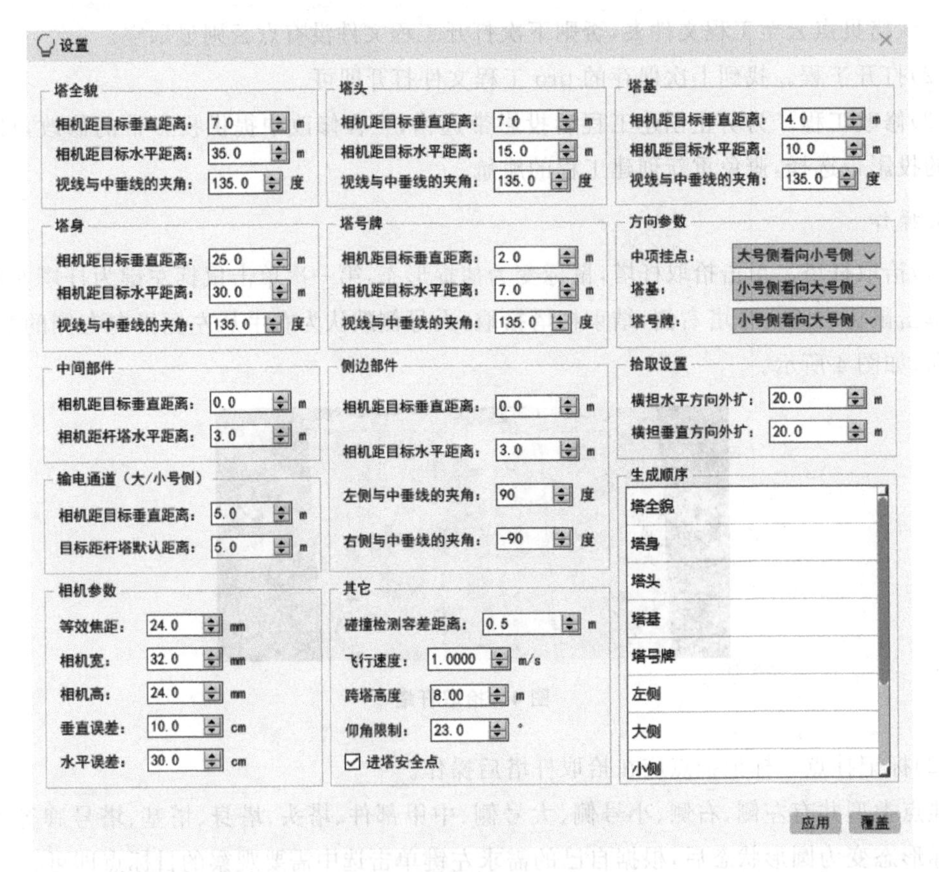

图 5　设置

重置航迹：放弃之前所有的人为修改，依据设置中的参数进行航迹规划，慎重操作！

航点编辑：进入航点编辑功能后，视图右下角弹出如图 6 所示界面，鼠标变为捕捉形态，左键单击选中目标航点，左下角出现预览图，右下角则出现编辑菜单，可依据自身需求更改距离、俯仰角、航向角等。

(4)导出航迹。将规划好的航迹以 json 后缀的文件导出，以便后续操作。（规划好的航迹文件需经过航线校验，校验是否有发生碰撞的可能，如果校验不通过，则需重新规划再导出，否则在飞行过程中有发生坠机的风险）

(5)导入航迹。选择之前保存的航迹导入即可。

(6)生成模板。类比于航迹的导出，导出 template 的模板文件。

航迹的模板导出需确定一个基准点，以便适用于不同杆塔。

(7)应用模板。类比于航迹的导入，导入 template 的模板文件。

导入需手动选择一个基准点，以便适用于不同杆塔。

(8)调整模板。应用模板后，可以使用调整模板功能。

按“Ctrl＋鼠标左键”移动进行整个航迹的水平旋转。

按“Ctrl＋鼠标右键”移动进行整个航迹的移动，移动处于距离视线固定距离的垂直平面上，若想整体拉近或拉远，需要调整视野角度后再进行操作。

图 6　航点编辑

(9)飞行预览。航迹规划完成后，点击飞行预览可模拟飞行(见图 7)。

图 7　模拟飞行

(10)航线校验。航迹规划完成后，依据设置中的容差判断是否存在碰撞的可能性，如若有发生碰撞的可能，需再次进行航线规划，否则在实际飞行中有发生坠机的风险。

(11)导入 Excel。双击左侧点云数据下×××.las，可导入塔号的 Excel 文件，导入后即可看到每个杆塔的杆塔号。

(12)保存。可实时保存航迹规划进度。

附件 13　自主巡检 App 使用手册

1. 软件简介

无人机 App 是基于无人机自动化巡检应用的移动端软件。无人机 App 共有 11 种功能模式，分别为精细学习、精细巡检、手动精细化、通道巡视、快速通道巡检、红外巡检、树障巡视、点云采集、新建线路、坐标采集、手动飞行功能。

2. 主界面介绍

软件主界面有功能选择、飞机自检状态信息、飞机详细参数面板，可方便用户更好地查看飞机的状态。

软件上每个功能按钮上都有文字描述，可以让用户直观、方便地使用软件。

3. 功能模块介绍

(1)精细学习。

使用方法：开始学习航线，单击开始学习按钮，在飞机起飞前需要采集起飞点坐标。

采集航点信息，采集拍照点可以按遥控器拍照按钮，轨迹点可以单击遥控器 C1 键或者单击界面上的轨迹点按钮。所有采集的拍照点或者轨迹点都会显示在界面中航点面板上。单击按钮，可以删除采集到最后的一个航点。

注：航点分为拍照点和轨迹点，拍照点是在自主飞行拍摄照片的点，而在轨迹点不会进行拍照。

采集完成单击保存航点按钮，写入文件名，保存航线，完成本次精细学习的航迹文件存档。

(2)精细巡视。任务属性设置：单击按钮，可以设置任务的执行属性，设置飞行速度等参数。

到达航点动作：M210 设置重置云台且中心点对焦，一定程度会增加拍照复现准确性；精灵 4RTK 设置中心点对焦会相对较好。

航线文件导入：单击按钮导入任务航线。

历史任务、续飞功能：单击历史任务按钮，即断点续飞的功能。选中某一条记录，单击续飞读取即可。

(3)通道巡视。使用方法：导入数据，单击按钮进行文件导入或者单击按钮进行平台巡检线路杆塔数据导入。设置任务参数，默认航线飞行模式为变高模式，相对航点变高飞行。单击开始任务按钮，上传航线。

4. 软件设置部分

(1)用户设置部分(见图 1)。

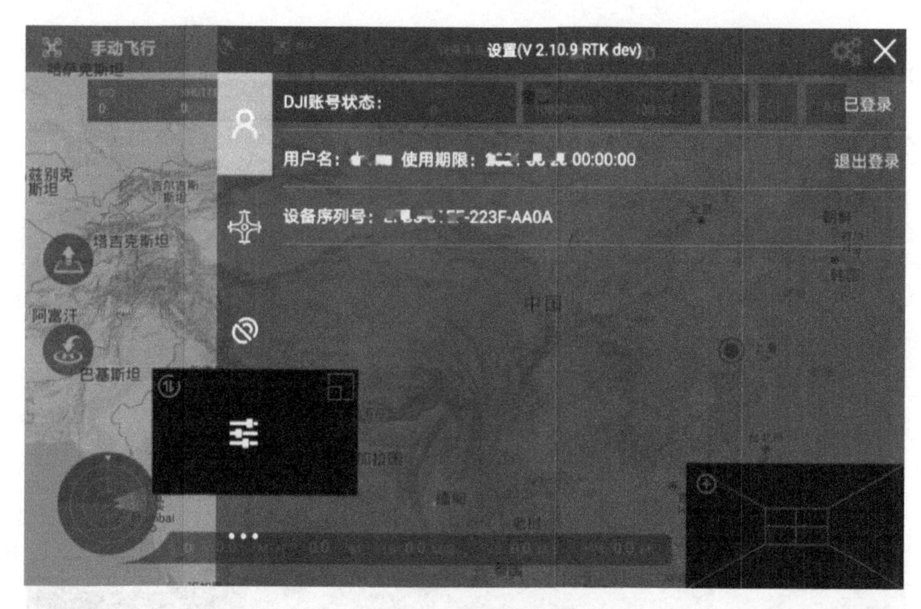

图 1　用户设置

当用户第一次使用本软件时，需要大疆登录账号，如没有大疆账号，需使用者到大疆官网进行账号注册。

用户名：为当前已授权的账号名称，使用期限为软件到期时间，设备序列号为当前设备唯一 ID 标识（该序列号可能因为系统升级而变化或插入外部网卡而变化）。

(5)无人机参数设置（见图 2）。

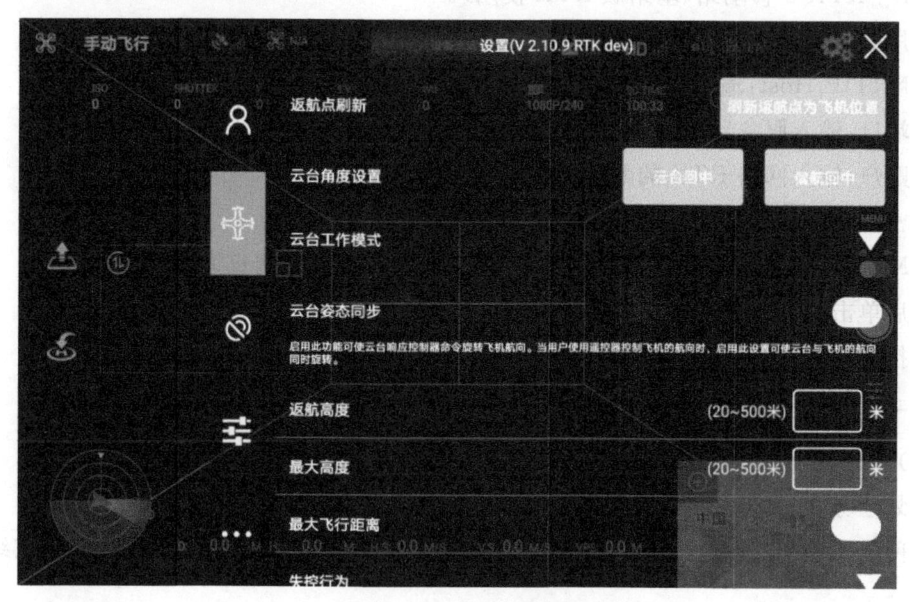

图 2　无人机参数设置

该功能界面，包含了常用的无人机功能设置，用户可以按照相应的要求进行合理的设置。

(6)RTK 设置(见图 3)

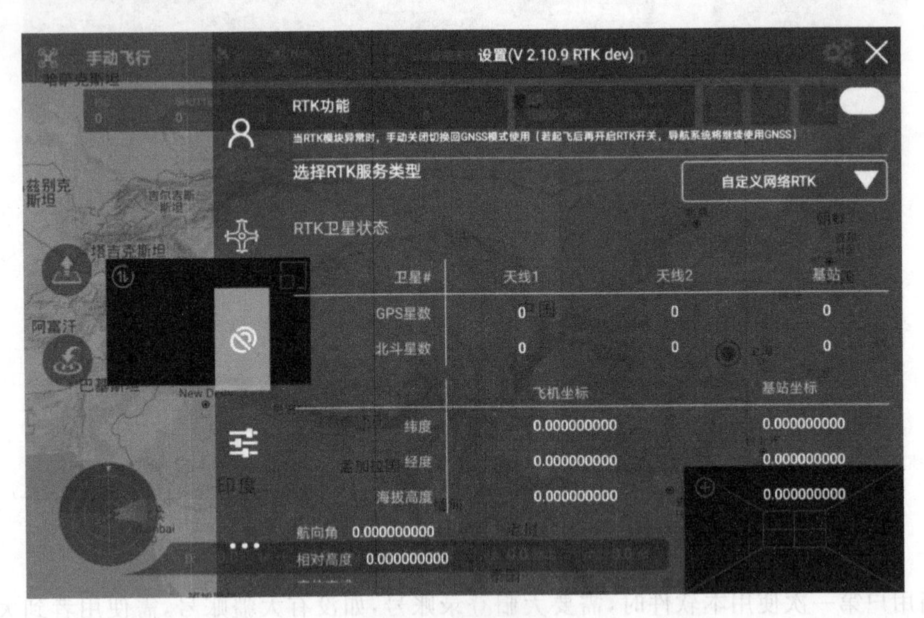

图 3　RTK 设置

RTK 使用说明：RTK 功能、开关，打开到开启状态。

选择 RTK 服务类型：自定义网络 RTK(登录千寻网络 RTK)、网络 RTK(P4R 自带 带完善)、D－RTK 2 移动站(基站版 RTK 使用)。

使用网络 RTK 情况：下列参数根据所使用的网络 RTK 厂商说明书进行设置。

①NRTIP Host：输入网络 RTK 服务器 IP 地址或者是域名。

②端口：输入服务器的服务端口地址。

③账户：输入网络 RTK 的账户。

④密码：输入网络 RTK 的密码。

⑤MOUNTPOINT 该参数在对应的网络 RTK 服务商官网查询。

最后单击“设置”进行连接网络 RTK。

连接到服务器

5. 平台交互功能模块

(1)菜单页面(见图 4)。

计划任务：平台下发的工单任务查询。

电网资源：同步到平板本机的线路台账数据，单击开始巡视，软件就开始使用该线路的数据。

本模块目前支持某条线路单独离线缓存到本地的功能，操作时手指左滑就会出现。

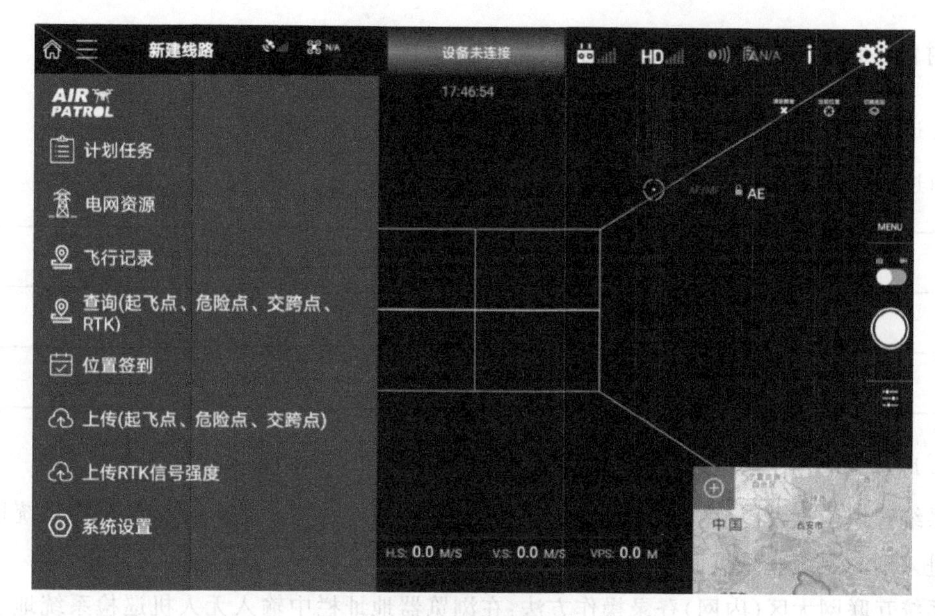

图 4　菜单页面

飞行记录:查看平板上记录的无人机的飞行轨迹。

查询:本机缓存的附近位置,起飞点、危险点、交跨点、RTK 信号强度查询。

位置签到:需要联网并登录账户。

上传 RTK 信号强度:上传当前位置是否可以进行网络 RTK 飞行。

(2)系统设置(见图 5)。

可实现资源同步。

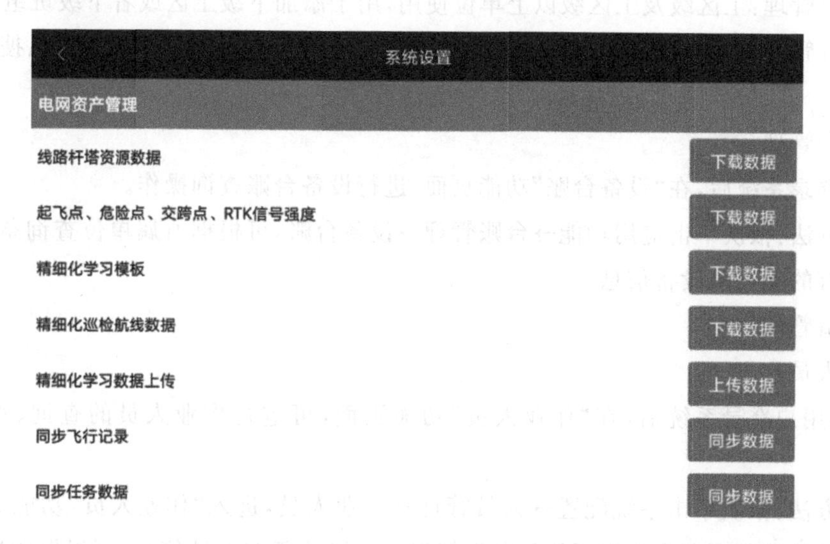

图 5　系统设置

附件 14　无人机巡检微应用管理平台使用手册

1.运行环境

简述本软件系统运行的硬件、软件环境。

环境类型	名称	类型/规格
硬件环境	计算机	Windows10
软件环境	浏览器	谷歌 75.0 以上

2.用户登录

系统管理信息大区(内网)登录操作方法:在浏览器地址栏中输入无人机巡检系统地址,回车进入到的系统登录页面。

系统互联网大区(内网)登录操作方法:在浏览器地址栏中输入无人机巡检系统地址,回车进入到的系统登录页面。

3.用户

(1)首页。

输入用户名和密码后登录到系统首页,不同层级账号所看到的首页数据略有不同。

(2)系统配置。

(1)配置管理

①单位管理:工区级及工区级以上单位使用,用于添加下级工区或者下级班组。

②账号管理:用户登录系统后,在“账号管理”功能页面,可进行账号的新增、搜索、修改、查看功能。

2)资产管理

用户登录系统后,在“设备台账”功能页面,进行设备台账查询操作。

操作方法:依次单击应用功能→台账管理→设备台账,可根据所属单位查询条件查看各单位所持有的无人机设备信息。

3)人员管理

作业人员。

说明:用户登录系统后,在“作业人员”功能页面,可进行作业人员的查询、查看、修改操作。

操作方法:依次单击系统配置→人员管理→作业人员,进入“作业人员”功能页面,人员列表展示的是该用户所在组织层级及其下属组织层级的所有人员信息,可根据所属单位、人员类别两种查询条件进行人员信息查询。

修改:选择指定的人员单击“修改”按钮,即可修改该人员的详细信息,修改完成后,单击

“保存”按钮,即可完成修改人员详细信息的操作。

查看:选择指定人员单击“查看”按钮,可查看该人员的详细信息。

添加:通过填写人员详细信息,完成新增作业人员的操作。

(3)应用功能。

1)台账管理

①线路台账。

说明:用户登录系统后,在“线路台账”功能页面,可进行线路台账的新增与查询操作。

操作方法:依次单击应用功能→台账管理→线路台账,可通过线路名称、电压等级、作业单位等查询条件,进行不同条件下的线路信息查询;可通过杆塔列表、查看、添加、导入线路、下载模板、修改、删除、杆塔列表(编辑、删除、添加、修改运维班组、修改适航区)等功能键,进行相应的增删改操作。

添加:单击“添加”按钮,进入“添加线路”页面,输入线路名称、资产属性、电压等级、所属单位,保存、生成的线路倒序展示在列表中。

查看:选择要查看的线路,单击“查看”按钮,弹出该线路的详情页面,显示单位详细数据,单击“关闭”按钮,关闭弹窗。

②设备台账。

说明:用户登录系统后,在“设备台账”功能页面,可通过多种查询条件进行人机设备与电池的数据查看。

操作方法:依次单击应用功能→台账管理→设备台账,展示页面为该单位下无人机统计数据。

2)空域管理

①空域申请。

说明:用户登录系统后,在“空域申请”功能页面,可查看空域申请记录。

操作方法:依次单击应用功能→空域管理→空域申请管理,可根据管辖单位、线路名称、电压等级、飞行时间、审核状态等查询条件,进行空域申请记录的查看操作。

进度查看:选择想要查看进度的空域申请记录,单击“进度”按钮,即可查看该条空域申请的详细进度,单击“关闭”按钮,即可关闭当前弹窗。

空域详情:选择想要查看详情的空域申请记录,单击“详情”按钮,即可查看该条空域申请记录的详细数据,单击“关闭”按钮,即可关闭当前弹窗。

空域申请:创建、上报参考班组账号详细操作。

②空域审核。

说明:用户登录系统后,在“空域审核”功能页面,可进行空域审核相关的操作与查看功能。

操作方法:依次单击空域管理→空域审核,可进行上报、审核通过、生成Word、搜索、详情、进度查看等操作。

生成Word:选择需要Word的空域申请记录,单击“生成Word”按钮,弹出生成Word功能键,输入申请性质,申请模板、函号,提交后系统即可生成对应的Word文档,单击导出Word按钮,将生产的Word文档下载到本地设备。

3)计划任务

①作业计划管理。

说明:用户登录系统后,在“作业计划管理”功能页面,可进行作业计划的新增、上报、修改、查询、查看等操作。

添加计划:单击“添加”按钮,选择计划类型、计划时间、线路区段,保存后,即可成功创建一条作业计划,新创建的作业计划的审核状态为“未上报”,单击“上报”按钮,状态更新为“已上报”。

追加计划:单击“追加”按钮,选择追加计划、追加时间,运维单位、线路区段,保存后即可成功创建一条追加计划,新创建的追加计划的审核状态为“未上报”,单击“上报”按钮,状态更新为“已上报”。

修改:选择需要修改的作业计划或追加计划,单击“修改”按钮,进入该条作业计划的修改页面,数据修改完成后,单击“保存”按钮,即可完成计划修改的操作。

进度查看:选择想要查看进度的计划,单击该条计划的进度按钮,即可查看该作业计划的进度详情。

计划详情:选择想要查看的计划,单击“详情”按钮,即可查看该作业计划的详细数据。

新建工单:选择已创建的计划,单击“新建”工单按钮,进入“新建”工单页面,填写工作许可人、作业性质、是否自主巡检、无人机类别、无人机设备、飞行作业人员、添加工作线路、飞行巡检安全措施、安全策略、其他安全措施和注意事项、布置填写、任务时段等必填项、单击“保存”按钮,即可完成作业工单的新建操作。

②作业计划审核。

说明:用户登录系统后,在“作业计划审核”功能页面,可进行作业计划的查看与审核操作。

操作方法:依次单击作业计划→作业计划审核,可根据运维单位、线路名称、计划类型、审核状态、完成状态、审核状态等查询条件进行查询查看操作。

进度查看:选择想要查看进度的计划,单击该条计划的进度按钮,即可查看该作业计划的进度详情。

计划详情:选择想要查看的计划,单击“详情”按钮,即可查看该作业计划的详细数据。

审核通过:经查看确认作业计划的详细信息无误,可通过单击“通过”按钮,对该条计划进行审核通过操作。

拒绝、回退:经查看确认作业计划的详细信息有误,可通过单击“通过”按钮,对该条计划进行拒绝、回退操作。

4)巡检工单

①巡检工单管理。

说明：用户登录系统后，在“巡检工单管理”功能页面，可进行巡检工单的上报、执行操作。

操作方法：依次单击计巡检工单→巡检工单管理，可根据作业单位、线路名称、飞行日期、执行状态等查询条件进行工单查询操作。

②巡检工单审核。

说明：用户登录系统后，在“巡检工单审核”功能页面，可进行巡检工单审核操作。

操作方法：依次单击巡检工单→巡检工单审核，可对待审核的工单进行查看、进度查看、许可、许可回退、许可拒绝操作。

进度查看：单击工单的“进度查看”按钮，即可查看该工单的进度详情。

工单审核流程：班组上报工单上报，中心(工区)管理员执行审核操作(需要有许可权限的用户)。

打印工单：审核完成后，单击“打印工单”按钮，工单状态将变成“已持票”状态，同时飞巡App上用户收到系统推送的该条工单，即飞行任务。

5)缺陷识别

①缺陷识别任务列表。

说明：用户登录系统后，在“缺陷识别任务列表”功能页面，可进行新增算法任务、新建人工标注任务、查看、查看缺陷、查询等操作。

操作方法：依次单击智能分析→缺陷样本库→缺陷识别任务列表，可根据所属单位、创建时间、任务状态等查询条件进行缺陷识别任务的查询操作。

新建算法识别任务：单击“新增算法任务”按钮，进入“新增”页面，选择文件→选择线路→杆塔名称→选择关联图片→选择图片→选择算法包，点击开始上传，上传成功后进行缺陷标注，审核完成，上传并上报缺陷后，完成新建算法识别任务的操作。

2)巡检影像库

说明：用户登录系统后，在“巡检影像库”功能页面，可进行下载影像、下载影像列表、查询操作。

操作方法：依次单击智能分析→缺陷样本库→巡检影像库，可根据所属单位、电压等级、线路名称、杆塔名称、工单编号、图片范围、缺陷类型、上传时间、显示缺陷框等查询条件进行查询查看操作。

下载影像：单击“下载影像”按钮，打包完成后，单击“下载”按钮，即可完成将下载影像到本地的操作。